Introduction to physical Hydrology

物理水文学导论

［荷］马丁 R. 亨德里克斯（Martin R. Hendriks）　著

张春玲　颜亦琪　范旻昊

芦　璐　史玉品　张利娜　译

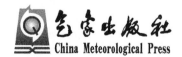

气象出版社
China Meteorological Press

图书在版编目(CIP)数据

物理水文学导论 / 张春玲等译. — 北京：气象出
版社，2017.12

书名原文：Introduction to Physical Hydrology

ISBN 978-7-5029-6721-5

Ⅰ.①物… Ⅱ.①张… Ⅲ.①水文物理学 Ⅳ.
①P341

中国版本图书馆 CIP 数据核字(2018)第 000054 号

北京版权局著作权合同登记：图字 01-2015-0988

Wuli Shuiwenxue Daolun

物理水文学导论

马丁 R. 亨德里克斯(Martin R. Hendriks)著

张春玲 等 译

出版发行：气象出版社

地　　址：北京市海淀区中关村南大街 46 号 　　　邮政编码：100081

电　　话：010-68407112(总编室)　　010-68408042(发行部)

网　　址：http://www.qxcbs.com 　　　**E-mail**：qxcbs@cma.gov.cn

责任编辑：隋珂珂 　　　　　　　　　　　　终　　审：吴晓鹏

封面设计：博雅思企划 　　　　　　　　　　责任技编：赵相宁

印　　刷：北京中石油彩色印刷有限责任公司

开　　本：787 mm×1092 mm　1/16 　　　　印　　张：19.75

字　　数：506 千字

版　　次：2017 年 12 月第 1 版 　　　　　　印　　次：2017 年 12 月第 1 次印刷

定　　价：120.00 元

水跃是河流中高速水流进入下游低速水流中产生的结果。水跃发生时,水像撞击波一样不断翻腾旋滚,然后往上游方向滚落。换句话说,水跃发生时,动能急剧地转化为湍流和势能。

　　水跃时,水流由超临界流变为亚临界流。我们将在本书第 5 章学到更多这些水流类型和水跃的相关知识。

前　　言

地球上的水圈是一个永不停息的动态系统。自然界中降雨、入渗、径流、蒸发等水的运动变化构成了水文现象。不同形态存在的水通过水文循环发生着时空变化，形成了全球范围的海陆间循环（大循环），为地球万物的生存提供了必要的基础条件。水文学既是地球科学的组成部分，也是水利科学的一个领域，是揭示地球上水的时空分布与运动规律并应用于水资源开发利用与保护的科学。

由著名水文学家 Martin R. Hendriks 编著的《物理水文学导论》以多个国家的水文现象作为案例，深入浅出地从水文现象的物理成因全面阐述了自然界客观存在的大气水、地下水、土壤水、地表水的发生原理、属性特征和运动规律。该书内容生动有趣，将高深的物理水文学知识以浅显易懂的方式呈现在读者面前。

译者有幸拜读此书英文原版，集合几位志同道合者，将此书翻译成中文，以飨读者。张春玲、颜亦琪、范旻昊、芦璐、史玉品、张利娜六位来自气象、水利行业的同志参加了本书的翻译工作。译著共分七章：第 1 章 绪论，第 2 章 大气水，第 3 章 地下水，第 4 章 土壤水，第 5 章 地表水，书后给出了概念性工具包和数学工具箱。

《物理水文学导论》译著的出版得到了国家重点研发计划项目"京津冀水资源安全保障技术研发集成与示范应用"（2016YFC041408）的支持，编译过程中得到了任立良、陶新同志的帮助与指导，在此谨致谢意。

本书可供从事水利、防汛、水文预报工作的工程技术人员以及有关院校师生及科研工作者阅读参考。若读者阅读过程中发现错误及缺点，恳请批评指正。

译者

2017 年 6 月

图表致谢

图 1.2 源引自 Ward R C,Robinson M(2000),水文学原理(第四版),麦格劳-希尔出版社。

图 B1.2 基于 W Broecker 教授的数据,由 E Maier-Reimer 博士改进。

图 2.5 源引自 Schmidt F H(1976),气象学简介,Aula-boeken 112,HetSpectrum。

图 2.7 源引自 Ward R C,Robinson M(2000),水文学原理(第四版),麦格劳-希尔出版社。

图 2.11 源引自 Schuurmans J M,Bierkens M F P,Pebesma E J 和 Uijlenhoet R(2007),多分辨率日雨量场的自动预测:雷达预测的潜力。水文气象学杂志,8:1204-1224. © 2009 美国气象学会(AMS)。

图 2.12 源引自 Shuttleworth(1993),Evaporation. In:Maidment,D. R.(ed.),水文手册. McGraw-Hill。

图 2.14 源引自 Van der Kwast J,De Jong S M(2004),利用地表能量平衡系统和 Landsat TM 数据蒸散建模(拉巴特地区,摩洛哥)。欧洲遥感实验室协会针对发展中国家遥感研讨会,开罗,1-11. 转载得到了 Steven de Jong 教授的许可。

图 B2.5 基于 Hils M(1998)的数据。Einfluss des langfristiger Klimaschwankungen auf die Abflüsse des Rheins unter besonderer Berücksichtigung der Lufttemperatur. Diplomarbeit,Bundesamt für Gewasserkunde,Koblenz。

图 B2.9 源引自 Schmidt F H(1976),气象学简介,Aula-boeken 112,HetSpectrum。

图 B2.12.2 转载得到 Douglas Parker 的许可,利兹大学。

图 3.12 来源于 De Vries J J,Cortel E A(1990),水文学介绍,讲义。阿姆斯特丹理工大学地球科学研究所,荷兰。转载得到 Co de Vries 教授的许可。

图 3.22 转载得到 IF 技术公司的许可,Arnhem,荷兰。

图 3.36 源引自 De Vries J J(1980),荷兰水文简介。Rodopi,阿姆斯特丹。

图 3.39 源引自 Haitjema H M(1995),地下水径流建模原理分析。圣地亚哥,加利福尼亚,美国学术出版社。由 Henk Haitjema 教授许可。

图 3.40 源引自 Toth J,小流域地下水流动的理论分析,地球物理学报,68(16):4795-4812。© 美国地球物理联合会。(1963)。转载得到美国地球物理联盟许可。

图 3.41 源引自 Hubbert(1940),地下水运动原理。地质学杂志,48:785-944.©芝加哥大学.

图 3.42 源引自 Hendriks M R(1990),水文数据区域化:岩石和土地使用对卢森堡东部暴雨径流的影响。博士学位论文,阿姆斯特丹阿姆斯特丹自由大学,荷兰,ISBN90-6809-124-7(NGS)。

图 B3.7 源引自 De Vries J J(1980),荷兰水文简介,罗德匹,阿姆斯特丹。

图 4.12 源引自 Held R J,Celia M A(2001),毛管压力、饱和度、界面面积和共同线之间的关系建模。水资源研究进展,24:325-343.©期刊。

图 4.13 源引自 Bouma J(1977),土壤调查与非饱和带水研究,由 Johan Bouma 教授许可。

图 4.21 源引自 Philip J(1964),土壤水的增加、转移和流失.水资源利用与管理,墨尔本大学出版社,257-275。

图 4.22 源引自 Horton R E(1939),不同入渗能力的径流平板试验分析。美国地球物理学会,20:693-711。

图 4.31 源引自 Rubin J(1966),土壤初始吸收雨水的理论及其应用,2:739-749.© 水资源研究。

图 4.33 源引自 Welling S R,Bell J P(1982),非饱和带水分运动的物理控制。工程地质学季刊,15(3):235-241。

图 4.34 源引自 Vachaud G.,Vauclin M,Khanji D 和 Wakil M(1973),空气压力对非饱和分层垂直沙柱水流的影响。9:160-173. © 水资源研究。

图 4.36 © 康奈尔大学(2002)。

图 4.37 © 康奈尔大学(2002)。

图 5.3 源引自 Van Rijin L C (1994),江河、河口、海洋的地面波和流体流动原理(第二版)。Oldemarkt:Aqua Publications。

图 5.18 源引自 Gregory K J,Walling D E(1973),流域形态与过程:地形法。爱德华阿诺德有限公司,伦敦。

图 5.39 源引自 Kirkby M J,Naden P S,Burt T P,Butcher D P(1987),自然地理的计算机模拟。美国怀利。

图 5.42 源引自 Ward R C,Robinson M(2000),水文学原理(第四版),麦格劳-希尔出版社。

图 5.43 源引自 Troch P A(2008),陆地水文学。第 5 章 Bierkens M F P,Dolman A J,Troch P (eds.),气候与水文循环.特别版 8:99-115,© IAHS。

图 B5.10.2 源引自 Ward R C,Robinson M(2000),水文学原理(第四版),麦格劳-希尔出版社。

作者致谢

首先向牛津大学出版社高等教育部的 Jonathan Crowe 总编表示感谢。非常感谢他对本书的持续支持和他对第一稿的建议(尤其是给我使用框和公式注解的好思路)。感谢他对一些事项的讨论以及他对事务的处理(如接洽外部评审)。感谢他对有关本书制作所做的所有工作!写书是一件有个人成就感然而孤独的事业,所以每次收到总编充满鼓励的电子邮件总是很开心。

感谢 Cees van den Akker 教授。20 世纪 90 年代中期他做了一个关于地下水力学振奋人心的讲座:仅用一支粉笔就在黑板上展现给我选择的艺术和美——选择精心设计的解决地下水水力学问题的策略,这些策略收录在 3.15 节。Co de Vries 教授对地下水所做的优秀教学大纲也非常有用。感谢 Thin Bogaard 博士和 Theo van Asch 博士多年来在各种水文话题上的促进讨论,其很多讨论内容被收入本书。感谢 Anne Marie van Dam 博士对在讲座中使用的 2008 年 11 月版本书稿的广泛有益的评论和反馈。感谢 Laura Nieuwenhoven 对 2007 年 11 月演讲稿中地下水内容的反馈评价。感谢 Henk Mark 在 Penman-Monteith(彭曼-蒙蒂斯)方程方面所提的意见。感谢 Marc Bierkens 教授对我的支持,准许我投入时间写这本书。感谢 Hans Renssen 博士、Albert Klein Tank 博士、Hans van der Kwast 博士、Steven de Jong 教授、Hanneke Schuurmans 博士、Aline Duine、Ruud schotting 教授、Rens van Beek 博士、Majid Hassanizadeh 教授、Loes van Schaik,Arien Lam,Derek Karssenberg 博士、Maarten Kleinhans 博士、以及 Marcek van Maarseveen 为本书提供有用的信息。

感谢两名匿名外部评审对 2008 年 11 月版本书稿的有益意见和反馈,正是由于他们的意见,我对本书做了许多有用的增补。谢谢所有牛津大学出版社的工作人员给予的合作和建议,感谢 Emma Lonie 对本书的编辑制作,感谢 Holly Edmundson 帮助获得大量图表使用的版权许可。感谢牛津大学出版社的设计团队为本书的排版布局做出的卓越工作。感谢 Geoff Palmer 的编辑,Graham Bliss 的校对及 Jonathan Burd 为本书提供图书索引。

感谢我的父亲帮我做的前期分析工作,这在书中有迹可循,以及他对本书持续的兴趣。Eric 和 Ingmar:谢谢你们的陪伴和鼓励。最后,最重要的,我要感谢我的妻子 Anneke,是你让我潜心做研究,允许我为了写水文书稿而疏于家务,感谢你对我的照顾。这一切让我能够坚持继续下去……继续敲击我的电脑键盘。如果没有你,我不可能写出这本书!

Martin R. Hendriks
2009 年 10 月于阿布考德,荷兰

欢迎来到本书

在地球上几乎所有的自然进程中,水都扮演着重要的角色。事实上,我们已经找到火星上有水存在过的证据:2008 年,美国航空航天局发射至火星的无人宇宙飞船"凤凰号",发现了火星浅层地下冰,证实了火星上确实存在我们赖以生存的"灵丹妙药"——水。

从陆地表面的水到地下水,都是水文科学的研究对象。我们的星球富含水资源,而且我们的生活与水息息相关,因此,有许多的理由让我们想要更多地了解水。水是一种令人惊讶的液体,比如结冰时,水会变轻。学习水文的第一个简单理由是因为水文学是自然科学的一个神奇分支。

水文学作为一种应用科学正在蓬勃发展,并且大量的人都参与了水资源管理及其相关创新工作。通常,地球科学、自然地理学、环境科学、土木工程专业的学生们会在学习生涯中学习水文原理相关的知识。然而,水文学在社会研究中也发挥着重要作用,比如,关于水资源管理方面的问题——淡水供应,饮用水安全的可持续发展,或公共卫生设施充分保障。因此,任何一个学生都想要去了解水文学!

水文学原理重点讲解水文学的物理原理(参见下述"水如何运动?")。本书针对没有学过水文学并且物理、数学知识有限的大学生学习使用,同时也适用于打算进入水文专业学习的学生和有自然科学背景但水文学知识有限的人阅读,最重要的是本书非常适合读者自学。

水以及与水相关的问题一直都十分重要。因此,无论什么背景的学生或本书的读者,都会无悔学习水文学。

水如何运动?

水文学原理对如何理解水流这个奇妙物理过程的产生做了概括。

虽然我们经常观察到水往低处流,但自然规律中,水不会从高处流向低处,而且既不会从潮湿的土壤流向干燥的土壤,也不会从压力高的地方流向压力低的地方。那么水流如何产生的呢?

答案就在本书我们将要探讨的一系列迷人的理论中。比如,可能你之前已看过达西定律,但方程中为什么有一个减号?(什么是黏性,它如何产生?)水的负压如何形成?什么是滞后现象?什么是优先流?我们能从水波里学到什么?

以上仅仅是本书解答的一部分问题,通过阅读本书你一定会学到水如何运动!

教学理念:方法新颖

本书具有确凿的教学理念,是在对自然地理、环境科学、地球科学专业的大学生和研究生近 20 年的水文学教学中发展而来的。

第 1 章开篇介绍了水文学的核心概念——水循环;水文学中心单元——流域;水文学核心

方程——水量平衡方程。

天气以及气候变化影响着地球上的水系统。第 2 章介绍大气水水文学方面的问题,同时提及关于大尺度或全球尺度的水文学现状,涉及气候水文或全球水文方面的问题。

本书随后采取了一个不同于许多水文学教科书的方法。因为一般水文学运用的物理法则用于解释地下水稳定流最好,所以我们不从土壤水或地表水开始,而是从地下水环节开启水文学之旅。

"尼德兰王国中荷兰本土的西部地区"(注:因为尼德兰王国包括荷兰以及其他几个岛屿国家,荷兰有北荷兰省和南荷兰省)有很多相反的景象:地表低于海平面,地下水被发现会垂直地向上流动。这种早期围海造陆的人工景观是探索和发现水文基本规律("水如何运动")的理想地貌,毕竟通常情况下一切都太显而易见了,人们不容易相信看似错误的假设。

第 3 章讨论了基本水文定律:伯努利定律(能量方程)和达西定律(渗流方程)。达西定律和水平衡方程相结合通过简单的描述和建模证明了地下水稳定流。

第 4 章,土壤水,土壤水的能量和流动方程由于土壤孔隙中不仅有水分也有空气而变得复杂。后者会导致土壤水分饱和区的孔隙水压低于气压。

最后,第 5 章,主要讲解地表水:既包含可见的河流,溪水,也包含较为复杂、无序的水体。

从本书所能学习到的知识

写这本书是因为我确信很多学生和人们对水在自然界中的作用很感兴趣,但他们没有扎实的物理和数学基础。本书介绍了这些基本的物理和数学概念,为他们提供了一个很好的帮助。

当然练习对充分理解物理和数学也是十分重要的。起初这看上去像一场战斗,不过本书在最后提供了解题步骤的答案。所以,有了基础知识的支撑,有以工作解决方案形式的帮助指引,应把练习作为一项挑战去解决。

学习策略

本书中有许多学习策略,帮助你高效学习。

重要条目和关键结论

本书中的重要条目和关键结论以及后面索引中的重要术语都被很清晰地罗列出来显示,以便读者更简单快捷地找到重要信息。

例:地下水位以下的区域是饱和区,其中储存的水叫地下水。

方程注释

很多方程注释了所用变量的含义和单位,为读者提供了方便快捷的参考。

例:

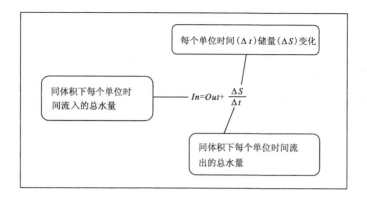

方框

每个章节都给出了很多方框:它们是对正文的补充,提供背景信息,更多的细节或有趣的衍生话题。

例:

方框 3.3　阿姆斯特丹市的饮用水

乌特勒支附近的霍斯特米尔普尔德和贝思昂尼普尔德的渗流强度总计超过 $20 \text{ m} \cdot \text{d}^{-1}$。霍斯特米尔的渗流水中氯化物含量很高。贝思昂尼普尔德的渗流水是淡水,其与洛德切斯普拉森(洛德雷希特湖)和阿姆斯特丹-里扬卡纳尔(阿姆斯特丹-莱茵渠)中的水一起为阿姆斯特丹城市提供饮用水(Kosman, 1988)。除了这些,来自莱茵河的预处理水也被下渗到 Zandvoort 南部的滨海沙丘中,作为阿姆斯特丹城市饮用水的一个来源(Van Til 和 Mourik, 1999)。

练习

本书包含了许多习题。正确答案和解题步骤在本书最后的答案部分给出。不要匆忙地急着看答案,自己先试着做做看!在课程评估中,学生们一致认为,努力做练习对未来掌握学习材料是非常有助益的。

例:练习 3.10.3,由四个等厚度层组成的砂质岩层。这些层的渗透系数分别为 1、5、10 和 $50 \text{ m} \cdot \text{d}^{-1}$。确定岩层的替代水平渗透系数和替代垂直渗透系数。

小结

每章都以小结结束,总结了该章节的关键点。通过这些总结可以简单快捷地回顾刚学到的知识,如果有必要,可以回头重看任何你不确定的部分。

例:目前很多科学家认为全球变暖导致了水循环的不断加速,反过来,又可能会导致地球上部分地区产生更多的极端天气现象。

・流域或集水区,就是可以排入河流或水库的区域。

・降水是指水粒子,无论是液体(雨)还是固体(雪,冰雹),都是从大气中下降到地球表面(陆地或水中)的过程。

・直接下落在溪流或河道的降水称为河道降水。

3.15 节

第 3.15 节地下水水力学,为解决一些地下水径流问题提供了深入的信息。使用表 3.3 辅助记忆来解决这类习题是个好方法! 这本书的最后给出了答案和步骤,突出显示解决习题的最佳策略(然而,读者需要跳过 3.15 节,先看第 4 章有关土壤水的内容,这样有助于建立全书的框架)。

概念工具包

鉴于学生们感觉数学较难,书后的概念工具包提供了一些基本信息,可以非常方便地解决 3.15 节的问题。

数学工具箱

对于表 3.3 中方程的数学背景感兴趣的学生,本书最后的数学工具箱给出了与之相关的更多信息。同样也包含了理查德方程和明渠流量方程的深入探讨。

网站资料

这本书有网络在线资源,网址为 www.oxfordtextbooks.co.uk/orc/hendriks/。

特色是:

公众:

一电子表格,可供下载

一多选测试题题库,额外增加一个关于地下水水力学的 3.15 节地下水水力学考试的一个范例。

教师:

一可以使用书中电子格式的图备课,为讲课做准备。

网站本书页面截图:

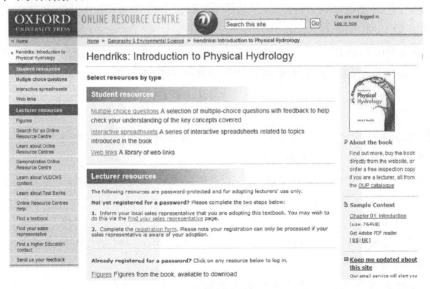

国际标准单位表

国际单位制基本单位

物质的量	摩尔	mol
电流	安培	A
长度	米	m
发光强度	坎德拉	cd
质量	千克	kg
热力学温度	开尔文	K
时间	秒	s

国际单位制导出单位示例

面积	平方米	m^2
体积	立方米	m^3
速度	米每秒	$m \cdot s^{-1}$
加速度	米每二次方秒	$m \cdot s^{-2}$
密度	千克每立方米	$kg \cdot m^{-3}$

国际单位制特别导出单位

力	牛顿	N	$kg \cdot m \cdot s^{-2}$
压力	帕斯卡	Pa	$N \cdot m^{-2} = kg \cdot m^{-1} \cdot s^{-2}$
能量,功	焦耳	J	$N \cdot m = kg \cdot m^2 \cdot s^{-2}$
功率	瓦特	W	$J \cdot s^{-1} = kg \cdot m^2 \cdot s^{-3}$
电位差（电学的）	伏特	V	$W \cdot A^{-1} = kg \cdot m^2 \cdot s^{-3} \cdot A^{-1}$
电阻（电学的）	欧姆	Ω	$V \cdot A^{-1} = kg \cdot m^2 \cdot s^{-3} \cdot A^{-2}$
电导率（电学的）	西门子	S	$A \cdot V^{-1} = A^2 \cdot s^3 \cdot kg^{-1} \cdot m^{-2}$
摄氏温度	摄氏度	℃	$K - 273.15$
动力黏度	帕斯卡秒	Pa $\cdot$ s	$N \cdot m^{-2} \cdot s = kg \cdot m^{-1} \cdot s^{-1}$
表面张力	牛顿每米	$N \cdot m^{-1}$	$kg \cdot s^{-2}$

倍数	名称	符号
10^{12}	太	T
10^{9}	吉	G
10^{6}	兆	M
10^{3}	千	k
10^{2}	百	h
10^{1}	十	da
10^{-1}	分	d
10^{-2}	厘	c
10^{-3}	毫	m
10^{-6}	微	μ
10^{-9}	纳	n
10^{-12}	皮	p
10^{-15}	飞,毫微微	f

关于作者

马丁 R. 亨德里克斯博士,是乌德勒支大学地球科学学院的物理水文方面的副教授,具有二十多年的教学经验。他在阿姆斯特丹大学学习自然地理学,又获得了另一个学校阿姆斯特丹自由大学水文学博士学位,在国际科学期刊上发表许多著作。

目　　录

前言

图表致谢

作者致谢

欢迎来到本书 ·· i

国际标准单位表 ·· v

1　绪论 ··· (1)

1.1　主要水体类型 ·· (1)

1.2　水文循环 ··· (3)

1.3　流域水文过程 ·· (5)

1.4　水量平衡 ··· (8)

小结 ··· (10)

2　大气水 ·· (12)

引言 ··· (12)

2.1　云的形成 ··· (12)

2.2　降雨的形成 ·· (17)

2.3　降水类型 ··· (19)

2.4　降水测量 ··· (23)

2.5　面平均雨量 ·· (27)

2.6　蒸发类型和测量 ··· (29)

2.7　估算蒸发:彭曼-蒙蒂斯公式 ·· (30)

小结 ··· (40)

3　地下水 ·· (43)

引言 ··· (43)

3.1　误区 ·· (44)

3.2　钻孔 ·· (45)

3.3　借助伯努利定律 ··· (46)

3.4　地下水 ··· (50)

3.5　有效下渗速度和下渗率 ··· (52)

3.6　土壤—湿海绵 ··· (54)

3.7 两大科学定律——达西定律和欧姆定律 ································ (55)

3.8 水的折射 ·· (68)

3.9 承压水的稳定性 ·· (70)

3.10 连续方程及其结果 ·· (74)

3.11 荷兰水文 ·· (81)

3.12 流网 ·· (83)

3.13 地下水流(状态)及系统 ·· (86)

3.14 淡水和盐水:Ghijben-Herberg ······································ (90)

3.15 地下水水力学 ·· (92)

小结 ·· (117)

4 土壤水 ·· (121)

引言 ·· (121)

4.1 负水压 ·· (121)

4.2 总势的确定 ·· (125)

4.3 土壤是干燥滤纸还是湿海绵 ·· (127)

4.4 土壤水分特性 ·· (130)

4.5 干湿作用:滞后现象 ·· (138)

4.6 非饱和水流 ·· (140)

4.7 向上移动:毛细上升和蒸发 ·· (143)

4.8 向下移动:渗透和渗流 ·· (144)

4.9 优先流 ·· (161)

小结 ·· (166)

5 地表水 ·· (170)

引言 ·· (170)

5.1 再论伯努利定律 ·· (171)

5.2 水位、流速和流量的测量 ·· (190)

5.3 流量过程线分析 ·· (205)

5.4 概念性降雨径流模型 ·· (211)

5.5 变源区水文 ·· (225)

小结 ·· (229)

后记 ·· (233)

C 概念工具包(Conceptual toolkit) ·· (234)

C1 常用的基础数学公式 ·· (234)

C2 数学微积分 ·· (235)

C3 微分法则的重点参考 ·· (243)

M 数学工具箱（Mathematics toolboxes） ·· （244）

  M1 两条平行线之间的承压含水层中有稳定的地下水流，可以完全渗透到水位
        不同的两条河流中 ·· （244）

  M2 非承压含水层中两条平行线之间的稳定地下流，可以充分渗透到不同水位
        的河流中 ·· （245）

  M3 渗流含水层中的稳定地下水流 ·· （246）

  M4 两边为相同水位的平行全渗透渠道的补给、潜水含水层中的稳定地下水流 ······ （249）

  M5 两边为不同水位的平行全渗透渠道的补给、潜水含水层中的稳定地下水流 ······ （250）

  M6 流向圆形岛屿中心全渗透井的承压含水层中径向对称、稳定地下水 ·········· （252）

  M7 流向圆形岛屿中心全渗透井的潜水含水层中径向对称、稳定地下水 ·········· （254）

  M8 Richards（理查德）方程的推导 ·· （255）

  M9 Richards 方程的其他形式 ·· （257）

  M10 明渠水流 ·· （259）

练习题答案 ·· （260）

参考文献 ·· （275）

索引 ·· （282）

1 绪 论

水文学基本上除海洋外,从事地球表面和地壳内部各种形态水的产生、运动和物理性质的研究。对海洋的科学研究属于海洋学领域。本书论述了地球上影响水流运动的主要定律。水主要可分为大气水(第2章),地下水(第3章),土壤水(第4章)和地表水(第5章)四个类型。本章分别介绍这几种类型的水,并讨论水文学中的基本概念和定义,重点关注水文学的核心概念——水循环;水文学中心单元——流域;水文学核心方程——水量平衡方程,介绍了主要水文过程和大尺度或全球尺度水文学有关现状,涉及气候水文或全球水文方面的问题。

1.1 主要水体类型

大气层如同一条毯子包裹着地球。地表以上的空气中所含的水被称为大气水。这种水的典型形态为水汽,但降水时也可以以液态水出现或降雪(冰晶)时以固态水出现。大气水在气象学领域被着重研究。池塘、湖泊、小溪、河流这些陆地表面上的水被称为地表水。

在地面以下一些深度,土壤孔隙,沉积物,岩石中充满水分。假设我们挖一个大坑,那么水面在坑里上升的高度即为地下水位(图1.1),低于该水位的区域为饱和带,其中所含的水为地下水。

在地表以下,但高于地下水位的土壤空隙中同时包含水分和空气,这个区域叫作非饱和带,存储于此的水被称为土壤水。

地球上水储量分布占比见表1.1,全球水的总储量约为 1.4×10^{18} m³(Maidment 1993)。淡水是人类最重要的饮用水资源,淡水储量仅占全球总水量的2.5%,而其中的69%又属于固体冰川(框1.1),30%是地下水,地表水、土壤水以及大气水加在一起仅占1%。

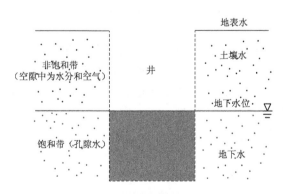

图 1.1 水体分布垂直剖面图

因为很多地下水赋存于海水沉积物中或是通过地下含水层与海水接触,所以一半以上的可用地下水为微咸水(淡水与咸水的混合物)或咸水。

表 1.1 地球各种水体储水量和百分比表（Maidment,1993,简化后）

水体	体积(10^9 m³)	占总水量比例(%)	占淡水比例(%)
海洋	1 338 000 000	96.5	
冰川	24 023 500	1.7	68.6
地下淡水	10 530 000	0.8	30.1
地下微咸水和咸水	12 870 000	0.9	
地表水,土壤水,大气水	475 710	0.03	1.4
地表咸水	85 400	0.006	
总水量	1 385 984 610	100	
淡水	35 029 210	2.5	100

框 1.1   如果所有的冰川全部融化？

地质时期从冰川时代的开始到结束,海平面发生了重要的变化。冰川时代,大部分的水存储于陆地上的冰层中,正因如此,最后一个大冰期的海平面比如今低 120 m。最后一个间冰期,北半球比现在高 4℃,有一小段时期海平面比如今高 6 m,巴哈马群岛和奥克尼群岛悬崖上相同高度的海蚀凹槽可以证明这些。

我们可以估算出如果所有的冰都融化后,海平面会上升多少。南极洲和格陵兰岛的两个大冰盖融化会对海平面上升造成可观的影响。

由于冰的内部含有气体和颗粒,因此冰溶化成水后体积会缩小,体积大概变为之前的 0.9 倍。利用 IPCC(政府间气候变化专门委员会)(2001)提供的冰体积,我们可据此估算出融化后的水体体积,然后把这些水分配给地球上 $362×10^6$ km² 的海洋,得到一个粗略的估计——如果全球冰盖都融化,海平面将上升 71 m(见表 B1.1)。

表 B1.1   所有极地冰融化海平面上升高度估算表,采用 IPCC(2001,表 11.3)数据

	南极洲	格陵兰岛	合计
冰体积(10^6 km³)	25.7	2.9	28.6
融化后水体积(10^6 km³)	23.1	2.6	25.7
海平面上升高度(m)*	64	7	71

* 假设全球海面面积为 $362×10^6$ km²

当我们考虑地壳均衡回弹情况,冰盖消失时地面缓慢地上升,海水替代接地冰架,那么海平面上升会略少一些。IPCC(2001)据此推算南极上升 61 m＋格陵兰上升 7 m,海平面将升高 68 m。同样的,测算出冰川和冰帽融化可使海平面上升 0.5 m,使得冰盖融化导致海平面上升的估算高度控制在误差范围内。

所有冰川融化的速度有多快？

南极和格陵兰冰盖位于雪线以上,雪线指常年积雪的海拔高度。因此,要融化所有的冰可能需要几千年,尤其是南极冰盖。受冰川和冰帽融化影响,海平面升高 0.5 m 的过程会发展得更快,在 1000 年以内甚至 21 世纪就会发生。

20 世纪海平面共上升了 0.2 m,而且 IPCC(2007)预测 2100 年以前会再上升 0.2～0.6 m。21 世纪预测的因全球变暖引起的海洋热膨胀,为海平面上升做出了最大贡献(75％)。

值得注意的是,目前导致冰盖迅速崩溃的机制人类还未完全了解,因此,以上的讨论是理论性的推断。

1.2 水文循环

水文循环(图 1.2)是水文学的核心概念,它描述了海洋的水因吸收太阳热量而蒸发,蒸发的水汽随大气环流被带到地球各地的过程。

水汽是大气中最主要的温室气体,在建立全球气候中也最为重要。气候是天气特征的长期平均状态,通常使用 30 年均值。温室气体如水汽(H_2O),二氧化碳(CO_2)和别的一些气体能使太阳短波辐射到达地面,却又能够吸收地表受热后向外放出长波辐射。这就有效地调整了地表温度,平均温度为 15℃,这种现象称为温室效应。

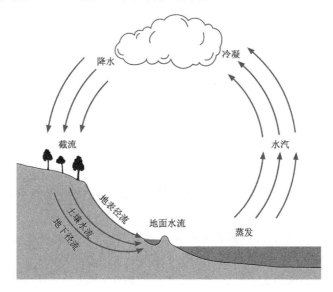

图 1.2 水文循环示意图(Ward and Robinson,2000,略有修改)

如果没有占温室效应贡献 60%～70%的水汽,以及其他温室气体,那么地球表面空气温度将远低于冰点,平均为 -18℃。

另一方面,人类活动如化石燃料燃烧,土地清理,农业等向大气中排入的二氧化碳等温室气体不断增加,大气的温室效应也随之增强,导致全球气候变暖,如今引起了越来越多的关注。

在大气层中,水汽凝结成很小的水滴(1～100 μm),形成云。虽然水在大气中的平均停留时间只有 10 天左右,在海洋里的平均停留时间却有几千年。云在一定条件下形成降水以雨、雪或冰雹的形式到达地面后,渗入土壤,补充入地下水,排入河流,最终又回到海洋。

这里所说的温室效应区别于增强的温室效应,后者是指由于温室气体过量而造成大气变暖情况失控。极可能是此种温室效应造成金星表面温度超过 400℃。

1 μm=1 微米=10^{-6}m

平均停留时间是指某个水分子停留于某个特定位置或特定系统的平均时间量。

　　海洋蒸发是一个重要过程,它净化海水杂质,把盐分留在海洋中(框 1.2),形成水汽,变成云滴,因此大陆降水是淡水。

　　当然,有很多捷径和反馈机制被加入到水循环综合图 1.2 中。例如,水汽在被带到地面前就可以靠降雨回到海洋(捷径),或者植被可以拦截降水,直接蒸发回到大气随后又变回雨水(反馈),这些反馈机制是多种多样的,因此没有包含在图 1.2 中。而且,一部分水分会在水循环的长期过程中流失,比如储存于极地冰川或深层地下水中。地下水包括极其深的地下水的平均停留时间大约是 20000 年。

　　不过,气候变化不断地影响整个水文循环速度随之变化。据此分析,目前很多科学家认为全球变暖导致了水循环的不断加速,反过来,又可能会导致地球上部分地区产生更多的极端天气现象。

框 1.2　　全球变暖会导致又一个冰河时代来临么?

　　有一个有关冰河世纪将再次发生的有趣假说,涉及全球变暖和北极地区的水文问题。布勒克研究(1997)后提出这个假设:由于全球变暖北极地区融化的淡水流入北大西洋,会阻止湾流(墨西哥湾暖流)的延续——北大西洋暖流向下流动,这将会阻止温暖的海水从赤道向高纬度地区的输送。

　　强大的风生湾流和湾流温度和盐度加强的延续将使北大西洋暖流力量堪比"水泵"。暖流从佛罗里达流向西北欧,途中由于蒸发,暖流盐度变得更高。这条海流被斯匹茨卑尔根岛的空气冷却,所以密度增大,变得比海水重,然后沉入深海,至此,深冷回流再次流回到南方的热带地区(图 B1.2)。因为湾流和北大西洋暖流的存在,西欧的冬天不那么严寒,尤其与同纬度的加拿大西部和阿拉斯加相比。

　　全球变暖被认为会加剧北极地区永久冻土层的融化,融化的淡水流入北大西洋,降低了海水的盐度,使北大西洋暖流下沉不够深,因此阻碍了"水泵"系统的运转。在微弱的"水泵"系统循环下,水温不够暖,更重要的是盐度不够高,暖流被输送至北大西洋后"水泵"系统变得更弱。这种阻碍机制是一种正反馈系统,随着它自身不断加强,最终湾流和北大西洋海流向高纬度地区的输送将停止。正是这种被称为大西洋经向翻转环流的阻断机制,会使北半球的气温大幅下降,导致又一个冰河时代的开始。

　　研究人员认为,距今约 12900 至 11500 年以前,在最后一个冰河时代,当全球气候逐渐变暖时,大面积的冰堰湖淡水融化流入北大西洋,由于相似的机制导致地球再次陷入冰天雪地。这次气候转变被称作"新仙女木事件"。

　　大约在 8200 年前本次间冰期期间,冰堰湖融水可能又一次爆发,导致北大西洋洋流再次受到干扰,因此气温降至几度,这种情况持续了几百年。这次被称为 8.2 千年事件(8.2ka BP 冷事件)(Ellison 等,2006)。

　　Drijfhout(2007)通过模拟全球海洋—大气相互作用,总结得出寒冷气候下温盐环流关闭的影响要大大高于温暖气候下的影响,这动摇了前面的假设。

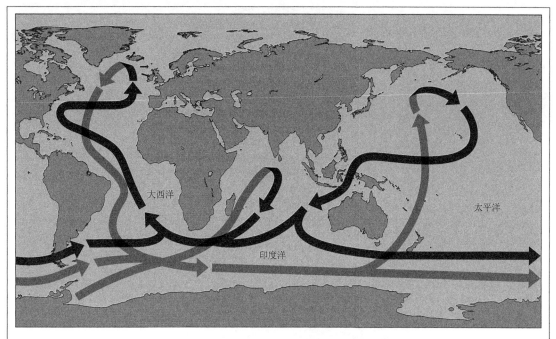

图 B1.2　海洋输送带循环:灰色为冷,深层洋流;黑色为暖,浅层洋流

（数据来源于 W Broecker 教授；由 E Maier-Reimer 博士修正）

韦弗和希勒莱尔－马塞赛尔(2004)对比了假设后,甚至认为,古时候记录很少,大西洋经向翻转环流广泛崩溃是极其不可能,而且宣布"可以肯定地说,全球变暖不会导致新的冰河时代的来临"。

*海水的密度取决于温度(热量)和盐度(海水盐量),密度差异导致全球海水热盐循环,称为海洋输送带循环(图 B1.2)。

1.3　流域水文过程

一个核心水文单元是流域或集水区,就是可以排入河流或水库的区域(径流指流域内通过出口断面的地下水和地表水)。图 1.3 显示了小流域数字高程模型(DEM)。流域是衡量一个地区水的输出和输入(降水)最方便的空间单元,也是农村地区、城市,甚至更大大面积地区水量、水质研究的重要单元。因此了解流域内水文过程是很重要的。

受重力作用,流域边界往往被视为地形中最高的位置。然而在有些情况下,比如像图 1.4 所示,倾斜透水岩层的这些最高位置不能代表地下水的真正流域边界。因此,地表水和地下水的流域边界不一定重合。

而且,地下水经地下含水层的流失量,即渗流量,往往是未知的,故而当把流域作为一个单元时往往会出现问题。尽管有这些实际的困难,流域仍然是研究水环境最有用的单元,比如对污染的研究。

降水是指水粒子,无论是液体(雨)和还是固体(雪,冰雹),从大气中下降到地球表面(陆地或水中)的过程(图 1.5)。直接落在溪流或河道的降水称为河道降水。

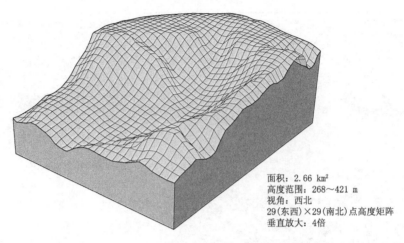

面积：2.66 km²
高度范围：268～421 m
视角：西北
29(东西)×29(南北)点高度矩阵
垂直放大：4倍

图 1.3　卢森堡古特兰的 Kribsbaach 流域数字高程模型图，分辨率为 50 m×50 m 的高度矩阵

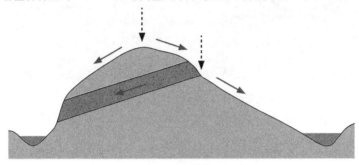

图 1.4　断面流域边界图

倾斜的岩石层的渗透性(小黑点表示)比周围的岩石高。实箭头所指的是水流方向，
左侧虚线箭头指的是地表水的左流域边界，右侧虚线箭头指的是地下水的右流域边界

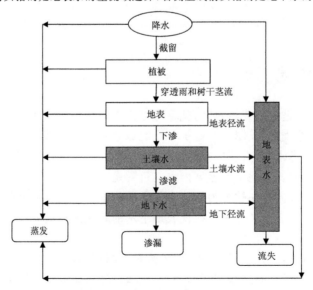

图 1.5　流域水文系统图简化版

椭圆表示输入或输出过程；流程线代表水文过程；矩形框表示各种蓄水方式；
蓝色背景框为流域内主要蓄水类型(一般情况下)

降水可能会在半路被植被或建筑物拦截,这个过程称为截留(图1.6)。落到植被冠层顶部的降水量为总降水量。到达地表的降水量为净降水量。净降水量由树干茎流和穿透雨量组成。穿透雨由穿过植被冠层的雨滴和湿树叶、树枝落下的水滴组成。树干茎流是指沿着树木主干流下的水。水接触地面就会慢慢滴入土壤、沉积物或岩石的孔隙或裂缝中,这个过程称为下渗。在非饱和带,水会进一步下降到地下水位,这个过程叫作渗滤。

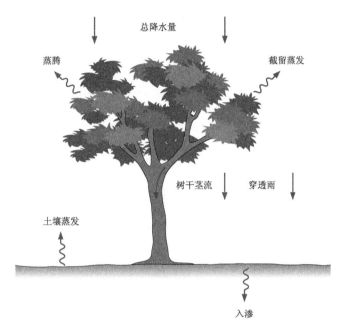

图 1.6　截留示意图
截留＝总降水量－净降水量
截留＝每单位时间的截留量变化＋截留蒸发量
净降水量＝树干茎流＋穿透雨量

水分蒸发是液体或固体的水变为水蒸气的过程。水分蒸发可以发生在海洋或者任何潮湿的表面,比如土壤表面(土壤蒸发)或活植物叶片上的气孔(无数小毛孔),后者也被称为蒸腾。水分蒸发涉及相变过程,因为水分到了大气中,有时对水文学家而言是一种损失。被植被或建筑物截留的降水会蒸发回到大气中,被称为截留蒸发(截留损失)。值得注意的是,蒸腾是植物内部的水通过叶片气孔蒸发的过程,而截留蒸发的水是储存在如树枝,树叶等植物表面的。储存在植物表面的降水如雨、雪、冰的总量就是截留量。

向土壤下渗之前,降水也可储存于地表,比如存于落叶树的凋落物层,存于地表洼地里,或者以雪或冰的形式存在。这种形式的蓄水量叫做地表蓄水。由以上蓄水方式外溢、释放的坡面漫流称为坡面流(图1.2)。

储存在非饱和带的土壤水或更深层次的饱和带的地下水同样也会向更低的地势流动,只是通常非常缓慢。这种水流是土壤水流和地下水径流(图1.2),在下一章将会详细探讨。这两种水流合在一起经常被叫作潜流。

以上所有提到的水流都能对溪水或者河流的地表径流量有所增益(图1.2),这些径流最终会流入大海、大洋或者封闭湖泊,比如美国犹他州的大盐湖,这种湖泊没有出水口,水分只能靠蒸发流失。

1.4　水量平衡

　　水的行为可以从很多尺度上去研究,比如,从水从某种类型土壤中渗透到某个大洲的水流运动来研究。出于研究和水资源管理这两个目的,最重要的是首先了解流入和流出一个特定区域或一定容量的土地的水量,或是了解储藏水量的流入和流出。研究地形中的水文过程的中心方程即水量平衡(方程),简单表达如下:

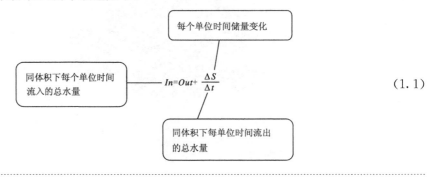

$$In = Out + \frac{\Delta S}{\Delta t} \tag{1.1}$$

- -

土地中水的总储量＝地表水储量＋土壤水储量＋地下水储量

- -

　　上面这个方程中的 In 和 Out 取绝对值(大于等于 0),不考虑过程的方向。ΔS($\Delta S / \Delta t$ 中的)可以为 0,正值或负值(Δt 为正),解释如下。

　　$\Delta S = 0$ 意味研究区域在水量平衡建立时蓄水量不发生变化。在所选取的时间段内,不论水以何种方式储存,最后存储的总体水量与刚开始时是一样的。例如,部分水可能从土壤水转变成地下水,但是一定容量土地内水的总量是维持原样的。

　　储量的正变化($\Delta S > 0$)表示水量流入。不论水以何种方式储存,最后存储的总体水量比刚开始时大。流域正向的蓄水量变化在自然条件下表现为当研究时段结束时,有更潮湿的植被,在溪流或者湖泊中更高的水位,更潮湿的土壤,地下水位的升高。

　　蓄水量的负变化($\Delta S < 0$)表示区域总体水量减少,在自然条件下表现为当研究时段结束时,有更干燥的植被,溪流或者湖泊中更低的水位,更干燥的土壤,地下水位的降低。

　　当流入和流出的长期平均值被用于水量平衡时,ΔS 被设置为 0。

　　水量平衡的构成经常按逐年进行估算,但是原则上任何时间段都可以采取估算,比如,每半年,每月,每天,洪水持续期间等。重要的是,水量平衡建立在限定时间内,限定的区域,流域,或一定容量的土地内。等号左右两边必须用同样的计量单位。通常是单位时间的体积(比如,m³/年),或是单位时间的长度(比如,mm/天)。

　　举个例了,作为一个邻海并有大型河流穿过的国家,荷兰的水量平衡可以这样估算:

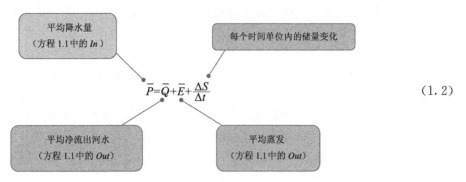

$$\overline{P}=\overline{Q}+\overline{E}+\frac{\Delta S}{\Delta t} \qquad (1.2)$$

公式中的平均值是通过对长期数值做平均得到的。

一个水文年的持续时间为一年，从枯季开始并在枯季结束，此时水量降至最低；或从雨季开始和结束，此时水量是最高的。荷兰平均水文年的水量平衡见表 1.2。

因为我们讨论的是平均水文年，所以平均蓄水量变化 $\overline{\Delta S}=0$，$\overline{Q}=\overline{P}-\overline{E}$ 约为 240 mm/年。

$\overline{P}$ 和 $\overline{E}$ 的数据范围为 1971—2000 年，来源于皇家荷兰气象研究协会（2002）；$\overline{Q}$ 夏半年和冬半年的数据来源于德弗里斯（1980）。

流量是指在特定时间间隔内流过一个横截面的水的体积。请注意，平均净流出河水量 $\overline{Q}$ 为 240 mm/年（=0.24 m/年），等于平均净流出流量 $\overline{Q}$ m³/年，除以荷兰的国土面积约 40×10^9 m²；因此荷兰的平均净流出流量 $\overline{Q}$ 应为 9.6×10^9 m³/年。

表 1.2 告诉我们，在夏季蒸发量超过降水量（平均而言，为 460−380=80 mm）。此外，$\overline{\Delta S}$ =−150 mm，换句话说，夏半年的平均储量变化为大约−150 mm；150 mm 的水从蓄水量中流失。

因为每年的 $\overline{\Delta S}=0$ mm，这就意味着冬半年的平均蓄水量增加 150 mm；有 150 mm 的水在冬季被储存起来。

表 1.2　荷兰一个平均水文年的水量平衡，使用方程 1.2 进行计算：数据使用毫米（每年或者每半年）来计量；夏半年（4 月到 9 月）；冬半年（10 月到 3 月）

方程 1.2	$\overline{P}$	$\overline{Q}$	$\overline{E}$	$\overline{\Delta S}$
年	800	240	560	0
夏半年	380	70	460	−150
冬半年	420	170	100	+150

表 1.2 说明，荷兰在冬季降水量超过蒸发量（平均 420−100=320 mm），同时也说明了冬季比夏季的降水量略多（平均 420−380=40 mm）。还有，由于夏季的气温高，冬季的蒸发量比夏季低（平均 460−100=360 mm），荷兰河流净流出量冬季比夏季的高（平均 170−70=100 mm）。

水量平衡是估算土地利用变化与气候变化情况的重要工具，对水资源管理也同样重要。

比如，土地利用变化能影响蒸发量的变化，从而影响水量平衡。

　　另一个例子就是全球变暖可能导致山区的冬季温度更高,从而导致雪线的上升,0℃等温线的上升,使这些地区冬季储存的雪量减少。因此,导致春季和夏季这些山区的融雪流量更少。通过对从瑞士阿尔卑斯到北冰洋的莱茵河夏季流量的测量,这种影响已被夸代克(1991)所预测。这种流量的减少可能会引起严重的、不想看到的经济后果,沿莱茵河可能会出现货物阻塞。

　　水资源管理中的水量平衡是很重要的研究工具,比如,包含可以抵消密集灌溉或者排水的设计,抽取地下水,所有可能导致干涸或者干燥的影响。广为人知的就是中亚的咸海湖,由于在20世纪的时候水位急剧下降,它从一个很大的淡水湖转化为一个很小的盐水湖。导致这种结果的根源就是汇入咸海湖的两支主要河流——阿姆河和锡尔河的大量灌溉设计。

练习 1.4.1　一个邻海的流域面积为 $7500 \ km^2$,该流域平均降水量为 $900 \ mm/$年,该流域平均地表水流净流出为 $22.5 \times 10^8 \ m^3/$年,平均地下水流入大海为 $100 \ mm/$年,平均值通过 30 个水文年来计算的。

　　a. 拟定水量平衡。

　　b. 计算实际平均蒸发量(单位分别为 $mm/$年和 $m^3/$年)。

练习 1.4.2　一个平缓的山坡面积为 $10^4 m^2$,降雨时长为 40 分钟。平均降雨强度为 30 $mm/$小时。这 40 分钟的总地表水流为 $15 \times 10^4 \ L$。蒸发和渗漏到地下水的水量可以忽略不计。

　　计算土壤蓄水量的变化(单位分别为 mm 和 m^3)。

小结

　　·水文学基本上是对除海洋外,地球表面和地壳内部各种形态水的产生、运动和物理性质的研究。

　　·假设我们挖一个大坑,那么水面在坑里上升的高度即为地下水位,低于该水位的区域为饱和带,其中所含的水为地下水。

　　·淡水储量仅占全球总水量 2.5%,而其中的 69% 又属于固体冰川(框 1.1),30% 是地下水,地表水、土壤水以及大气水加在一起仅占 1%。一半以上的可用地下水为微咸水(淡水与咸水的混合物)或咸水。

　　·水汽是大气中最主要的温室气体,在全球气候形成中也最为重要。

　　·温室气体如水汽(H_2O),二氧化碳(CO_2)和别的一些气体能使太阳短波辐射到达地面,却又能够吸收地表热量后向外放出长波辐射。这就有效地调整了地表温度,平均温度为15℃,这种现象称为温室效应。

　　·增强的温室效应是指温室气体过量而造成大气变暖情况失控。

　　·水分蒸发是液体或固体的水变为水蒸气的过程。

　　·海洋蒸发是一个重要过程,它净化海水杂质,把盐分留在海洋中(框 1.2),形成水蒸气,变成云滴,因此大陆降水是淡水。

　　·目前很多科学家认为全球变暖导致了水循环的不断加速,反过来,又可能会导致地球上部分地区产生更多的极端天气现象。

　　·流域或集水区,就是可以排入河流或水库的区域。

· 降水是指水粒子,无论是液体(雨)和还是固体(雪,冰雹),从大气中下降到地球表面(陆地或水中)的过程。

· 直接落在溪流或河道的降水称为河道降水。

· 降水可能会在半路被植被或建筑物拦截,这个过程称为截留。落到植被冠层顶部的降水量为总降水量。到达地表的降水量为净降水量。净降水量由树干茎流和穿透雨量组成。穿透雨由穿过植被冠层的雨滴和湿树叶、树枝落下的水滴组成。树干茎流是指沿着树木主干流下的水。

· 水接触地面就会慢慢滴入土壤、沉积物或岩石的孔隙或裂缝中,这个过程称为下渗。在非饱和带,水会进一步下降到地下水位,这个过程叫作渗滤。

· 水分从活的植物叶片气孔(无数小毛孔)里蒸发的过程称为蒸腾。

· 被植被或建筑物截留的降水又蒸发回到大气中,称为截留蒸发。

· 储存在植物表面的降水如雨、雪、冰的总量就是截留量。

· 向土壤下渗之前,降水也可储存于地表,比如存于落叶树的凋落物层,存于地表洼地里,或者以雪或冰的形式存在。这种形式的蓄水量叫作地表蓄水。由以上蓄水方式外溢、释放的坡面漫流称为坡面流。

· 水量平衡方程: $In = Out + \dfrac{\Delta S}{\Delta t}$

式中的 In 和 Out 取绝对值(大于等于 0),不考虑过程的方向(ΔS 可以为 0,正值或者负值)。

· 蓄水量的正变化($\Delta S > 0$)表示水量流入。不论水以何种方式储存,最后存储的总体水量比刚开始时大。流域正向的蓄水量变化在自然条件下表现为当研究时段结束时,有更潮湿的植被,在溪流或者湖泊中更高的水位,更潮湿的土壤,地下水位的升高。

· 蓄水量的负变化($\Delta S < 0$)表示区域总体水量减少,在自然条件下表现为当研究时段结束时,有更干燥的植被,溪流或者湖泊中更低的水位,更干燥的土壤,地下水位的降低。

· 当流入和流出的长期平均值被用于水量平衡时,ΔS 被设置为 0。

· 重要的是,水量平衡建立在限定时间内,限定的区域,流域,或一定容量的土地内。(公式)等号左右两边必须用同样的计量单位。

· 一个水文年的持续时间为一年,从枯季开始并在枯季结束,此时水量降至最低;或从雨季开始和在雨季结束,此时水量是最高的。

· 水量平衡是估算土地利用变化与气候变化情况的重要工具,对水资源管理也同样重要。

2　大气水

引言

通过降水和蒸发过程大气水与土壤水(第 4 章)和地表水(第 5 章)联系在一起。由表 1.1 可见,地表水、土壤水和大气水总共仅占地球总水量的 0.03%。尽管有如此低的比重,这些资源却是人类饮用水、农业用水、工业用水最重要的来源。

地球上大气层中的水汽含量仅仅相当于一个 25 mm 的液态水层。因为全球每年的平均降水量为 1000 mm,通过简单计算可以得出大气层每年流失了平均 1000/25＝40 倍的水汽量,大气中水汽的平均停留时间为 365/40＝9 天。如此快速的平均周转率意味着大气中的水是土壤水(第 4 章)和地表水(第 5 章)重要的输入和输出。

目前对非洲和美国中部陆地上空大气过程的了解,进一步表明,当地的蒸发是这些地区降水的一个重要来源。这会引发土壤水分与降水之间的反馈(Bierkens and Vab den Hurk, 2008):降水补充到当地的土壤水中,一部分蒸发又返回大气,一部分又通过降雨回到土壤。这种加强机制(正反馈)会导致持续的季节性或多年干燥或潮湿的情况,比如非洲萨赫勒地区多年的持续干旱。

本章下面介绍的是有关降水的主题:云中降水的形成,不同类型的降水,某点降水量的测量,面雨量计算。随后,探讨植被覆盖地表和露天水面的蒸发。最后一节,读者将了解从森林到草原土地利用变化时,可能会带来两种不同环境:干燥的气候和潮湿的气候,Penman-Monteith 蒸发模型对研究土地利用变化带来的影响有优势。

2.1　云的形成

对地面和空气的加热使空气上升,导致热空气团的密度比它周围的空气密度小。

由物理知识可知,干空气块上升时,会膨胀并冷却,每升高 100 m 温度下降 1℃,这个温度变化的数值称为干绝热递减率(干绝热过程是空气块自身冷却或升温的过程,与周围的空气不发生热量交换)。空气的冷却是由于热量被用于把空气块体积膨胀为更大的空气块。当空气块上升到一定高度,其自身温度和周围空气温度一样时,从而停止进一步向上运动。

海水和潮湿地表加热促使潮湿空气上升,带来蒸发。冷空气无法携带和暖空气一样多的水汽,所以如图 2.1 所示空气温度越低饱和水汽压越低。饱和水汽压是空气中的水汽达到饱和时,这些水汽所产生的压力。其物理原理见框 2.1 和框 2.2。当达到某个更高的高度,湿空气块在上升冷却过程中,可能会在自身温度未达到周围环境温度时就已经达到饱和状态。此时气体相对湿度为 100%,此时气体的温度若大于 0℃,称为露点(T_d),若小于等于 0℃,称为霜点(T_f)。露点温度时,水汽开始凝结,这意味着空气中的部分水汽变为液态水,也可称之为云。同样,霜点温度时,凝华发生,水汽跳过了液态,直接变为冰晶,也可称之为云。云是大气中水汽凝结(凝华)成的微小水滴($1\sim100~\mu m$)、冰晶或者它们混合组成的漂浮在空中的可见聚合物。

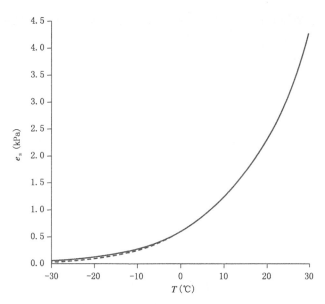

图 2.1 饱和水汽压 e_s(kPa)和温度关系曲线 T(℃)

实线为水的曲线,虚线为冰的曲线,B2.2.3 为该曲线方程

框 2.1 一些基本物理概念:力,质量,重量

力可定义为使物体获得物理变化的任何外因。力和重量的单位都是牛顿,缩写为牛(N)。1 牛顿定义为能使 1 kg 质量的物体获得 $1~m \cdot s^{-2}$ 的加速度所需的力的大小:$1N=1~kg \cdot m \cdot s^{-2}$。

请注意,在物理学中质量和重量是有区别的。质量的基本单位千克(1 kg=1000 g)是一个常数,1 kg 等于国际千克原器的质量,国际千克原器现在被保存在法国塞夫勒市。物体的重量等于其质量乘以重力加速度。重力加速度虽然通常近似取值 $9.8~m \cdot s^{-2}$,但它并不是一个常数,而是随地球的经纬度变化而变化。假设我们让一个物体自由下落,空气阻力忽略不计,那么拥有 $9.8~m \cdot s^{-2}$ 的重力加速度意味着,1 秒后这个物体的速度达到 $9.8~m \cdot s^{-1}$,2 秒后为 $9.8+9.8=19.6~m \cdot s^{-1}$,三秒后 $19.6+9.8=29.4~m \cdot s^{-1}$,以此类推。可见空气阻力忽略不计时,不同质量的物体下降速度是相同的。因此,一个著名的实验向我们证实了这一理论:在抽成真空的圆柱桶中,一根羽毛和一个铁球从相同高度同时垂直下落,会在同一时间触底。

框 2.2　进阶物理知识:气压,水汽压,相对湿度

压强 p 是物体所受的压力 $F(\mathrm{N})$ 与受力面积 $A(\mathrm{m}^2)$ 之比:

$$p = \frac{F}{A} \tag{B2.2.1}$$

这里是指垂直于物体表面的作用力,从上述定义可见,压力的单位是 N 除以 m^2,即帕斯卡(Pa):$1\ \mathrm{Pa} = 1\ \mathrm{N \cdot m^{-2}}$。

气压也叫大气压,是空气分子(微小颗粒)的重量施加的力。由于重量是重力产生的力,因此我们可以把上面方程的力 $F(\mathrm{N})$ 替换为重量 $W(\mathrm{N})$(如图 B2.2):

$$p = \frac{W}{A} \tag{B2.2.2}$$

通常气压用百帕(hPa)作为单位,是 1 帕斯卡的 100 倍(1 hPa＝100 Pa)。1 百帕相当于 1 毫巴(单位 mb 或 mbar。毫巴(mb)已不用。译者注)。

1 标准大气压是 1013.25 hPa,大致等于海平面的平均气压。实际上,包括海平面上,地球上不同地点和不同时间的大气压,都是在不断变化的。

空气中的水汽也有压力,虽然只是空气总压力中特别小的一部分,水汽分子在空气中的重量产生水汽压。实际水汽压(e_a)和饱和水汽压(e_s)之间的区别在于:实际水气压是空气中的水汽分子在一定温度下的实际的分压。饱和水汽压是指空气中的水汽达到饱和状态时的水汽压,此时,空气中水汽含量在该温度下达到最大值。水汽压的单位通常为 kPa($\mathrm{kPa}＝1000\ \mathrm{Pa}$)或 hPa。图 2.1 给出了饱和水汽压随温度变化的曲线。

图 B2.2　气压是单位面积 $A(\mathrm{m}^2)$ 上向上延伸到大气上界的垂直空气柱的重量 $W(\mathrm{N})$

下面给出曲线的近似方程:

$$e_s = 0.6108\ \mathrm{e}^{\frac{17.27T}{237.3+T}} \tag{B2.2.3}$$

0.6108 kPa　　　T 空气温度(℃)　　　饱和水汽压　　　自然对数＝2.71828…　　　237.3℃

相对湿度 RH 指同等温度条件下实际水汽压与饱和水汽压的比值。

$$RH = \frac{e_a}{e_s} \tag{B2.2.4}$$

框 2.3 旧金山夏雾

加利福尼亚州的旧金山市出名的不仅是地震,还有夏雾,夏雾可以瞬间将温度降低到让穿着短裤的旅行者双腿发抖。为了应对各种天气,你需要多穿几层并且随身携带一件运动衫出门,否则到最后可能你还得去买一件。

在夏季,旧金山市由于太阳照射使其地表温度升高。陆地表面又加热其上方的空气。由于热空气的密度低,所以空气开始上升,在旧金山市的地表形成低气压。海洋上方的空气被吸引到这个低压区,形成海风。

海洋上空的空气开始变得暖和,同时又被沿着加利福尼亚海岸向南流淌的加利福尼亚寒流冷却下来。通常,这种冷却足够使海洋表面的空气达到露点。同时海洋上空漂浮着大量的由于海水蒸发而形成的盐颗粒,云开始在海面形成(图 B2.3)。雾由接触地球表面的云构成。前面提到由冷却机制形成的雾被海风输送到旧金山市,导致旧金山部分或全部的丘陵地区的阳光被遮蔽,这些雾区的温度开始降低。

相比而言,冬季陆地和海洋的温度没有那么极端;因而,海洋上空的空气冷却变少,空气的温度通常没有降到露点,使雾的产生没有那么频繁。

图 B2.3 旧金山市金门大桥的雾

凝结与蒸发相反,水汽比液态水的能量高,也比冰的能量高。因此,凝结、冻结、凝华时,能量以热能的形势释放到大气中,蒸发和融化时,热量被吸收(框 2.4)。水相变时吸收或释放的热量称为潜热。凝结发生后,空气继续上升和膨胀,那么每上升 100 m 温度下降 0.6℃。因水汽凝结要放出潜热能,上升气流温度降低速度低于干绝热时温度降低速度。因此,这个递减率被称为饱和绝热递减率(框 2.5)。

水汽凝结聚集在诸如微尘、海盐、化学物质等漂浮于空气中的微粒上,把其作为凝结核,导致云的形成。事实上,水汽凝结只会发生在有凝结核时,空气相对湿度达到 100% 的情况下。凝结核具有吸湿性,它们以同样的方式吸水,就像食盐在不利的情况下就会变潮。

框 2.4　果园霜冻保护措施——洒水

很多水果和其他作物遭受霜冻时会被冻坏。

当有霜冻预报时,洒水装置被广泛地用来为这些植物提供防冻保护。因为洒水会使幼嫩植株的花周围结一层薄冰。供给的水冻结过程中释放热量,使水一直维持在大概 0℃ 冰水混合物的状态,以此来防止幼嫩水果和植株受到破坏。维持冰点临界状态,供给的水要充足,以便提供足够多的热量,来对抗因热辐射、空气流动和蒸发而损失的热量,水要持续不断慢慢地从冰滴落到植物上。而且洒水设备在整个霜冻期要持续工作,一旦整个系统失败,将会导致使水果和植物无法挽回的霜冻灾害。关于霜冻保护许多方面信息的报告,来自于一位名叫 Evans 的读者(1999)。

当预测夜间只有轻霜冻时(例如,受海洋影响的荷兰气候,这种情况相当普遍),连续洒水可以达到预期效果。因为夜间气温下降时,空气中的水汽在冷冻前就达到饱和状态了。只需温度稍微降低至露点,凝结过程所释放的热量可有效阻止轻霜冻的发生。

框 2.5　莱茵河对全球变暖的敏感性

测高曲线是选定区域在一定高度下,高于此高度的区域的面积与低于此高度的区域的面积的百分比曲线。图 B2.5 是瑞士莱茵费尔登莱茵河流域上游(巴塞尔附近)的测高曲线。

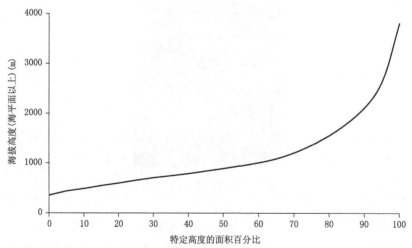

图 B2.5　瑞士莱茵费尔登莱茵河流域上游测高曲线(夸代克 1991 年之后,数据来源于希尔斯 1988 年)

如果莱茵费尔登阿尔卑斯山上游冬季平均温度上升 4℃,就会导致雪线的平均海拔高度和 0℃ 等温线在冬季上升 700 m,其中,雪线指季节性积雪区的上界,常年积雪区的下界。计算方法如下。

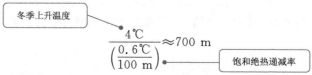

假定在冬季平均温度上升 4℃的背景下,雪线的平均高度很显然比当前雪线平均高度高 700 m,积雪覆盖面积减少量可由测高曲线计算得到。

夸代克运用上述方法在莱茵河流域做水量平衡研究,研究了莱茵河对全球变暖的敏感性。他研究了年平均温度上升 2℃的情况,假设升温是由于冬季平均气温上升 4℃,春季和秋季平均气温分别上升 2℃,夏季平均气温不变。

假设由于二氧化碳的浓度增加一倍而全球变暖的情况下,通过上述数据计算,他预测莱因河的流量将减少 10%～15%。

特别重要的一点是云凝结核是大小为 0.001～0.1 μm 的气溶胶(框 2.6),尤其是半径 0.005～0.1 μm 的所谓的埃根核,其中有许多是带电粒子与水结合而成。

框 2.6　气溶胶,全球暗化,9·11

气溶胶是漂浮在空中大小为 0.001～10 μm 的固体和液体微粒,来自于陆地、海洋或大气中的化学反应。矿物粉尘、火山灰、海盐、硫酸盐、含碳化合物等都是气溶胶。气溶胶是自然产生的,但据目前估算约有 10%的气溶胶是由于人类活动而产生的。气溶胶既能吸收也能散射太阳辐射,对调节到达地球上的太阳辐射量起着重要作用,被称为辐射强迫。辐射强迫是指能改变射入和逸出大气辐射能量平衡的因子。正强迫使地球表面增暖,负强迫则使其变冷。气溶胶被认为是负辐射强迫,因此遮蔽效应对全球变暖有一定的影响。这种遮蔽效应也被叫作全球暗化。由于气溶胶和云层的改变,经观测,全世界到达地球的日照量,从 1960 年至 1990 年 30 年减少了 5%。一些气候研究人员确信如果没有气溶胶,由于全球变暖导致的地球平均温度上升幅度可达 5℃以上。

与此一致的,"9·11"恐怖袭击后,由于美国喷气式飞机进行为期三天的无冷凝试验,所有商用飞机停飞,导致气温日较差明显增加,除了阿拉斯加和夏威夷之外,整个美国白天最高气温和夜间最低气温相差约 1.1℃(特拉维斯等,2002)。

航空业二氧化碳排放量约占全球二氧化碳排放量的 2%。然而,飞机轨迹(飞机后面的冷凝痕迹)对辐射强迫和气候的影响仍然有很大的不确定性。

2.2　降雨的形成

降水是指空气中的大水滴或者冰晶冷凝并由于重力作用降落到地表的现象。很多云团里,水滴或者冰晶都不足以抵抗上升气流(第 2.1 节描述过的那种垂直向上的气流)。而且,降水可能在落入云层下方更暖的空气中时被蒸发。因此,降水若要到达地面,水滴或者冰晶必须变得足够大和足够重来抵消上升气流和蒸发的影响。有两个主要过程可形成降水(图 2.2)。

在暖云中,云的温度在冰点之上,大气湍流可以引起不同大小的水滴通过碰并过程增长,如图 2.2 左侧所示。通过很多小水滴在云中上上下下碰撞,合并成越来越大的水滴。最终,水滴变得足够大和足够重,足以抵消云中的气流作用和下方的上升气流作用。这是热带地区雨滴生成的主要机制,通常会产生毛毛雨或稳定的小雨。

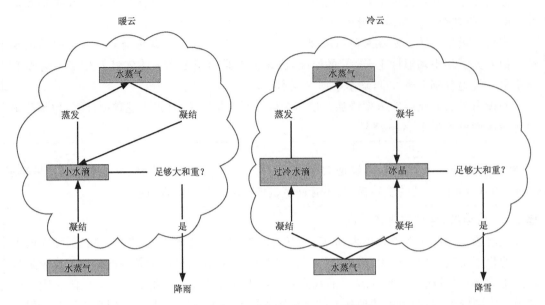

图 2.2　暖云和冷云中降水形成示意图

　　暖云:在云里,水滴凝聚成大水滴前通过很多凝结－蒸发的循环,当足够重的时候从云中降落形成雨。冷云:过冷水滴吸引水汽凝华形成冰晶,当它们变得足够大和足够重时,就穿过云层形成降雪。

　　冷云,是温度低于冰点的云,可以同时包含冰晶和过冷却水滴,如图 2.2 右侧所示。过冷水是指冷却至冰点以下仍保持液态,没有成为固体的水。与凝结过程相同,冻结和凝华过程也需要有凝结核才能开始。由于凝结核(此术语包括凝华)和冰晶本身就容易吸引水(汽)。冰面上的饱和水汽压即紧密接触的水汽的压力,其与冰面相平衡,仅仅略低于水面饱和水汽压(图2.1),但已经足够低到利于冰晶(超过过冷却水滴)捕捉空气中的水汽。冰晶使水汽得到升华,并使自身变大。这就减少了云中的水汽量:云中的空气变得干燥。较低的水汽压使得其他的过冷却水滴蒸发,之后,新形成的水汽也升华到冰晶上。通过这个正反馈机制,即闻名的贝吉龙-芬德森过程,所有的过冷却水被有效地转变为冰晶,并且变大变重,图 2.2 右侧部分就给出了相应的示意图。之所以被称为正反馈是因为通过另一蒸发过程实现的升华过程,反过来又加强了自身的升华活动。另外,通过碰撞—凝结冰晶可能会与其他冰晶碰撞增大。最终,冰晶会变得又大又重,最终以雪的形式(冰晶)从云中降落,在下落的过程中融化则以冷雨的形式从云中降落。贝吉龙-芬德森过程(见框 2.7)表现了地球中高纬度地区从冷云中生成降水的主导过程。

框 2.7　云物理认知中的重要人物

　　以大陆漂移理论闻名的艾尔弗雷德·魏格纳在他 1911 年出版的《大气热力学》一书中提出了冰晶与过冷却水滴的饱和水汽压不同而造成的冰晶成长的理论,并且认为这种成长可能是在云中进行的。1928 年,瑞典气象学家 Tor Bergeron 首先认识到这种云会导致降水(Schultz 和 Friedman,2007)。经过德国气象学家芬德森在 1938 年的实验证实,之后包含了冰晶和过冷却水滴的云中降水的形成过程就成为闻名的贝吉龙-芬德森过程,又称为贝吉龙过程或韦格纳-贝吉龙-芬德森过程。

2.3　降水类型

　　空气的上升、膨胀和冷却,以及凝结成云是降水形成的首要步骤。这些过程导致了空气的上升运动,然而这些过程的规模可能会不同。据此可以区分很多不同类型的降水。

　　如 2.1 节中详细描述的情况,地球表面空气局部加热造成的降水,称为对流性降水(图 2.3)。这种降水在热带地区和内陆地区比较活跃。对流性降水是局地性的,并且一般强度较大(如在雷暴天气中)。

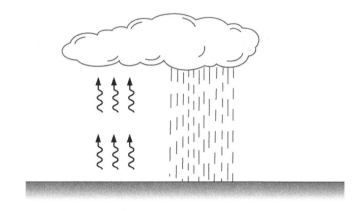

图 2.3　对流性降水

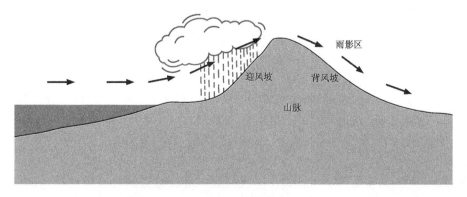

图 2.4　地形性降水

当水平气流被强迫抬升到自然屏障物上如山脉时,就可能发生地形性降水,如图 2.4 所示。空气的上升使得山区的迎风坡产生降水。这就使得山区下行的背风坡(一般加热)或下风区空气较干燥,造成此区域上没有或只有少量的降水,即雨影区。

等压线连接了气压相同的点。

地球表面加热的不均匀造成各地气压不同。风,即平行于地面的空气运动,最初是沿着低气压方向运动。然而,在大的天气系统中,风的运动方向受到地球自转(地转偏向力作用;框2.8)和地球表面或近地面摩擦力的影响。因此,白贝罗定律(1857)认为在北半球背风而立时,低压在你的左前方,高压则是在你右后方(框2.9);而在南半球,左边和右边的气压刚好相反。换句话说,在北半球,低压附近区域(100～2000 km 上)风在近地面是逆时针旋转,如图 2.5 所示,而在南半球则是顺时针旋转。空气如此运动是为了试图对抗低压区域(气旋)中心的低压。重要的是,近地面空气的辐合运动只有在空气能够向上脱离低压区域中心的情况下,才能发生低压区域中心空气的上升、膨胀和冷却,会引起高处凝结成云的过程。大气辐合和上升运动造成的的这类降水被称为气旋性降水。

框2.8   地转偏向力作用

想象你坐在一个水平的、像旋转木马一样的圆盘上,并且从上方俯瞰,圆盘是以逆时针方向旋转的。你坐在圆盘外部边缘附近,你的一个朋友则是坐在圆盘中心位置附近。你们两个面对面都被牢牢地绑在上面。要求你们在圆盘光滑的表面上向对方滚动一个网球。从你所坐的位置上来看,你的球沿曲线前进到了右方。而从你朋友的位置来看,他/她的球也是沿曲线滚动到了右方(图 B2.8)。为什么会这样呢?

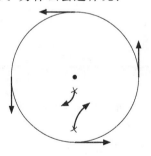

图B2.8　用逆时针方向旋转的旋转木马中滚动球沿曲线偏向右侧来模拟地球
北半球中移动的气块(见文中详细解释)

你坐在圆盘外部边缘附近,因此你和球的运行速度(每单位时间运行的距离)都比较高。你的朋友坐在圆盘中心附近,速度相对较低。你的球以较低速度在圆盘部分区域向内滚动。然而,这个球会保持以原有的较高速度惯性运动,因此,从你所坐的位置来看,球沿曲线运动到了右方。

现在从你朋友的角度来看,他/她的球在圆盘部分区域运动时速度应该不断加快。但他/她的球也会保持其原有的较低速度做惯性运动,因此,你的朋友也会看到他/她的球沿曲线运动到了右方。

　　实际上,你可以坐在旋转盘上的任何位置,并且将球滚动到任一方向:不管你坐在圆盘的哪个位置,从你的角度来看,你的球始终是要沿曲线运动到右方。譬如说,当你面对圆盘中心,坐在其半径的中间位置时,你将球滚动到你的右方,你就会将球的速度增加给圆盘,使得球偏离向高速度区即球运动方向的右边。如果你将球滚动到你的左方,你就会减弱圆盘的速度,使得球偏离向低速度区,也同样会是球运动方向的右方。

　　现在将旋转圆盘替换为地球的北半球,将运动的球替换为运动的气块,你可以想象到有一个地球观察者,他研究北半球气块的运动路径,并且观察到一个类似现象,就是气块沿曲线偏离到右方(从空间的一个静止位置观看,一个观察者可能看不到气块偏离,他可能会看到气块沿一条直线运动,这是由于地球自转要摆脱气块)。对于地球观察者来说,在南半球上是顺时针旋转的,因此从南极角度上来看,曲线偏离向左侧。在地球的赤道地区,即两个半球相遇的位置,偏离是零,越靠近两极,偏离越大。在两极,偏离达到一个极大值,有一个绝佳的旋转来对抗地球自转本身。

　　导致我们的星球即地球上,运动气块发生曲线偏离的机理就是著名的地转偏向力作用,这种作用以法国科学家科里奥利的名字命名,他是一个狂热的台球玩家,在1835年从物理学上描述了一个旋转台球桌上台球运动的路径:这个机理本身是皮埃尔·西蒙·拉普拉斯在1778年首先认识到的。

　　地转偏向力作用是与地球自转相关的,每一天完成一个自转,地转偏向力作用于相对长时间的现象如中纬度气旋以及海洋中的大涡旋。与此相反,厨房中的洗水池或浴缸里面流出的水每几秒就旋转一次,并且流动很快。与有些人的想法刚好相反,地转偏向力在确定厨房水池或浴缸里面流出水的运动方向时所起的作用微乎其微。

　　高压区域及其附近区域的运动与低压区域及其附近区域的空气运动刚好相反。高压区域(反气旋)内,大气在近地面附近运动时是偏离其中心的(图2.5)。地球表面附近的辐散是由高压区域中心的下沉气流造成的。空气下沉时会变热,由于暖空气较冷空气包含有更多的水汽,因此高压区域经常有好天气。

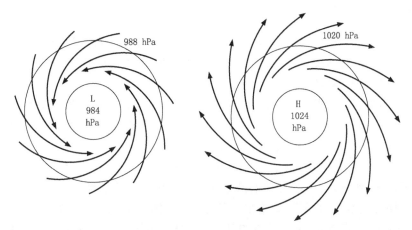

图2.5　北半球上,低压区(L)和高压区(H)近地面的空气运动(等压线数值仅为举例)(Schmidt, 1976)

框 2.9 白贝罗定律

白贝罗(1817—1890),荷兰人,荷兰得勒支大学气象和自然地理学教授,荷兰皇家气象研究所(KNMI,创始于 1854 年)创始人,他因以他名字命名的定律—白贝罗定律(1857)而闻名:

在北半球,背风而立,低气压在你的左前方,高气压则是在你的右后方。

图 B2.9 就突出显示了白贝罗定律。此图说明地球表面或近地面风 v 的方向,与平衡力共同作用确定了这个方向。风 v 可以看做是沿着与前方低气压等压线有一定角度的方向移动,并指向左侧。

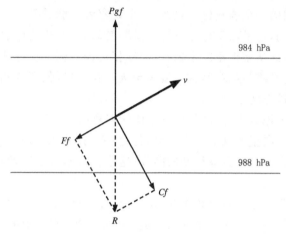

图 B2.9 北半球上,地球表面或近地面风 v,与平衡力共同作用:气压梯度力 Pgf,地转偏向力 Cf 和摩擦力 Ff(等压线数值仅为举例)(Schmidt, 1976)。气压梯度力 Pgf 与低气压方向的等压线相垂直;地转偏向力 cf 在风 v 的右方,并且在北半球都是指向风 v 的右方;摩擦力 Ff 是减弱风速的,因此与风 v 方向相反。Pgf、Cf 和 Ff 相平衡,Cf 和 Ff 的合力 R 与 Pgf 大小相等,方向相反。

在白贝罗阐述了这个定律不久之后,他发现这是经验性地验证了一年前美国气象学家 J H Coffin 和 William Ferrel(1817—1891)推导的一个理论关系。但费雷尔婉言拒绝了之后白贝罗将此定律重命名的建议。

地球赤道地区接收到的热量多,极地地区接收到的热量极少,这就使得热量向极地方向输送,而冷空气则向赤道地区输送。由于地球自转(地转偏向力作用)以及陆地和海洋分布不均,就形成了许多全球环流圈(图 2.6)。

在赤道地区,暖空气上升,并且在大约 15 km 高度附近开始向极地方向流动。在纬度 30°附近,空气下沉。在北半球,这种下沉气流作用形成了如撒哈拉之类的沙漠,以及半永久亚速尔反气旋。图 2.6 表明这个下沉气流在地球表面分成两部分。一部分下沉气流重新回到赤道,另一部分下沉气流继续流向极地。与此同时,在极地冷空气下沉,并沿地球表面向赤道输送。在中纬度地区(约 60°),来自极地的冷空气和流向极地的暖空气相遇,见图 2.6。

当冷空气团和暖空气团相遇,就形成了锋面降水(图 2.7a)。在冷锋中,前进的冷空气迫使暖空气沿着一个陡坡爬升,因此抬升很快,造成暖气团快速提升和短时的强降水。在暖锋

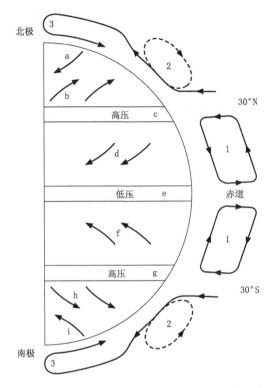

图 2.6　地球大气环流(理想状态下)。全球环流圈包括:1. 哈得来环流;2. 费雷尔环流;3. 极地环流。低空大气有:a. 极地东风带;b. 西南风带;c. 副热带高压(北回归线;副热带无风带);d. 东北信风带;e. 赤道低压(没有稳定地面风的区域,称为赤道无风带);f. 东南信风带;g. 副热带高压(南回归线;副热带无风带);h. 西北风带;i. 极地东风带。值得注意的是由于地转偏向力的作用,在北半球低空大气运动方向偏向右方,而南半球则是偏向左方。

中,前进的暖空气,变得比较轻,因此可以轻易地爬升到冷空气之上。这就在两个气团之间形成了一个平缓的坡度,使得抬升和冷却较慢,因此造成持续时间较长的中等强度降水。

　　当然,也可能发生上述降水类型的结合性降水。对流和地形抬升都会引起云的发展以及夏季午后山区的降水,中纬度地区常见的是同时包含锋面降水和气旋降水的大尺度天气系统(一般>500 km)(见图 2.7b)。

　　最后一种要提到的降水类型是人工降雨。播云是指从飞机上将诸如碘化银之类的化学物质播撒到大气中,使得水滴或冰晶更容易形成。播云对于增加云团降水量的有效性还不确定,部分原因是很难评估没有进行播云之前会发生多少降水。

2.4　降水测量

　　我们一般会简单地认为降雨量就是降水过后表面不可渗透的平地上水层的真实厚度。框2.10 说明了如何简易估算地表上一个点的雨量。然而,要准确测量短时间间隔如 5 分钟内的降水量,就需要一个自计雨量计。在地形侵蚀研究中,了解一些 5 分钟内的最大降水量非常重要。同样地,对一个城市而言,一定时长,如 30 分钟的降水量的记录也很重要,这对污水管理

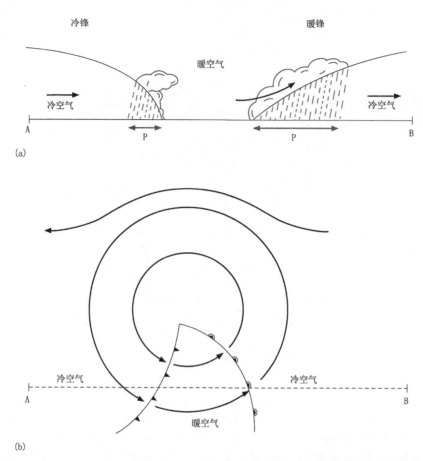

图 2.7　冷锋(左侧)和暖锋(右侧):(a)侧视图,表示发生的锋面降水;(b)平面图,
表示冷锋和暖锋是北半球气旋的一部分(根据 Ward 和 Robinson,2000)。

系统设计有辅助作用。测量短时间内降雨量时,我们习惯性使用术语——降水强度来描述,即每单位时间内的降雨量,一般表述为 mm·h^{-1}。譬如,降水强度为 24 mm·h^{-1},即 5 分钟(= 1/12 h)降水为(1/12 h×24 mm·h^{-1})=2 mm,也就是说 5 分钟时间段内实际降水量为 2 mm。

框 2.10　低成本雨量计

　　制作一个简单的收集型、非自计雨量计来测量降雨量,有一个低成本办法就是从商店购买一个塑料瓶,喝掉或处理掉瓶里的东西,在瓶子高度 2/3 处将瓶子的上部剪去,上部翻转,将翻转的上部与下面的 2/3 瓶子相连接(图 B2.10)。瓶子的上部作为接雨孔,下面作为一个圆柱形容器,可以存储降水。最后,在地面上挖个小洞,将这个雨量计的底部牢固地安置在小洞内。

　　测降水量的过程如下。首先是确定接雨孔的直径(相当于半径的两倍,单位为 cm)。然后确定捕捉接雨孔的面积(单位 cm^2),等于 πr^2 ,此处 π=3.14159…,r 是孔口的半径(cm)。一次降雨结束或一段固定时间间隔后,将瓶子所接收的雨水全部倒入提前准备好的容器中,测量降水量的容积(cm^3)。以降水量(cm^3)除以捕接雨孔的面积(cm^2),将结果乘以 10,就得到以毫米(mm)为单位的降水量。

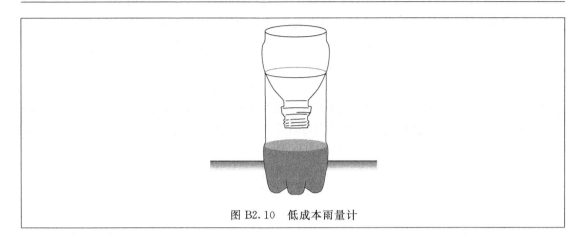

图 B2.10   低成本雨量计

有三种主要类型的雨量计：称重雨量计、浮筒虹吸式雨量计以及翻斗式雨量计(图2.8)。

在称重雨量计中，雨量计中水的重量是连续测量和记录的。由于1 L水的重量(大约)等于1 kg，因此，可以很轻易地将重量的任何变化转换为降水量的变化，从而得到雨量值。

在浮筒虹吸式雨量计中，圆柱形水收集器内水的深度是用水中放置的一个浮筒来连续测量的。一旦水量达到它的最大高度，即虹吸管弯曲末端对应的位置，就通过虹吸管将收集器内的水排出。通过这个方式，就可以确定雨量和降水强度。

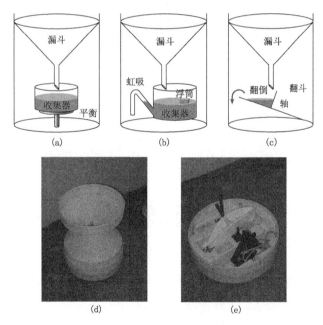

图 2.8   称重雨量计(a)、浮筒虹吸式雨量计(b)以及翻斗式雨量计(c)，雨量计(d)和(e)则分别是漏斗固定和漏斗不固定的翻斗式雨量计，同时(e)中翻斗翻倒向左侧。称重式雨量计：测量时利用一个平衡系统，其雨量是根据水重量的不同推算出来的。浮筒虹吸式雨量计：记录随时间的变化浮筒的位置；当降水达到一定体积后，通过虹吸管将收集器内的大部分水排出，使得自计笔又从一个低水位开始记录——可以根据随时间变化的水位增量来计算雨量和降水强度。翻斗式雨量计：翻斗的一半装水，当降水达到一定重量(体积)时就翻倒；翻倒的过程使得另一半翻斗处于漏斗出口的下部，翻倒的时间会被记录下来，可以据此来计算雨量和平均降水强度

在翻斗式雨量计中,每隔一段时间,当降水达到一定体积时(一般对应的是雨量达到 0.2 mm),翻斗就翻倒。通过记录翻倒的时间,就可以确定每次翻斗翻倒时的平均降水强度,以及较长时间内的降水量。

以下内容对解决降水测量中会遇到的一些问题可能比较有用。在场地上放置一个雨量计,应该保证雨量计放置得当,比如,与高的物体保持足够远的距离,避免测量工作不是在高物体的雨影区内。当风吹过时,雨量计本身作为阻挡物,会造成干扰,雨滴可能被吹出孔口,导致雨量的低估。孔口越高,风速越大,雨滴较小,雨量计不能捕捉到的信息就越明显。雪花也很容易就被风卷走。因此,当使用雨量计来测量积雪时,雪的水当量,即雪融化后的相当雨量,就很容易被低估。冰雹由过冷却水滴组成,会变成不规则冰块。由于硬的冰雹块会溅落出雨量计的孔口,因此,当使用雨量计来测量时,冰雹的水当量就会被严重低估。在收集型雨量计中,收集雨水的蒸发也可能是个问题。湿度大的空气或霜冻都会引起场地内仪器的严重问题。另外,我们还应该意识到对于翻斗式雨量计或虹吸系统来说,极端降水事件有时过高的降水强度,使得雨量计无法记录。框 2.11 给出了一些好的习惯做法,可以在一定程度上防止出现以上提到的这些问题。

框 2.11   测量降水时一些好的习惯做法

- 一般来说,任何物体离雨量计的距离至少是该物体高度的 2 倍,最好是 4 倍。
- 为了预防雨量低估,最好是将雨量计的上部安装在一个栅栏和灌木丛网格中心的地平面上来测量雨量,以防止地面上的雨滴溅落进入雨量计的孔口(图 B2.11)。另外一个原因可能是水文学家一般是想了解进入土壤的雨量,而不是在地面一定标准高度地区的雨量。

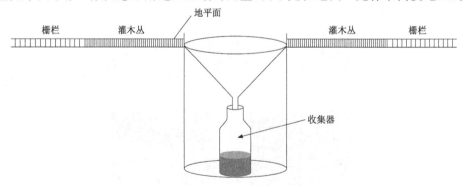

图 B2.11   地平面雨量计

- 测量积雪水当量的最好方法是使用雪枕。它的外壳是不锈钢或合成橡胶(面积约 1.5 m²),里面充满了防冻溶液。雪枕上堆积的雪对溶液施加压力,从而转换成积雪水当量的电子读数。
- 为了测量雹暴中水当量的总量,在外面放置常用的水桶会比放置昂贵的雨量计效果更好。这是由于与雨量计孔口内的倾斜断面相比,水桶的矩形断面会使得冰雹溅落出去的更少。
- 收集型雨量计的雨量蒸发可通过事先将收集器中加入轻油或煤油、航空燃料的方式加以解决。这些物质在水表层形成一个保护膜,一旦收集器内装满水就可以阻止蒸发。

· 大米有吸湿性,它可以吸收空气中更多的水汽。在雨量计中放置一小袋大米,袋口敞开,有助于帮助预防雨量计机械部分的故障。

· 对雨量计加热可防止霜冻造成的负面影响。

· 建议不要让雨量计漏水,因此要取净收集到的雨水。我们可以很容易地检验强降水过程中翻斗式雨量计或虹吸系统的功能如何。

2.5 面平均雨量

在很多水文学或环境学研究中,比较关注的是面平均雨量,而不是地形上一个单点的降水量。这就涉及雨量站网的设计。如果研究的区域是一块平地,就可以在此区域上平均分配雨量站。一般情况下,不需要很多雨量站。为了估测面平均雨量,可以使用算术平均降水或泰森多边形方法。

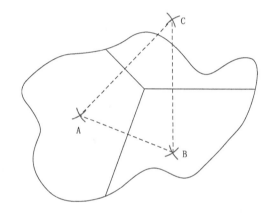

雨量	面积(km²)	雨量(mm)	面雨量(km² · mm)
A	8.7	26	8.7×26＝226.2
B	6.7	18	6.7×18＝120.6
C	3.1	15	3.1×15＝46.5
总计	18.5		393.3

面平均雨量＝393.3/18.5 km² · mm/ km²＝21.3 mm

图 2.9　利用泰森多边形计算面平均雨量

泰森多边形(图 2.9)是通过对地图上的雨量站之间绘制中线和中垂线构建的。任意三个雨量站的中垂线都会相交于一点。对雨量站周边的每个区域,需要分配雨量站的观测雨量值。将雨量乘以其代表的区域,并将所有雨量站的产品相加,最后除以研究区域总面积,得到此区域上雨量的加权平均值。图 2.9 给出了一个计算好的例子。这个方法较算术平均计算更为准确,但其不大灵活,由于任一雨量站的数据缺测时,就需要构建一个新的网络。另外,泰森多边形不能很好地应对降水过程中的地形效应。

当降水空间变化较大时,如在山区中,或要求估算精度较高时,就需要更多的雨量站,并且雨量站在地形中的位置也变得非常重要。当使用等雨量线方法时(图 2.10),要构建相同雨量的线(等雨量线)。尽管等值线的绘制可能有些主观,并且会包含一些经验在里面,但是利用地貌(利用海拔、坡度和方位等术语来描述的陆地)和暴雨类型方面的知识可以很好地解释这些问题。图 2.10 给出了一个计算好的例子。

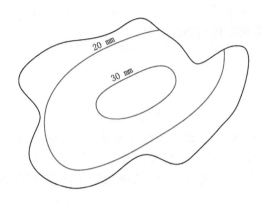

位置	面积(km²)	平均雨量(mm)	面雨量(km²·mm)
外部区域	8.7	20^-:$(10+20)/2=15$	$6.8×15=102$
中间区域	9.7	$(20+30)/2=25$	$9.7×25=242.5$
内部区域	2.0	30^+:$(30+36)/2=33$	$2.0×33=66$
总计	18.5		410.5

面平均雨量$=410.5/18.5$ km²·mm·km$^{-2}=22.2$ mm

图 2.10　利用等雨量线方法计算面平均雨量

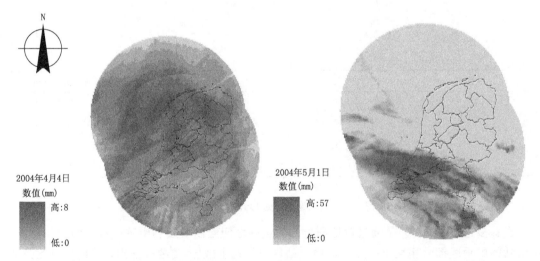

图 2.11　2004 年 4 月 4 日(左图)和 2004 年 5 月 1 日(右图)荷兰的日降水量,根据两个雷达站点观测数据估测得到(取自 Schuurmans 等,2007)。4 月 4 日的降水事件显示了较大区域的低降水量值,而 5 月 1 的降水事件则显示了一小片区域的高降水量值,后者更像是对流性降水。

　　统计内插包含了利用观测数据构建新数据点的过程。统计内插方法包含了趋势面分析方法、距平平方倒数方法和克里金插值方法,有时也用于根据点数据进行面平均雨量估算。

目前,雷达数据和卫星数据在面平均雨量估算中已得到很好的应用。雷达和卫星都不是直接观测降水的。对于雷达,我们一般使用雷达反射率和降水之间的一个经验关系式。反射率越大,就表示降水发生的可能性越大。通过使用卫星图像,可以收集云顶亮度和云顶温度信息。云顶亮度越强,云顶气温越低,就表示降水发生的可能性越大。利用雷达可以进行时间间隔短达 5 分钟、覆盖范围在 $4\sim138\,000$ km^2 内的降水估测产品。例如,图 2.11 利用雷达观测进行了包含荷兰在内的 82 875 km^2 区域的日降水量估算。卫星云图更适合对大面积区域的估测,如陆地(或一部分陆地)。对于这两个方法,输出测量值的大小都需要与地面降水数据(即所谓的地面实况数据)进行联系(校准)和核对(验证)。

2.6 蒸发类型和测量

主要有三种蒸发类型。被植物截留到的部分降水又蒸发回到大气中(称为截留蒸发);湿土壤表面的水蒸发(称为土壤蒸发),或是通过植物气孔蒸发(称为蒸腾作用)。从全球规模来看,陆地所有降水的 57 % 被蒸发,海洋降水的 112 %(!)被蒸发了。这个百分比大于 100 的原因是河流输送了额外的水到海洋。另外,在温暖干燥的气候中,超过 96 % 的年降水量可能都会被蒸发。因此蒸发构成了水文循环的一个重要部分。

陆地表面上的蒸发有双重区别。潜在蒸发是指当土壤含水量和植被条件并不限制蒸发时(换句话说就是无应力条件下)的最大蒸发率(mm·d^{-1})。实际蒸发是指在现有大气、土壤和植被条件下的蒸发率(mm·d^{-1})。大气可能是潮湿的,土壤可能是干燥的,植物气孔可能是关闭的——所有这些情况都限制了蒸发。因此实际蒸发经常是小于或等于潜在蒸发。

参考作物蒸发是理想化草作物的潜在蒸发率(mm·d^{-1}),其作为确定其他作物潜在蒸发的参考数值。

一个直接且低成本获取蒸发率(没有降水日)观测数值的方法是利用一个装满水的器皿,在连续两天完全相同的时间点测量器皿中水的高度(图 2.12)。高度的变化(mm)除以时间间隔(天)就得到了蒸发皿蒸发值(mm·d^{-1})。以 mm·d^{-1} 为计算单位,蒸发皿蒸发值一般高于开阔水面蒸发值(开阔水面上液态水转化为水汽的比率)。其中一个原因是蒸发皿的尺寸不大确保了太阳辐射对蒸发皿的增暖效应。由于蒸发皿本身对其内所盛水的加热作用,会明显增大蒸发皿的蒸发。因此,为了依据蒸发皿蒸发数据获得开阔水面的蒸发率,就需要将其乘上一个蒸发系数,这个系数的大小(大于 0 并小于 1)取决于所用蒸发皿的类型以及时间(季节)。

天气暖和且空气相对湿度低时,蒸发皿蒸发与开阔水面蒸发的差别就会大于天气冷且相对湿度大的时候。因此对于相同类型蒸发皿的蒸发皿系数,夏季一般是小于冬季的(也就是说需要更大的校正)。譬如,与参考作物蒸发相关的蒸发皿系数,美国国家气象局 A 类蒸发皿的系数范围是 $0.35\sim0.85$ 之间,这个数值的选取主要是取决于相对湿度、风速以及青饲料作物或干休耕地的上风方距离的长短(Doorenbos 和 Pruitt, 1977)。在作物蒸发研究中,有时更倾向于使用埋置式蒸发皿,由于它们的水面是处于或略低于地平面,与一般类型的蒸发皿相比,蒸发系数会更高,见图 2.12。

获取实际蒸发或潜在蒸发的一个好方法就是安装一个蒸渗仪。蒸渗仪(图 2.13)是由钢铁、混凝土或合成物质组成的设备,将其插进地面中,里面填土,土上有植物,设备进行水文单独隔离以防止渗漏。要对蒸渗仪中地下水位的位置进行监视,并通过水泵抽入或抽出一定量

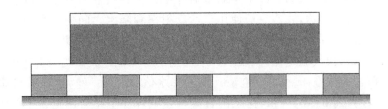

图 2.12　蒸发皿。美国国家气象局 A 类蒸发皿是圆形的,直径为 1.21 m,高度为 25.5 cm;蒸发皿
必须水平,其底部有 15 cm 在地平面以上;边沿下面充满 5 cm 的水,且边沿下面的水面不能低于 7.5
cm 的水平(Shuttleworth,1993)

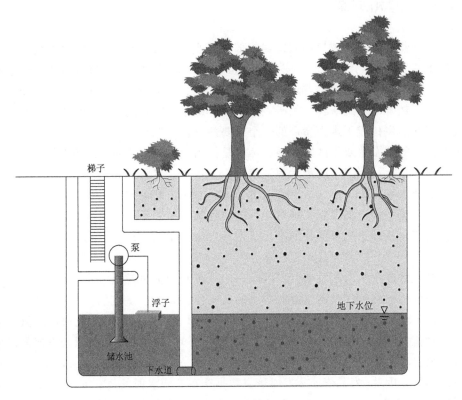

图 2.13　蒸渗仪

的水来进行调整。在称重式蒸渗仪中,储水量的变化由蒸渗仪的大小而决定;蒸发值根据水平
衡来估测。蒸渗仪的直径大小一般在 $0.5\sim2.0$ m 之间,较大的设备表面积可达 35×25 m²。
蒸渗仪安装有难度,费用昂贵,但是,其在利用气象变量取得经验公式进行蒸发估算的实验性
研究中作用巨大。

2.7　估算蒸发:彭曼-蒙蒂斯公式

　　由于直接测量蒸发有困难,因此一般利用气象数据来进行估算。蒸发率受以下几个因素控
制:水汽扩散到大气中所需的能量、地球表面能量平衡(框 2.12)和大气的水汽需水量(框 2.13)。

彭曼-蒙蒂思公式（Penman-Monteith method）以英国物理学家 Howard L Penman（1909—1984）在 1948 年和 John L Monteith 在 1973 年的研究成果而命名，是一个根据能量平衡和大气需水量进行实际蒸发 E_a 的估测（或无应力条件下的潜在蒸发 E_P）的物理方法。使用 Penman-Monteith 公式来估测蒸发值时，需要知道地球表面的净辐射 R_n（单位 MJ·(m²·d)⁻¹；见框 2.12），气温 T（℃）以及大气相对湿度 RH，这些量确定了大气需水量或饱和差 e_s — e_a（kPa；见框 2.13）。另外，我们还需要知道蒸发过程中会遇到的阻力（s·m⁻¹）（以下文字中将介绍）。

下面的文字中，首先给出彭曼-蒙蒂思公式的全物理形式（公式 2.1），此处不需要了解任何状态变量（见框 2.12 和框 2.13），等号左右两边的测量单位经检查是平衡的，之后给出其简化形式（公式 2.2），应认识到公式中的常数有隐藏单位。最后，对彭曼-蒙蒂思公式中使用到的变量做一个简要介绍。

框 2.12 地球表面能量平衡

能量指对物理系统做机械功的能力或其生产热量、吸收热量能力的度量。能量平衡是一个系统中能量输出和转化的系统化表述。能量平衡的理论基础是热力学第一定律，根据此定律，能量是不能被创造或破坏的，只能在形式上发生改变。图 B2.12.1 展示了地球表面的简化能量平衡系统。一般比较小的能量用语，如与水平大气运动相关的能量损失在此图中省略。此处使用的所有变量都是绝对值（大于或等于 0），不代表其中包含过程的方向，除非对相反情况有特殊说明。

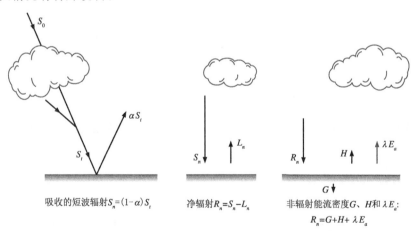

图 B2.12.1 地球表面简化能量平衡系统（说明见文中）

温度高的物体如太阳，发射短波辐射，而低温物体如地球，发射长波辐射。地球表面净辐射 R_n，可以用净辐射表来测量，或由地球表面净入射短波辐射 S_n 减去地球表面净射出长波辐射 L_n 得到：

$$R_n = S_n - L_n \tag{B2.12.1}$$

R_n、S_n 和 L_n 都是能流密度，表示每平方米每天的能量（MJ·(m²·d)⁻¹）。能流密度是一定时间间隔上与能量流动方向垂直的一小片区域上穿过的能量数量，除以时间间隔和区域面积得到的。一焦耳（J）是使用一牛顿的力使物体在力的作用线上行驶一米（1 m）所需的能量或所做的功。因此一焦耳就等于一牛顿米($J = N \cdot m = kg \cdot m^2 \cdot s^{-2}$)。一焦耳也是一瓦特秒($W \cdot s$),即一秒内一瓦特功率(每单位时间内所做的功)辐射或消耗的相当能量。

地球表面净入射短波辐射 S_n 等于地球表面入射短波辐射 S_t($MJ \cdot (m^2 \cdot d)^{-1}$)中没有被反射出去、最终被吸收的短波辐射这一部分。反照率 α 代表被反射出去的入射辐射系数,在开阔水面上其代表值为 0.08 左右,森林为 0.15,青草和作物为 0.23,新降雪为 0.90(见表 B2.12.1),$(1 - \alpha)$ 代表被吸收的入射短波辐射 S_t 系数。因此:

$$S_n = (1 - \alpha)S_t \tag{B2.12.2}$$

表 B2.12.1　自然界表面上反照率 α(—)的可能平均值

开阔水面	0.08
裸露黏土	0.11
森林	0.15
青草和作物	0.23
裸露砂质土	0.31
新雪	0.90

穿过地球大气层入射的太阳短波辐射 S_0($MJ \cdot (m^2 \cdot d)^{-1}$)中只有一部分能到达地球表面。短波辐射会被大气和大气中飘浮的颗粒物吸收、反射或散射,只有一部分最终能到达地球表面。到达地表的入射短波辐射 S_t($MJ \cdot (m^2 \cdot d)^{-1}$),可以用一个净辐射表来测量,或由 S_0(图 B2.12.2)和日有效日照小时数(更正补充)n 来确定,如利用如下的经验(实验)公式,根据康培尔-斯托克斯日照计和昼长 N(表 B2.12.2)就可以确定:

$$S_t = \left(a_s + b_s \frac{n}{N}\right)S_0 \tag{B2.12.3}$$

其中,$\dfrac{n}{N}$ 为云量系数(—);n 为日有效日照小时数(更正的)(h);

a_s 为阴天时 S_0 的系数($n = 0$)(—);$a_s + b_s$ 为晴天时 S_0 的系数($n = N$)(—);

N 为每天最大可能日照时数(h)=昼长(h)。

结合公式 B2.12.2 和 B2.12.3 得出:

$$S_n = (1 - \alpha)\left(a_s + b_s \frac{n}{N}\right)S_0 \tag{B2.12.4}$$

地球表面净射出长波辐射 L_n 可以利用如下经验公式,根据气温、实际水汽压和云量系数来确定:

$$L_n = \sigma(T + 273.2)^4 \left(a_e + b_e \sqrt{e_a}\right)\left(a_c + b_c \frac{n}{N}\right) \tag{B2.12.5}$$

其中,σ 为斯蒂芬-玻耳兹曼常数 $= 4.903 \times 10^{-9} MJ \cdot (m^2 \cdot ℃^4 \cdot d)^{-1}$;$T$ 为气温(℃);e_a 为实际水汽压(kPa)。

实际水汽压 e_a(kPa)可以利用公式 B2.2.4 和 B2.2.3,由相对湿度和气温来确定。相对湿度 RH(—)可以用相对湿度传感器来测量,气温 T(℃)可以简单地用温度计来测量。

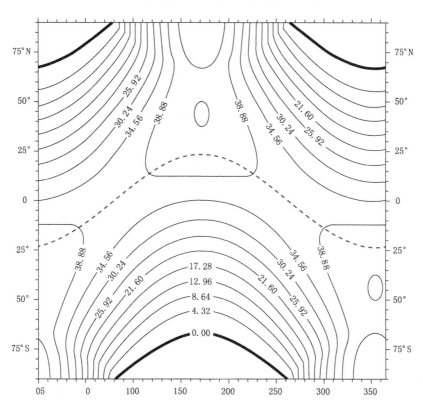

图 B2.12.2 穿过地球大气层入射的太阳短波辐射 S_0（MJ·(m²·d)⁻¹），以纬度（纵轴）和年日数（横轴）为函数；虚线表示中午时太阳直射的纬度；黑色粗线表示极夜的边界，即 $S_0 = 0$（经利兹大学 Dougls Parker 许可后复制）。

表 B2.12.2 平均昼长 $N(h)$

北纬	1月	2月	3月	4月	5月	6月	7月	8月	9月	10月	11月	12月
南纬	7月	8月	9月	10月	11月	12月	1月	2月	3月	4月	5月	6月
90°	0.0	0.0	0.0	24.0	24.0	24.0	24.0	24.0	24.0	0.0	0.0	0.0
80°	0.0	0.0	10.9	24.0	24.0	24.0	24.0	24.0	15.3	5.2	0.0	0.0
70°	0.0	7.3	11.5	16.1	24.0	24.0	24.0	18.4	13.6	9.1	3.1	0.0
60°	6.7	9.0	11.7	14.5	17.1	18.6	17.9	15.5	12.9	10.1	7.5	5.9
50°	8.5	10.0	11.8	13.7	15.3	16.3	15.9	14.4	12.6	10.7	9.0	8.1
40°	9.6	10.7	11.9	13.3	14.4	15.0	14.7	13.7	12.4	11.2	10.0	9.3
30°	10.4	11.1	12.0	12.9	13.6	14.0	13.9	13.2	12.4	12.0	10.6	10.8
20°	11.0	11.5	12.0	12.6	13.1	13.3	13.2	12.8	12.3	12.0	11.2	10.9
10°	11.6	11.8	12.0	12.3	12.6	12.7	12.6	12.4	12.1	12.0	11.6	11.5
0°	12.0	12.0	12.0	12.0	12.0	12.0	12.0	12.0	12.0	12.0	12.0	12.0

备注：90°为南北极　0°为赤道

地球表面净辐射 R_n 可以根据下式在平均状况下的数值来确定：

$$R_n = S_n - L_n$$

式中：

$$S_n = (1-\alpha)\left(0.25 + 0.50\frac{n}{N}\right)S_0 \tag{B2.12.6}$$

$$L_n = 4.903 \times 10^{-9}(T+273.2)^4\left(0.34 - 0.14\sqrt{e_a}\right)\left(0.25 + 0.75\frac{n}{N}\right)$$

综上所述，不同自然界表面上的 R_n（表 B2.12.1）可以通过确定 n（利用 Campbell-Stokes 日照计）、N（根据表 B2.12.2）、S_0（根据图 B2.12.2）、T（利用温度计）和 e_a（利用相对湿度传感器）的数值来进行估算。

地表上的净辐射能量 R_n 通过土壤热输送 G 对地球表面以下的土壤进行加热，通过感热输送 H 对地球表面上的大气进行加热，而潜热输送 λE_a 则是存在于地球表面的蒸发过程中（图 B2.12.1）。G、H 和 λE_a（单位都是 MJ·(m²·d)⁻¹）都是非辐射能流密度，当其背向地球表面方向时被赋予正值：

$$R_n = G + H + \lambda E_a \tag{B2.12.7}$$

λE_a 中 λ 实际上是 $\rho\lambda/1000$，是将 e_a 从 mm·d⁻¹ 转换为 MJ·(m²·d)⁻¹ 的一个倍增因子（MJ·d⁻¹·m⁻³）（$\rho \approx 1000$ kg·m⁻³，分母中 1000 的单位是 mm·m⁻¹）。

非辐射能流密度背向地球表面方向时被赋予正值；非辐射能流密度指向地球表面时被赋予负值。

土壤热输送 G 是指穿过物体的热量传递。当地球表面的温度高于地下（土壤、岩石或水体）时，热量向下传输，G 是正值。而当地球表面的温度低于地下时，热量向上传输，G 是负值。由于 10 到 30 天时期内 G 的量级相对较小，因此在水文应用中经常把它忽略掉（Shuttleworth，1993）。

感热 H 是指当一个物体的温度高于其周边环境时，其传送的热量。当地球表面和大气之间的温度存在差异时，它们之间就会发生感热能量传递。当地球表面的温度高于其上大气的温度时，热量向上传输，H 是正值。当地球表面的温度低于其上大气的温度时，热量向下传输，H 是负值。

H 为负值的一个特殊情况是绿洲效应。绿洲效应会发生在炎热地区如沙漠。当与干燥土壤达到平衡状态的温暖干燥的空气，到达湿润的表面如湖泊（或绿洲）时，蒸发率就会增大，感热就被用来维持这个高蒸发率。Van der Kwast 和 De Jong(2004)利用联合卫星遥感传感器和地面观测对摩洛哥拉巴特地区进行地球表面能量平衡研究时，发现在灌溉过的农作物地和一般中等干燥条件下的降过小雨的高尔夫球场，这种绿洲效应很明显。

潜热 λE_a 是用于蒸发的能量。称之为"潜热"是由于其能量储存在水分子中，在凝结过程中被释放。这个能量不能被感知或触摸，因为其不能提高水分子的温度。在地球表面的蒸发中，λE_a 是背向地球表面方向的，为正值。而在地球表面的凝结过程中，λE_a 是负值。

> **框 2.13　大气需水量**
>
> 　　除了净辐射 R_n 是作为能量来源外,大气的水汽需水量在蒸发过程中起重要作用。公式 2.1 中给出了 $e_s - e_a$,如图 B2.13 所示, e_s 是表面饱和水汽压(kPa), e_a 是蒸发面以上大气的实际水汽压(kPa);利用相同的气温 T(℃)来估算 e_s 和 e_a。 e_s 和 e_a 的差值 $e_s - e_a$ 就称为饱和差(kPa)。饱和差越大,蒸发率就会越高。在无风的情况下,蒸发可能会引起上层空气的水汽达到饱和。此时,饱和差就为零,蒸发过程就会被自身有效地终止,这是一个负反馈机制。湿润空气与其他地方过来的干燥冷空气湍流混合时,风速和表面粗糙度效应在保持上层较低的大气实际水汽压和较高的大气需水量方面起到重要作用,最后维持了蒸发过程的进行。
>
>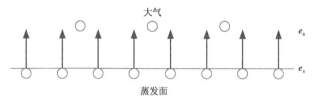
>
> 图 B2.13　蒸发率由表面饱和水汽压 e_s 和蒸发面上层大气的实际水汽压 e_a 确定
>
> 　　大气需水量也补充解释了之前文中提到的陆地表面上蒸发皿蒸发率(以 mm·d^{-1} 为单位)一般情况下为何会高于其临近湖泊开阔水面上蒸发率(以 mm·d^{-1} 为单位)。原因就在于风吹过陆地表面上的蒸发皿时,空气一般会比其吹过湖泊时的空气干燥。湖泊越大,蒸发(以 mm·d^{-1} 为单位)的差异就会越大。另外,当风吹过中间有陆地的一系列小湖泊时,假定这些小湖泊总的表面面积等于一个大湖泊的表面面积,在其他条件都相同的情况下,这一系列小湖泊的蒸发率(以 mm·d^{-1} 为单位)会大于一个大湖泊的蒸发率。这是由于小湖泊中间的陆地部分对实际水汽压的恢复(减小)作用。

　　彭曼-蒙蒂思公式的表述如下:

$$E_a = \frac{1000}{\rho\lambda} \times \frac{\Delta(R_n - G) + \dfrac{86400 \times \rho_a c_p (e_s - e_a)}{r_a}}{\Delta + \gamma\left(1 + \dfrac{r_s}{r_a}\right)} \tag{2.1}$$

式中,1000 为常数(mm·m^{-1}); ρ 为水密度 ≈ 1000 kg·m^{-3}; λ 为气化潜热 ≈ 2.45 MJ·kg^{-1}; G 为传递到土壤、岩石或水体中的热量(MJ·(m^2·d)$^{-1}$);86400 为常数(s·d^{-1}); ρ_a 为大气密度 ≈ 海平面上 1.2 kg·m^{-3}; c_p 为恒压下的空气比热 = 1.013×10^{-3} MJ·(kg·℃)$^{-1}$; γ 为干湿表常数 ≈ 0.067 kPa/℃;1000/$\rho\lambda$ 为将单位 MJ·(m^2·d)$^{-1}$ 转换为 mm·d^{-1} 的系数(d·m^3·MJ^{-1}))。

　　传递到土壤、岩石或水体中的热量 G(MJ·(m^2·d)$^{-1}$)相对较小,一般可以忽略。如果我们在彭曼-蒙蒂思公式中设定 G 为零,并将常数和接近常数的量设定为固定数值,可以得到:

$$E_a = 0.408 \times \frac{\Delta R_n + \dfrac{105.028(e_s - e_a)}{r_a}}{\Delta + 0.067\left(1 + \dfrac{r_s}{r_a}\right)} \tag{2.2}$$

式中，R_n 为地球表面净辐射（$MJ \cdot (m^2 \cdot d)^{-1}$）；$E_a$ 为实际蒸发（$mm \cdot d^{-1}$）；$e_s - e_a$ 为饱和差（kPa）；Δ 为饱和水汽压曲线梯度（$kPa \cdot {}^{\circ}C^{-1}$）；$r_s$ 为表面阻力（$s \cdot m^{-1}$）；r_a 为空气动力阻力（$s \cdot m^{-1}$）。

地球表面净辐射 R_n（$MJ \cdot (m^2 \cdot d)^{-1}$）可以利用框 2.12 中的描述估算得到；饱和水汽压 e_s（kPa）可以根据公式 B2.2.3，利用气温来计算；而实际水汽压 e_a（kPa）可以根据公式 B2.2.4，利用相对湿度来计算。

Δ 是饱和水汽压压力曲线梯度（$kPa \cdot {}^{\circ}C^{-1}$），如图 2.1 中液态水饱和气压曲线的切线斜率。可以看到 Δ 随气温 T（$^{\circ}C$）而增大。从数学角度来说，根据公式 B2.2.3（见 C2.5 部分）可以推导出如下公式：

$$\Delta = \frac{4098e_s}{(237.3 + T)^2} \qquad (2.3)$$

式中，4098 为 4098℃；237.3 为 237.3℃。

空气动力阻力 r_a 是水蒸汽从植物表面（截留蒸发）或水体扩散到大气时所遇到的阻力，其是地球表面粗糙度和近地面风速的倒数。粗糙的表面（森林的表面粗糙度大于草地，而草地又大于开阔水面）和多风会引起空气的湍流混合，因此会对蒸发形成一个小阻力。对于森林来说，无应力条件下的空气动力阻力一般在 $5 \sim 10\ s \cdot m^{-1}$ 之间，而草地是 $50 \sim 70\ s \cdot m^{-1}$，开阔水面则是 $110 \sim 125\ s \cdot m^{-1}$（见表 2.1）。

表 2.1　无应力条件下（实际蒸发＝潜在蒸发）多种土地用途的空气动力阻力和表面阻力数值

土地利用	r_a ($s \cdot m^{-1}$)	r_s ($s \cdot m^{-1}$)
森林	$5 \sim 10$	$80 \sim 150$
草地	$50 \sim 70$	$40 \sim 70$
开阔水面	$110 \sim 125$	0

表面阻力 r_s 是蒸腾作用过程中，水汽运动时植物气孔的生理抗性，其根据水分有效性（土壤含水量）的不同而变化。如果 r_s 是植物表面（无应力情形下）的最小表面阻力，就可以利用公式 2.1 和 2.2 来计算潜在蒸发。对于森林来说，无应力条件下的表面阻力一般在 $40 \sim 70\ s \cdot m^{-1}$ 之间，而草地在 $80 \sim 150\ s \cdot m^{-1}$ 之间（见表 2.1）。开阔水面 r_s 则是 $0\ s \cdot m^{-1}$。

利用公式 2.2 来估算地球表面的蒸发时，我们需要知道气温 T（$^{\circ}C$）、相对湿度 RH（—）、地球大气顶入射太阳短波辐射 S_0（$MJ \cdot (m^2 \cdot d)^{-1}$）、云量系数 $\frac{n}{N}$（框 2.12）、反照率 α（表 B2.12.1）、空气动力阻力 r_a（$s \cdot m^{-1}$）和表面阻力 r_s（$s \cdot m^{-1}$）。

表 2.2 举例展示了使用彭曼-蒙蒂思公式（公式 2.2）的计算结果，其分别对森林、草地和开阔水面的蒸发进行了估算。利用文中和框 2.12 中提供的信息，蒸发值在电子制表程序中很容易计算。

根据表 2.2 可以看出开阔水面的蒸发率最高（以 $mm \cdot d^{-1}$ 为单位），这是由于其反照率数值较小（太阳辐射反射小），当然还由于其表面阻力 r_s 为 0。

表 2.2　利用彭曼-蒙蒂恩公式对森林、草地和开阔水面表面的蒸发进行估算

公式参数/变量				
$a_s(-)$	0.25			
$b_s(-)$	0.50			
$a_e(-)$	0.34			
$b_e(kPa^{-0.5})$	−0.14			
$a_c(-)$	0.25			
$b_c(-)$	0.75			$b_c=1-a_c$
数据				
气温 T（℃）	20.0			温度计
相对湿度 RH（—）	0.75			相对湿度传感器
太阳短波辐射 S_0（MJ·$(m^2·d)^{-1}$）	37.50			图 B2.12.2
日有效日照小时数 n（h）	8.15			康培尔-斯托克斯日照计
总昼长 N（h）	16.3			表 B2.12.2
土地利用数据	森林	草地	开阔水面	
反照率 α（—）	0.15	0.23	0.08	表 B2.12.1
空气动力阻力 r_a（s·m^{-1}）	5	69	110	表 2.1
表面阻力 r_s（s·m^{-1}）	150	69	0	表 2.1
计算				
云量系数 $\dfrac{n}{N}$		0.5		n 和 N 根据前面描述
饱和水汽压 e_s（kPa）		2.338		公式 B2.2.3
实际水汽压 e_a（kPa）		1.754		公式 B2.2.4
地球表面净辐射 R_n（MJ·$(m^2·d)^{-1}$）	12.44	10.94	13.75	公式 B2.12.6
饱和气压曲线梯度 Δ（kPa/℃）		0.145		公式 2.3
蒸发（mm·d^{-1}）	2.6	3.6	4.9	公式 2.2
地球表面的潜热输送（MJ·$(m^2·d)^{-1}$）	6.33	8.87	12.03	蒸发乘以 λ
地球表面的感热输送（MJ·$(m^2·d)^{-1}$）	6.10	2.07	1.72	公式 B2.12.7

　　从森林转变为草地的土地利用变化会使对流性降水明显减少。在比较森林和草地反照率的例子中，就会发现森林的反照率 α 相对较小，这就使森林的地表净辐射 R_n 较大。尽管森林的地表净辐射 R_n 较大，但其蒸发率（mm·d^{-1}）较小。既然森林的空气动力阻力较小（空气湍流混合造成的），森林的蒸发率较小只能是由于其表面阻力 r_s 较大造成的。森林的地球表面净辐射 R_n 较大，潜热输送（为蒸发，单位是 MJ·$(m^2·d)^{-1}$）较小，两个因素综合起来就使得我们例子中的森林感热输送明显高于草地。现实中，这种表面加热会造成空气的上升运动和对流性降水（见前所述）。

　　在湿润的气候中，草地蒸发不一定比森林蒸发高，从森林转变为草地的土地利用变化效应可能也不很明显。在湿润的森林中，与空气动力阻力相关的截留蒸发，较与表面阻力和空气动力阻力都相关的蒸腾作用更为重要。如果在我们的电子数据表例子中，将森林的表面阻力 r_s 减小到 80 s·m^{-1}，蒸发率就会是 4.5 mm·d^{-1}，这个蒸发率就会比草地的蒸发率高。另外，电子数据表中的森林感热输送(表 2.2 计算的为 6.10 MJ・(m^2・d)$^{-1}$)将会减小到 1.47 MJ・(m^2・d)$^{-1}$,大气上升运动和从森林转变为草地的土地利用变化效应可能就不是很明显。

框 2.14 解释了参考作物蒸发和如何利用作物系数对不同作物的潜在蒸发进行估算,同时也展示了联合国粮农组织(FAO)推荐使用的彭曼-蒙蒂思公式,这是计算参考作物蒸发 E_{rc}(mm・d^{-1})的一个标准方法。框 2.15 介绍了两个以辐射为基础的经验公式,用以估算参考作物蒸发,实际上它们都是彭曼-蒙蒂思公式的简化形式:分别是 Priestley-Taylor 公式和 Makkink 公式。

框 2.14　参考作物蒸发、作物系数和 FAO 彭曼-蒙蒂思公式

参考作物蒸发 E_{rc} 是一个重要的标准蒸发率,它是理想化草作物的蒸发率,这种理想饲料作物固定高度为 0.12 m,反照率为 0.23,表面阻力为 69 s・m^{-1}:这与先前对参考作物的定义类似;也就是表面开阔、高度一致、生长旺盛、完全覆盖地面且不缺水的绿色草地(Shuttleworth,1993)。

如果能得到一个陆地表面和无应力条件下特定作物的表面阻力 r_s 和空气动力阻力 r_a,我们就可以利用彭曼-蒙蒂思公式来计算潜在蒸发(公式 2.1)。不过在实际工作中,这些变量的可靠数据仅仅是用于研究现状。因此,为了估算潜在蒸发,通常要计算以上定义的参考作物蒸发(r_s 和 r_a 是指定的),并乘以特定作物的作物系数 K_c(根据研究来确定,如利用一个蒸渗仪);K_c 数值随着植物成长阶段的不同而变化。

$$E_P = K_c \times E_{rc} \tag{B2.14.1}$$

式中,E_P 为潜在蒸发(mm・d^{-1});K_c 为特定植物在一定生长阶段的作物系数($-$);E_{rc} 为参考作物蒸发(mm・d^{-1})。

Allen 等(1998)推荐将 FAO 彭曼-蒙蒂思公式作为计算参考作物蒸发 E_{rc}(mm・d^{-1})的唯一标准方法。此公式是彭曼-蒙蒂思公式(公式 2.1)在特定作物上的应用,这个特定作物的特征如下:作物高度为 0.12 m,以地面以上 2 m 为标准测量高度上的风速、温度和湿度,反照率为 0.23,空气动力阻力 r_a(s・m^{-1})为 $208/u_2$,此处 u_2 是 2 m 高度的风速(m・s^{-1}),表面阻力为 69 s・m^{-1}(所有这些变量前有所述,他们的单位与前面一致)。E_{rc} 的表达式为:

$$E_{rc} = \frac{0.408\Delta(R_n - G) + \gamma\dfrac{900}{T+273}u_2(e_s - e_a)}{\Delta + \gamma(1 + 0.34u_2)} \tag{B2.14.2}$$

Allen 等(1998)还提供了作物系数的诸多信息。

框 2.15　估算参考作物蒸发的经验公式

对于一片巨大的区域,主要是能量平衡控制蒸发,而公式(2.1)可以用一个以辐射为基础,有更少变量的较简单公式替代,即 Priestley-Taylor 公式:

$$E_{PT} = C_{PT} \times \frac{1000}{\rho\lambda} \times \frac{\Delta}{\Delta + \gamma}(R_n - G) \tag{B2.15.1}$$

式中,E_{PT} 为 Priestley-Taylor 参考作物蒸发(mm・d^{-1});C_{PT} 为 1.26(湿润气候)或 1.74(干燥气候)($-$)

Priestley-Taylor 公式中的 C_{PT} 是将经验(试验)因子引入到公式中。

另外一个基于辐射的公式仅仅包含了两个气象变量的观测值,即气温 T(℃)和地球表面入射短波辐射 S_t(MJ·$(m^2 \cdot d)^{-1}$),即 Makkink 公式,荷兰皇家气象学会(KNMI)使用此公式,并在荷兰应用效果很好:

$$E_{MK} = C_{MK} \times \frac{1000}{\rho\lambda} \times \frac{\Delta}{\Delta + \gamma} S_t \qquad (B2.15.2)$$

式中,E_{MK} 为 Makkink 参考作物蒸发(mm·d^{-1});C_{MK} 为 0.65(湿润气候)(一)。

还有很多用于估算参考作物蒸发或潜在蒸发的经验公式,如 Blaney-Criddle 方法、Hargreaves 公式或 Thornthwaite 方法。这些经验方法概念上简单,只需几个变量作为输入,在特定背景下(地点和气候)效果很好。由于这些方法适合于具体的地点现场,因此,我们应该注意在脱离开自身发展的环境时不能再使用它们。

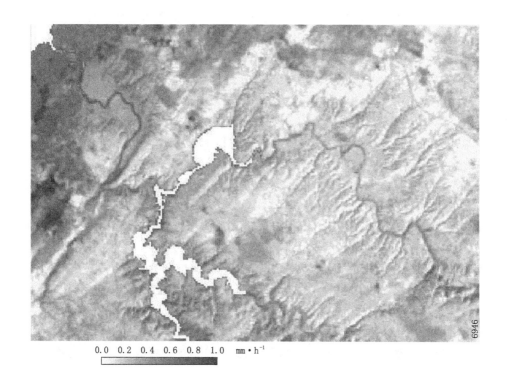

0.0 0.2 0.4 0.6 0.8 1.0   mm·h^{-1}

图 2.14 Sehoul 对摩洛哥首都拉巴特附近区域在 2003 年 9 月 15 日 10:40(与 Landsat 5 Thematic Mapper 卫星数据交叉的时间)进行的实际蒸发通量估算研究(Van der Kwast 和 De Jong,2004)。开阔水面的实际蒸发没有显示;灌溉过的地段如高尔夫球场的蒸发最高;然后是软木橡树森林;而贫瘠和作物已收获区域的蒸发最小——朝南的坡度较干燥,其蒸发小于朝北的坡度;谷底的含水量和蒸发率都比较高(De Jong 等,2008)。通过利用地面站观测数据对这些估算值进行检验(验证),发现模式性能很好——值得注意的是估算值都是瞬时值,因此只在具体例子的时间点上(2003 年 9 月 15 日 10:40)有效。

对于一个 30×30 km² 的区域,可以将卫星遥感探测的辐射和反射数据,与地面站点数据(气压、温度、相对湿度、风速、短波辐射和长波辐射)及野外测定数据(表层土壤含水量和蒸发皿蒸发)相结合以做进一步的改进。计算蒸发需要的重要变量可以从不同精度变化的卫星图像中得到,包括土地利用、植被覆盖、反照率、表面温度,同时结合模式得到表层土壤含水量(De Jong 等,2008)。利用这种联合的方法可以得到净辐射、土壤热量输送、感热输送和潜热输送(单位都是 MJ·(m²·d)⁻¹)或实际蒸发(mm·d⁻¹)的地图,所有的瞬时值都与区域内的土地利用、植被覆盖、地形以及坡度朝向有关(图 2.14)。地图上变量的信息如净辐射等,是局限于有卫星数据和晴朗天气相交叉的时间,不过这种联合方法的一个重要优势是信息的空间范围大且可以提供高分辨率(对于 Landsat Thematic Mapper 传感器像素为 30~120 m,对于 TERRA ASTER 卫星配置像素为 15~90 m)的地球表面能量平衡相关信息。

小结

· 如果我们取地球大气中水汽量等于 25 mm 厚的一层液态水,估算得到大气中水汽的平均停留时间为 9 天。

· 湿润状况或干燥状况持续一个季节或多年时间,如非洲撒哈拉地区的多年干旱,都是由土壤湿度与降水之间的正反馈作用造成的。

· 力和重力的单位都是牛顿,缩写为 N。一牛顿是使一千克(kg)质量的物体获得 1 m·s⁻² 的加速度所需力的大小:1 N=1 kg·m·s⁻²。质量的基本单位是千克。

· 气压 p 是垂直力作用方向上、垂直力 F(N)除以表面面积 A(m²)得到的数值。其单位是帕斯卡,缩写为 Pa(=N·m⁻²)。气压也称为大气压力,是空气分子运动所产生的压力。通常情况下描述大气压力都使用百帕(hPa),它是 1 帕斯卡的 100 倍(hecto=100)。

· 实际水汽压 e_a 是一定温度下,空气中水汽分子的实际(部分)压力。饱和水汽压 e_s 是当空气中的水汽呈饱和状态时,空气中水汽分子施加的压力。水汽压通常是利用千帕(kPa=1000 Pa)或百帕(hPa)来表示。

· 相对湿度 RH 是相同温度下,实际水汽压 e_a(kPa)与饱和水汽压 e_s(kPa)的比值。

· 凝结是当相对湿度达到 100%,水汽在露点状态下变为液态水的过程。升华是当相对湿度达到 100% 且气温在 0℃ 或以下时,水汽在霜点状态下变为冰的过程。

· 云是悬浮在大气中的微小水滴(1~100 μm)或冰晶(当温度较低时)或两者混合的可见聚合体。

· 水汽的能量高于液态水,而液体水的能量又高于冰。因此,在凝结、结冰和升华过程中,能量以热量的形式释放到空气中;而在蒸发和融化过程中,则是要吸收能量。与水的位相变化相关的热量称为潜热。

· 干燥空气在上升过程中膨胀,每上升 100 m 就会固定降温 1℃;这个速率就被称为干绝热递减率。湿绝热递减率则是空气每上升 100 m 温度下降 0.6℃,相对于干绝热直减率,这个数值较小是由于在凝结过程中有潜热释放。

· 空气中的水汽会凝结在小的颗粒上,如灰尘、海盐或悬浮在空气中的化学物质;这些小的颗粒充当了凝结核,导致了云的形成。特别重要的一点是,云凝结核都是大气气溶胶,为固态和液态的颗粒,大小在 0.001~10 μm 之间,它们都是自然发生的。大气气溶胶既吸收太阳辐射,又散射太阳辐射,因此在控制到达地球表面的太阳辐射总量上起着重要作用。

· 降水形成有两个重要过程:一个是暖云的碰撞——合并过程,它是热带地区降水形成的主要机制;另一个是冷云的贝吉龙——芬德森过程,是一个正反馈机制,是地球上高纬度地区降水形成的主导过程。

· 降水有多种不同类型,包括:对流性降水,是地球表面空气局地加热的结果;地形性降水,当水平气流被迫抬升到自然屏障物上如山脉时发生的降水;气旋性降水发生在气旋内(低压区域);锋面降水是发生在冷暖气团相遇时。所有这些降水的共同点是它们都是大气上升运动的结果。

· 地转偏向力作用描述了在北半球运动气块曲线偏离向右,而南半球则是曲线偏离向左的现象。地转偏向力与地球自转相关,一次自转为一天,作用于相对长时间的现象如中纬度气旋以及海洋中的大涡旋。

· 在大的天气系统中,空气运动的方向受到地球自转(地转偏向力作用)和地球表面或近地面摩擦力的影响。根据白贝罗定律(1857),在北半球低压区域附近(100~2000 km 内),风在近地面逆时针旋转,而在南半球则是顺时针旋转。

· 低压区域中心空气上升、膨胀和冷却,导致高空凝结成云,形成气旋性降水。高压区域中大气运动的方向是相反的。高压区域内(反气旋),大气在近地面运动时偏离其中心。近地面的辐散由高压区域中心的下沉气流造成。空气下沉时会变热。由于暖空气较冷空气含有更多的水汽,因此高压区域经常会带来好天气。

· 地球赤道地区接收到的热量较多,极地地区接收到的热量较少,这就使得热量向极地方向输送,而冷空气则向热带地区输送。由于地球自转(地转偏向力作用)以及陆地和海洋分布不均,就形成了一些全球环流圈。

· 冷气团和暖气团相遇,形成锋面降水。在冷锋中,前进的冷空气迫使暖空气沿着一个陡坡爬升,因此抬升很快,造成持续时间短的强降水。在暖锋中,前进的暖空气,变得比较轻,因此可以轻易地爬升到冷空气之上。这就在两个空气团间形成了平缓的坡度,抬升和冷却较慢,从而造成持续时间长的中等强度降水。

· 为根据点降水数据估算面降雨量,可以依据研究区域的特征来选取不同的方法。比如我们可以使用算术平均法、泰森多边形法、等雨量线法、统计内插法、雷达数据,对于较大区域还可以利用卫星图像。对于后两种方法,输出数据的大小都需要与地面降水数据(即所谓的地面实况数据)进行联系(校准)和核对(验证)。

· 潜在蒸发是当土壤含水量和植被条件不限制蒸发时的最大蒸发率($mm \cdot d^{-1}$)。而实际蒸发率则是在现有大气、土壤和植被条件下的蒸发率($mm \cdot d^{-1}$)。因此实际蒸发经常小于或等于潜在蒸发。

· 参考作物蒸发是理想饲料作物的潜在蒸发($mm \cdot d^{-1}$),其作为确定其他作物潜在蒸发的参考数值。

· 为了获取开阔水面的蒸发率,需要将蒸发皿蒸发数值乘上蒸发系数,这个系数的大小(大于 0 并小于 1)取决于所用蒸发皿的类型以及时间(季节)。

· 能流密度($MJ \cdot (m^2 \cdot d)^{-1}$;$M = 10^6$)是用一定时间间隔上与能量流动方向垂直的一小片区域上穿过的能量数量,除以时间间隔和区域面积得到的。

· 感热 H 是指当一个物体的温度高于其周边环境时,其传送的热量。感热是当地球表面和大气之间的温度存在差异时,两者之间的热量传递。当地球表面的温度低于其上层的大气时,热量是向下传输的,H 是负值。H 为负值的一个特殊情况就是绿洲效应。这个效应会发生在炎热地区如沙漠。当与干燥土壤达到平衡状态的温暖干燥的空气到达湿润的地方如湖泊

(或绿洲)时,蒸发率就会增大,感热就被用来维持这个高蒸发率。

· 潜热 λE_a 是用于蒸发的能量。之所以被称为潜热是由于其能量是储存在水分子中的,在凝结过程中被释放。

· 饱和差(kPa)是表面饱和水汽压 e_s 与蒸发面以上大气的实际水汽压 e_a 的差值,饱和差越大,蒸发率就会越高。

· 空气动力阻力 r_a (s·m^{-1})是水汽从植物表面(截留蒸发)或水体扩散到大气时所遇到的阻力,其是地球表面粗糙度和近地面风速的倒数。

· 表面阻力 r_s (s·m^{-1})是蒸腾作用过程中,水汽运动时植物气孔的生理抗性,其根据水分有效性(土壤含水量)的不同而变化。

· 利用彭曼-蒙蒂思公式来估算地球表面的蒸发时,我们需要知道气温 T(℃)、相对湿度 RH(—)、地球大气顶层入射太阳短波辐射 S_0(MJ·(m^2·d)$^{-1}$)、云量系数 $\dfrac{n}{N}$、反射率 α、空气动力阻力 r_a (s·m^{-1})和表面阻力 r_s (s·m^{-1})。

3　地下水

引言

使地面中的孔隙(细孔)完全饱和的陆地表面以下的水称为地下水(见图 1.1)。几乎所有的地下水都源自大气,也就是说,它主要来源于降水,还有下渗和渗流。只有很小一部分地下水是初生水,也就是由岩浆沉积过程中分离出来的水所组成的水。在地球表面到处可以找到地下水,即使是在最干旱的沙漠地区。在沙漠中,地下水来源于早期较湿润气候时沙漠河流的补给。撒哈拉沙漠地下水的存储量大约有 150 000 km³(第四届国际水论坛,2006)。地下水的深度差异很大。通过与地面的接触,地下水被自然过滤和净化,可作为农业用水、工业用水,或者通常经过净化处理(框 3.1)后,可以作为饮用水使用。含水层是一个地下层,易于储存和输送地下水。从含水层中抽出的水可能多于自然补给含水层的水;另外,地下水也可能受到农业、工业或其他人类活动的污染。幸运的是,可以通过人工补充地下水的方式来应对地面下沉,保护地下水质量。当然,很多类型的污染物也可以被隔离和移除。更为重要的是,为了子孙后代的生存,我们应该将地下水保存完好,因此,地下水系统方面的探索认知非常重要。

相对于地下水流动,人们会更容易在脑海中构建地表水流动的画面。不过,水文学中通用的物理法则就可以很好地解释稳定地下水流,地下水流中任一点上的速度分量并不随着时间而变化,伴随着地下水的探索研究,水文学也在不断发展中。利用达西定律(流体运动方程)和水平衡(方程)联合而成的模型方程可以描述稳定地下水流动。在水文学中,水平衡方程也被称为连续性或连续方程。

本章对于地下水的介绍首先检验两个普遍持有的观点:第一,水是从高海拔处流向低海拔处,第二,水是从高压强处流向低压强处。在考虑造成水流动的专有概念之前,用两个简单的例子就可以帮助我们摈弃这两个错误观点。我们特别注意到低洼地区的水文地理,每 100 m 高度范围内每平方千米的人数远远多于 0(海平面高度)到 100 m 高度范围内的人数(Cohen 和 Small,1998)。

框 3.1　水净化处理

地下水、地表水和大气水都可以作为饮用水的来源。根据经验法则,当地下水在砂质含水层中停留 60 天或以上时,就被生物净化处理,没有了致病微生物。不过,为了使自然水适宜人类饮用,还需进一步净化处理。水净化的目的是为了将水中的危险物质去除,如细菌、藻类、病毒、真菌、有毒物质(如铅和铜)和化学污染物。另外一个目的是改善水的气味和味道。

水净化包括一系列过程,此处不再详细的描述,这些过程中我们最熟悉的有凝聚、絮凝、过滤、臭氧氧化和软化。

　　悬浮在水中的颗粒如黏土带有负电荷。这种负电荷使这些颗粒物之间相互排斥,从而一直保持悬浮状态。通过加入一种凝结剂(如硫酸铝或氯化铁),这些电荷就可以消除,这个过程就称为凝聚。接下来的步骤是絮凝,在絮状物中加入颗粒,使它们变重,从而下沉到水容器的底部。通过凝聚、絮凝和沉淀,大部分的悬浮固体、磷酸盐、有机物质、细菌、病毒和几乎所有的重金属都可以从水中去除。

　　在水净化环节的不同的阶段中,使用三种过滤形式:快砂滤、活性炭过滤和慢砂滤。用语"活性"指碳与水相接触的表面积很大。通过沙层、砂砾层的过滤,以及活性炭的使用,可以保证氨气、悬浮固体、有机物质、有害细菌、藻类、锰和铁的去除。一项相对比较新的水净化技术——薄膜过滤法,现在正在被越来越多地使用,其通过具有微细气孔的高分子薄膜实现。

　　臭氧氧化是通过将一种具有高氧化能力的气体——臭氧,加入到水中实现的:臭氧和水需要被完全混合。臭氧氧化用来去除有机物质、农药以及诸如病毒和细菌之类的病原体。另外,臭氧还是一种很强的消毒剂,经常可以用来替代难闻且有味道的氯气。经过臭氧氧化,可以改善水的味道、气味和颜色。

　　软化,也就是减小水的硬度,可以通过添加火碱(氢氧化钠;NaOH)到水中来实现。这样可以去除水中的碳酸氢钙($Ca(HCO_3)_2$)和碳酸氢镁 $Mg(HCO_3)_2$)。

　　本章中列出的这些推导是为了深入探索研究(地下水)水文学工作。所有的方程要么是达西定律的变异(牢记如何将这个定律应用到不同情形下),要么是将达西定律和连续方程联合起来推导得到(当然也要牢记如何应用图 3.33 中列出的方程)。

　　本章中列出的地下水问题是在这样一种状况下提出的:假设水流仅仅是在一个方向上运动的,沿着水平方向、垂直方向或沿着一个圆的半径上。

　　读者如对本章中列出的最终结果的数学推导过程感兴趣,可以参考本书最后部分的数学工具箱(目录 M 下);如果需要的话,在概念工具包(目录 C 下)中还介绍了数学基础知识。

3.1　误区

　　一个普遍持有的错误观点是水总是从高海拔处流向低海拔处。

　　对于生活在圩田的人来说,海平面以下的陆地是通过将一片水域改造得到的,并由大坝来保护(图 3.1),按时排出多余的水是为了保证地下水位保持在陆地表面以下一个几乎恒定的水平。那么当主管部门突然停止这些圩田的抽水工作时,会发生什么呢?可以肯定的是地下水位将上升,将使得水从低海拔处流向高海拔处。因此,根据自然法则,水不是遵循从海拔高处流向海拔低处的规律。

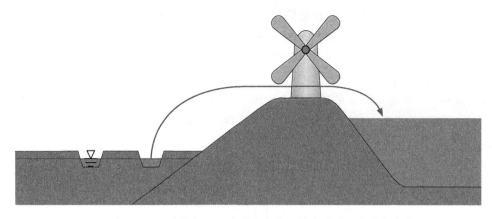

图 3.1 圩田,地下水位加上一个水力磨作用将水引到河中较高水位处

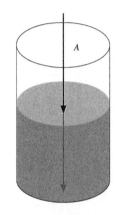

图 3.2 一个圆柱形桶内的水

机械能是一个物体由于其运动或所处位置所拥有的能量。

另外一个错误观点就是水总是从高压强处流向低压强处。

图 3.2 中,桶底的压强等于水桶内所有水和其上空气的重量(或重力)与横断面区域面积 A(m^2)的比值。稍高一点的位置,在空气/水的交界面上,压强等于其上空气的重量(或重力)与相同横断面区域面积 A(m^2)的比值。因此,桶底部的压强高于空气/水交界面的压强。尽管如此,没有水从桶底部自然流向顶部。因此,据自然法则,水不是遵循从压强高处流向压强低处的规律。

那么,什么情况下才能使得水从一个地方流向另一个地方呢?

3.2 钻孔

为测量特定位置水的机械能,可以在地面上钻一个孔,这个孔在地下水位以下一定深度,然后插进一个管子,这个管子的直径较小(<30 cm)且在底部有一个小筛网(几厘米长)。地下

水应该能很轻易地穿过筛网,使细粒物质如黏土(土壤物质粒度范围小于 2 μm)和泥沙(2～50 μm)必须能过滤出去,以免阻塞筛网。为了防止后者的发生,沿着筛网的钻眼里充满了粗颗粒、分选不精、透水性好的地面材料(直径粗于筛眼)。在顶部,沿着管子的钻眼要充满膨润土,这是一种吸水的黏土物质。通过这种方法,可以阻止高处的降水、地面水和地下水进入到筛网中。在底部有一个带有短筛网的管子称为水压计,水压计中水爬升的高度称为水头(或水压计水头/水位或测压管水头/水位)。重要的是,水头处于一定位置且其筛网位于一定深度的水压计,可以用来测量其所在位置和深度上水的机械能。

你也可以钻更深的孔,放置更长的管子,且让筛网的深度更深。如图 3.3 所示,两个管子的水头不需要一样,看起来有点怪,怎么会这样?

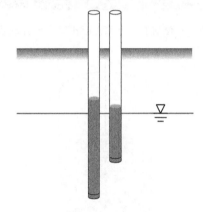

图 3.3　相同位置上的两个水压计,其筛网位于不同的深度,且水头也不同

流线是任一点的切线方向都与此点的流速方向相一致的曲线。

3.3　借助伯努利定律

地下水位可以自由地自我建立的前提是地面(孔)水压等于其上层空气的气压。平均情况下,这个气压是标准大气压 1013.25 hPa(一个空气柱的重量)。但通常把自由空气/水交界面(如地下水位)上的水压定义为 0,而不是把这个标准气压值作为自由空气/水交界面的平均水压。正因如此,水压的数值大小可以利用空气/水交界面上存在空气的压力来解释,即将其作为一个参考值:当水压为 0 时表示水压等于空气/水交界面上存在空气的压力,当水压为正值时表示水压大于空气/水交界面上存在空气的压力,当水压为负值时则表示水压小于空气/水交界面上存在空气的压力。

动能＝运动的能量;势能＝一个物体(如水质点)由于其位于选择的参考高度以上而拥有的能量;压力能＝与压力相关的能量。

m＝质量(kg)

g＝重力加速度＝9.8 m・s^{-2}

$V=$ 体积(m^3)

$\rho=$ 水密度$\approx 1000\ kg\cdot m^{-3}$

沿流线运动的水质点有三种不可转换的机械能类型（焦耳）：动能、势能和压力能。如果不存在由于摩擦引起的机械能损失，并且认为水是不可压的，那么适用于定常流的伯努利定律就认为这三种不可转换的机械能总量是常数，也就是所谓的能量守恒。伯努利定律根据荷兰/瑞士数学家丹尼尔·伯努利（1700—1782）来命名，其表达式如下：

$$\frac{1}{2}mv^2 + mgz + pV = 常数 \tag{3.1}$$

式中，$\frac{1}{2}mv^2$ 为动能；mgz 为势能；pV 为压能；v 为速度$(m\cdot s^{-1})$；z 为高度(m)；p 为压力$(J\cdot m^{-3}=N\cdot m^{-2})$

定常流是指流速分量在任何一点都不随时间变化的流动。水文文献中另一个用于描述定常流的术语是稳流。与之相反的是，当流动的大小或方向随时间变化，或两者都随时间变化时，这种流动就被称为不稳定流或非定常流。

将(3.1)式除以体积 V，得到每单位体积水上伯努利方程的表达式（质量 m 除以体积 V 得到密度 ρ）：

$$\frac{1}{2}\rho v^2 + \rho gz + p = 常数 \tag{3.2}$$

将(3.2)式除以接近常数的数值 ρ 和 g，就使机械能项代表了每单位质量$(J/N=Nm/N)$的能量，也就是每单位长度(m)上伯努利方程的表达式：

$$\frac{v^2}{2g} + z + \frac{p}{\rho g} = 常数 \tag{3.3}$$

机械能为长度单位是由于机械能(J)除以水体积(m^3)、水密度$(kg\cdot m^{-3})$和重力加速度$(m\cdot s^{-2})$之后，$J/(m^3\cdot(kg\cdot m^{-3})\cdot(m\cdot s^{-2}))=(N\cdot m)/(m^3\cdot(kg\cdot m^{-3})\cdot(m\cdot s^{-2}))=(kg\cdot m\cdot s^{-2})\cdot m/(m^3\cdot(kg\cdot m^{-3})\cdot(m\cdot s^{-2}))=m$，因此机械能的单位为长度单位。

由于地下水的流速很慢（见 3.7 节），因此得出第一项每单位质量的机械能一般可以被忽略，(3.3)式就变为：

$$h = z + \frac{p}{\rho g} \tag{3.4}$$

式中，z 为位置水头(m)；h 为水头$(m)=$公式(3.3)中的常数；气压 p 除以水密度 ρ 和重力加速度 g 的表达式被称为压力水头(m)。

换句话说，水头（公式(3.3)中的常数）是对筛网所在位置上水的机械能的测量，等于位置水头和压力水头的总和。如图 3.4 所示，水压计的筛网下面有一个基准面。位置水头是选取基准面以上的高度，根据空气/水交界面上的水压为 0 的惯例，压力水头等于筛网以上水柱的高度。值得注意的是当不存在水流动时，管内的水位与管子附近地面的水位（后者为地下水位）是一样。没有水流动的状况被称为流体静力学平衡。

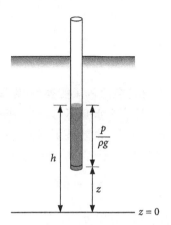

图 3.4　一个水压计：水头 $h =$ 位置水头 $z +$ 压力水头 $\dfrac{p}{\rho g}$；基准面上 $z = 0$

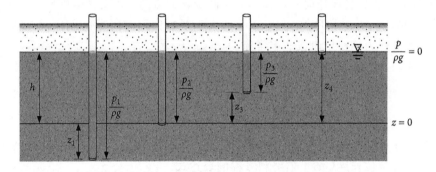

图 3.5　潜水：流体静力学平衡下（没有水流动）的位置水头和压力水头

$$h = z_1 + \frac{p_1}{\rho g} = 0 + \frac{p_2}{\rho g} = z_3 + \frac{p_3}{\rho g} = z_4 + 0 \tag{3.5}$$

　　潜水是地下水位可以自由地自我建立的地下水，因此也被称为无压地下水，无压意味着自由。图 3.5 给出了没有水流动（流体静力学平衡）时，筛网处于潜水不同深度的一些水压计的位置水头和压力水头。需要注意的是最左边水压计的筛网位于基准面以下，因此位置水头 z_1 为负值（< 0 m）。另外要注意的是最右边水压计的筛网刚好位于地下水位处，因此压力水头等于 0 m。这一点在对应的公式（3.5）中也有体现。在地下水位以下时，相对存在大气的压力，压力水头是正值（> 0 m），而在地下水位以上，未饱和区中，压力水头是负值（< 0 m）。最后要注意的一点正如前面所述，在流体静力学平衡条件下（没有水流动），地下水位和水压计测量的水头处于同一水平。

　　到目前为止，我们首先考虑的是没有摩擦的稳定地下水流，即遵循伯努利定律，并且考虑流体平衡（没有水流动）的情况。然而，当地下水流通过一个多孔介质时，如岩石、沉淀物或土壤，不可能没有摩擦，因为水要克服水流运动本身（水分子间的摩擦）和水流穿过多孔介质时产生的阻力。这些阻力会使机械能转换为热（能），因此造成了水流方向上机械能或水头的损失。换句话说，水流是沿着低机械能或低水头的方向。这就回答了 3.1 节最后提出的问题，正确的概念应该是水流从高机械能或高水头的方向流向低机械能或低水头的方向。根据这个自然法则，我们可以利用水头处于不同位置和筛网处于不同深度的水压计来确定地下水流的方向。

图 3.6 给出了筛网位于相同基准面上的两个水压计,但两者的水平位置有一定距离。在水压计筛网高度上,地下水流沿着低水头 h_2 的方向。

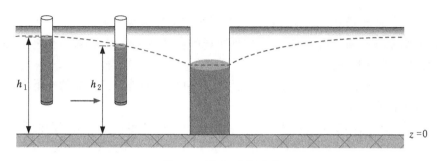

图 3.6　潜水:水平水流

图 3.7 是位于相同位置的两个水压计,但它们的筛网处于不同的深度。另外,水流沿着低水头 h_2 的方向。对于图 3.7 中的左图,水流沿着向下的方向(越流或向下渗流);然而对于其右图,水流则向上(渗流)。地下水位的位置可以根据地下水位附近的水压计筛网读数来推算。在越流和渗流两种条件下,不同深度的地下水位和水头不会一致。在越流情况下,地下水位必须高于水头一定水平,以便于地下水向下流动;而在渗流情况下,水头必须高于地下水位,以便地下水向上流动。可以利用带有一个筛网的管子来建立地下水位。根据连通器法则,在这样的长管筛网中,空气/水交界面上的气压等于管子附近地下水位的气压。

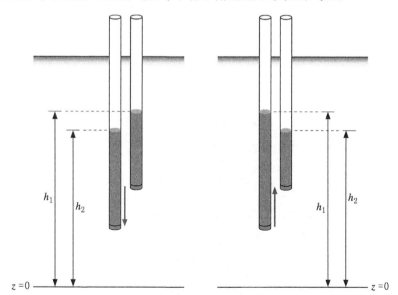

图 3.7　潜水:垂直水流

水流方向可以通过在同一地点放置两个水压计来确定,其筛网处于不同深度:水头测量水压计筛网处机械能,地下水流一直按低水头的方向 h_2 运动的——在图 3.7 左侧图中,水从上面的筛网流向下面的筛网,因此是向下的;而在其右图中,水从下面的筛网流向上面的筛网,因此是向上的。

3.4　地下水

下面逐一介绍用于描述不同地下储水层和阻水层类型的水文术语。

含水层是渗水性很强的地下储水层；此处所说的渗透性是泛称，是对多孔物质（土壤、沉积物或岩石）传播水能力的衡量。

我们已经将潜水（无压地下水）定义为地下水位可以自由地自我建立的地下水。因此潜水的含水层就称为潜水含水层。

阻水层是渗水性很小或不会渗水的地下水层。可以完全阻止地下水流动的阻水层是不渗透层或隔水层。渗水性很小的阻水层称为半渗透层，越流阻水层或弱透水层。

充满两个隔水层之间的地下水是承压地下水，对应的含水层是承压含水层。半承压地下水是充满两个阻水层之间的地下水，且其中一个或两个阻水层是半渗水性的，对应的含水层是半承压含水层或越流含水层。

图 3.8 给出了本书中用到的不同类型层的横断面标志。

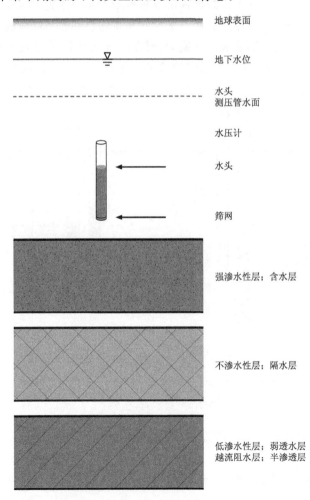

图 3.8　本书中所用到的横断面标志

　　图 3.9 则是不同类型地下储水层和阻水层的横断面。半承压层或越流含水层的水头高是由于图 3.9 左侧的地下水位较高,以及其上层地面的重量引起的的含水层水压高造成的。半承压含水层是由上坡方向补给的,由于地下水流经过时的摩擦力作用,其水头从图 3.9 的左侧到右侧逐步减小。如图 3.9 所示承压水层或半承压水层的水头位于地表以上的地下水被称为自流水。在上层弱透水层以上,我们观察到有潜水,而在图的最右边隔水层上的地下水以上有不饱和区。不饱和区以下的潜水被称为上层滞水,对应的地下水位是上层滞水水面。值得注意的是半承压含水层的水头最高,意味着此处存在越流,地下水从承压含水层穿过将两个含水层分开的弱透水层向上流动。

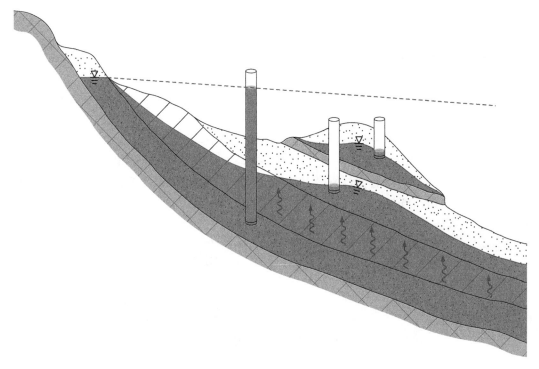

图 3.9　不同类型地下储水层和阻水层的横断面

　　图 3.10 给出了圩田渗流的一个示意图。圩田是由半渗透黏土层组成,并由河流的堤坝分开。在黏土层以下是位于半渗透层以上的一个含水层。通过将多余的水(降水和渗流)抽送到河流中,圩田的地下水位可以被人工维持到陆地水面以下。圩田以下含水层的水是由河流供给的,如图 3.10 所示。含水层中的地下水由其下的不渗透层(隔水层)和其上的半渗透层(弱透水层)控制。河流下面的含水层水头等于河流水位,并在圩田以下逐渐减小到中间值,这是由于地下水流动经过时的摩擦力作用和上层半渗透层对圩田的渗流作用造成的。

　　含水层的水头由图 3.10 左侧的两个水压计来测量。含水层水头的地理分布,即测压管水面是由图 3.10 横断面中的虚线曲线表示的。值得注意的是,含水层中各处的水头都大于圩田的地下水位高度,这就使得地下水渗透到半渗透层。圩田下面的渗流最大,这是由于含水层和圩田地下水位的水头差异最大,并且在靠近圩田中心时渗流减小。

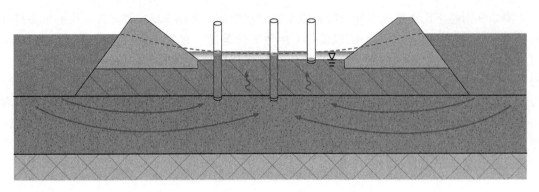

图 3.10　圩田的渗流

3.5　有效下渗速度和下渗率

多少降雨能下渗到土壤中？降水能下渗到土壤中多深？这是研究水文过程需要回答的基本问题。

如 2.4 节中所述，我们一般会很简单地认为降水量就是平面上一层水的厚度，测量单位为 mm。如图 3.11 所示，陆地表面上一层 2 mm 的整体降水（2×10^{-3} m），相当于每平方米为 2×10^{-3} m³，也就是每平方米有 2 L 的水。在水文学中，习惯利用长度单位来表示机械能术语（3.3 节）和水体积（1.4 节）。

图 3.11　$t = t_1$ 时的雨量和 $t = t_2$ 时的下渗深度（$t_2 > t_1$）

我们来想象一下有 2 mm 的雨水降落并在 1 h 内下渗到土壤中。如果我们定义土壤和其包含的空隙或孔隙的体积总量为 1（或 100%），我们就可以进一步设想这个体积里面有 0.15（15%）部分的水，0.2（20%）部分的空气。水和空气都包含在土壤的空隙或孔隙中；土壤中的剩余部分称为土壤固体基质。图 3.12 给出了不同类型的空隙。

例中所说的体积含水量 θ 等于 0.15（15%）。孔隙度 n 是土壤中水的最大体积分数。当我们把土壤的空气除去，所有的气孔里面水饱和时，土壤中水的体积分数为 0.35；例子中所说的孔隙度 n 就等于 0.35（35%）。有效孔隙度 n_e 是参与到水流动过程的岩石、沉积物或土壤的体积分数。图 3.13 是一个不连通孔隙，其不参与到水流动过程。如果不是所有孔隙参与或部分孔隙参与，那么有效孔隙度就会小于孔隙度。当然，所有孔隙都参与到水流动过程时，有效孔隙度就等于孔隙度。

在例子中，当降水下渗，所有的土壤孔隙互相连接参与到下渗过程（$n_e = n$），且空气可以很轻易地从孔隙中逸出时，对于 2 mm 降水 $n_e - \theta = 0.35 - 0.15 = 0.20$，或者说有五分之一的

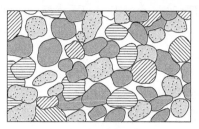

分选良好、滚圆的孔隙砂岩；孔隙度$n \approx 0.4$

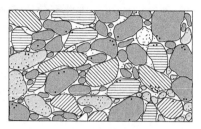

分选不良的，有部分胶结砂，且空隙中有较小颗粒物；孔隙度$n \approx 0.2$

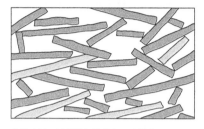

非常疏松、松散堆积的黏土；孔隙度$n \approx 0.7$

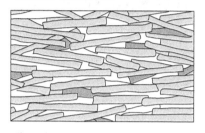

稍微坚实、疏松的黏土；孔隙度$n \approx 0.5$

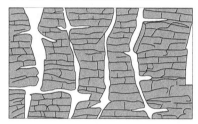

石灰岩中有裂隙；低至中度的原生孔隙度*；高次生孔隙度**

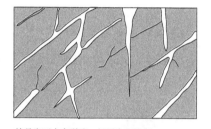

结晶岩石中有裂隙；低原生孔隙度*；高次生孔隙度**

*：原生孔隙度：岩石形成过程中生成的孔隙。
**：次生孔隙度：岩石形成之后，通过（二次）过程如断裂、爆裂和溶解所生成的大尺度孔隙。

图 3.12　空隙类型（De Vries 和 Cortel,1990）

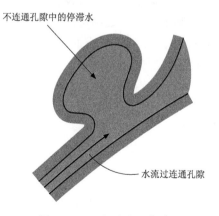

图 3.13　一个不连通孔隙

土壤是由水填满的。因此降水下渗的深度就等于5×2 mm$= 10$ mm,有效下渗速度v_e等于5×2 mm $\cdot$ h$^{-1} = 10$ mm $\cdot$ h$^{-1} = 0.24$ m $\cdot$ d^{-1}（图 3.11）,同时下渗率等于以上所提到的

2 mm·h⁻¹或 0.048 m·d⁻¹。因此有效下渗速度(0.24 m·d⁻¹)和下渗率(0.048 m·d⁻¹)在本质上是不同的。

尽管两者的单位相同(都是 m·d⁻¹),但有效下渗速度是一个水流速度,而下渗率是(不是水流速度,而是)一个体积通量密度。体积通量密度指与流动垂直方向上每单位面积的体积通量(穿过一个时间单位的水体积)。需要注意的是与水流动垂直的区域包含了固体颗粒和孔隙,但水流仅仅能通过(相互连接的)孔隙,不能通过固体颗粒。为了获取体积通量密度,将体积通量除以面积(由固体颗粒和孔隙组成),这个面积大于实际水流发生的(孔隙)面积。因此多孔介质的体积通量密度(m·d⁻¹)与水流速度(m·d⁻¹)在本质上是不同的。

见公式:

$$下渗深度(mm) = \frac{P}{n_e - \theta} \tag{3.6}$$

式中,P 为雨量(mm);n_e 为有效孔隙度;θ 为体积含水量。

$$v_e = \frac{f}{n_e - \theta} \tag{3.7}$$

式中,v_e 为下渗速度(m·d⁻¹);f 为下渗率(m·d⁻¹)。

另外,要注意有效下渗速度 v_e 和下渗率 f 的重要性差异。有效下渗速度 v_e 是宏观速度,"宏观"是指日常生活中所遇到的尺度(大体上与"微观"相反)。而下渗率是一个体积通量密度,即与流动垂直方向上每单位面积的体积通量;这个区域包含了土壤孔隙(有水流)和土壤固体基质(无水流)。

3.6　土壤—湿海绵

浸透是重力作用影响下的垂直地下水流动,水从土壤水区域(非饱和区)流向地下水(饱和区)。浸透的发生是在土壤湿度比田间持水量大的情况下。田间持水量是土壤能对抗重力的最大含水量。它不很精确,这是由于没有一个固定的水含量数值是在重力让土壤排水作用停止时进行观测的。因此最好将其与湿海绵来进行比较;也就是说,土壤还没有湿润到使重力作用能够让水从土壤中大量渗出的程度。所以达到田间持水量状态时的(体积)水含量小于饱和土壤的(体积)水含量。在饱和状态下,土壤中所有的孔隙都充满了水;而在达到田间持水量状态下,土壤中的大孔隙可能还充满着空气。

黏土:土壤颗粒直径＜2 μm＝2×10⁻⁶m
淤泥:土壤颗粒直径为 2~50 μm
砂土:土壤颗粒直径为 50μm~2 mm

一部分地下水可以随时流动,同时其他地下水由于土壤颗粒周围薄膜的表面张力作用仍然保留或存在于毛细管孔中,因此这部分水不能流动。图 3.14 表明黏土的孔隙度大于砂土。另外,要注意的是,可流动的水和不流动的水的总和等于孔隙度。尽管黏土的孔隙度高,但由于水更容易吸附在黏土表面上,因此黏土沉淀物中可用于水流动的水体积分数远远小于砂土沉淀物。图 3.14 表明淤泥处于中间位置。

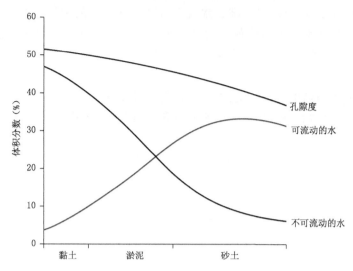

图 3.14   与可流动的水体积分数相关的黏土、淤泥和砂土的孔隙度

3.7   两大科学定律——达西定律和欧姆定律

3.7.1   达西定律

1856 年,法国工程师达西(1803—1858)阐述了水流穿过多孔介质时的定律,之后用他的名字来命名:即 Darcy(达西)定律。为了改进第戎(Dijon)城市的水供应,达西进行了一系列实验,其示意图如图 3.15 所示。

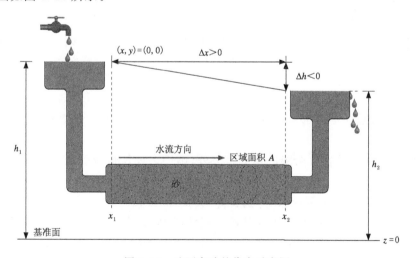

图 3.15   达西实验的代表示意图

最初的实验中,达西使用了一个装满饱水砂子的垂直圆筒。达西实验的建立可以利用其简化形式图 3.15 来代表,图中有一个装满饱水砂子的水平圆筒。值得注意的是整个系统都是充满水的。另外,圆筒两边的筛网可以保持砂子处在固定的位置上,但水可以自由穿过筛网。

如果两个蓄水池里的水位不同,那么水就会流过充满砂子的圆筒。在图 3.15 中,水是从左边流到右边。通过让水溢出边缘使左边蓄水池的水位保持在一个恒定高度 h_1 上;与此相同,右边蓄水池的水通过穿过圆筒的水来补给将其维持在一个恒定高度 h_2 上。沿着左边筛网的每个高度上,水头都等于 h_1。

图 3.16 中,左边筛网中间位置上的水头 h_1 等于位置水头 z_1 和压力水头 $p_1/\rho g$ 的总和。与此相同,沿着右边筛网的每个高度上的水头都等于 h_2。一旦建立了平衡,水流就会变得很稳定,体积通量 Q(或流量 Q),即单位时间内穿过任一垂直区域 A 上的水体积($\text{m}^3 \cdot \text{s}^{-1}$),可以通过收集一个固定时间间隔上接收蓄水池的溢出水来简单估算。注意的是区域 A 垂直于水流方向。

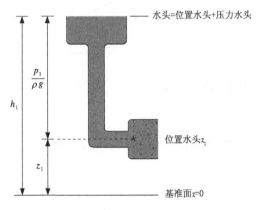

图 3.16　Darcy 实验中左边部分代表示意图

孔隙度影响水流。流动的水需要克服圆筒内多孔、含沙介质的阻力。圆筒长度上水头的差异 Δh 等于水接收端的水头 h_2 减去水发送端的水头 h_1:$\Delta h = h_2 - h_1$(而不是反过来)。水力梯度 i 是多孔介质水头的差异 Δh 除以水头差异发生的距离。这个距离指水要流动到的位置减去水发送的位置(而不是反过来)。对于水平水流,距离 Δx 等于 $x_2 - x_1$,且有以下方程:

$$i = \frac{\Delta h}{\Delta x} = \frac{h_2 - h_1}{x_2 - x_1} \tag{3.8}$$

式中,i 为水力梯度(一);Δh 为水头的差异(m);Δx 为距离(m)。

达西发现体积通量 Q 与水力梯度(i 越大,Q 就会越大)和垂直于水流的区域面积 A(A 越大,Q 就会越大)成正比。

温度升高时,体积通量 Q 会随之增大。另外,筛网之间所放置物质的种类也会影响体积通量 Q。

后者大概与孔隙度的差异有关:分选良好或均一的砂(有主导颗粒尺寸的砂)的孔隙度高于分类不良(大的砂粒中间掺杂有小的砂粒)的砂的空隙度,如图 3.12 所示。水可以更容易穿过高孔隙度的砂质。因此,当其他条件都一样时(i 和 A 都没有变化),分选良好的砂的体积通量或流量 Q 会更高。

通过将水保留在物质中会对体积通量或流量 Q 造成更大影响:图 3.14 和表 3.1 表明黏土的孔隙度高于砂土。然而,与黏土中的水很容易吸附到黏土物质上相比,水饱和的砂中水不易吸附到砂土物质上。因此,当其他条件都一样时(i 和 A 都没有变化),砂土的体积通量或流量 Q 就会高于黏土。

黏土物质是片状结构的。由于这个结构,使黏土物质在它们的表面带有负电荷。这个负电荷被土壤水中的阳离子、正电荷离子如 Na^+ 和 Ca^{2+} 所中和。通过静电力作用将水薄膜及中和离子吸附到黏土物质表面。另一方面,砂土是颗粒结构,颗粒之间的毛细管力将更多的水保持在孔隙里面。

表 3.1 不同类型沉淀物和岩石的孔隙度 n(一)

黏土	0.4~0.7
淤泥	0.35~0.5
砂土	0.25~0.4
分类不良的砂砾石	0.2~0.4
砾石	0.25~0.4
白垩	0.1~0.4
砂岩	0.05~0.3
石灰石和白云石	0.0~0.2
片岩	0.0~0.1
结晶岩	0.0~0.1

如果把以上的发现形成一个公式,就得到如下的达西定律:

$$Q = -KiA \tag{3.9}$$

式中,Q 为体积通量或流量($m^3 \cdot d^{-1}$);A 为垂直于水流的区域面积(m^2);K 为渗透系数($m \cdot d^{-1}$);i 为水力梯度。

K 是一个比例系数,通过考虑水和水流穿过物质的特征得到。由于体积通量 Q 的单位是 $m^3 \cdot d^{-1}$,而水力梯度 i 是无量纲的,垂直于水流方向的区域面积 A 单位为 m^2,因此比例系数 K 的单位必须是 $m \cdot d^{-1}$。K 被称作(饱和)渗透系数。表 3.2 给出了不同类型沉淀物和岩石的渗透系数 K($m \cdot d^{-1}$)。表 3.2 表明砂土的渗透系数明显高于黏土,高出 $5 \sim 10^{10}$ 倍。表3.1 给出了与表 3.2 相同类型的沉淀物和岩石的孔隙度。

表 3.2 不同类型沉淀物和岩石的渗透系数 K($m \cdot d^{-1}$)

黏土	0.00000001~0.2
淤泥	0.1~1
砂土	1~100
分类不良的砂砾石	5~100
砾石	100~1000
白垩	1~100
砂岩	0.001~1
石灰石和白云石	0.1~1000
片岩	0.0000001~0.01
结晶岩	0.00001~1

　　不能混淆孔隙度和渗透系数的概念。举例比较表 3.1 和表 3.2,就发现砂土(低孔隙度、高渗透系数)和黏土(高孔隙度、低渗透系数)在这两方面明显不同。岩石的另一个例子,是浮石——一种质量很轻的火山岩,由于岩石冷却和固化过程中截留气体作用形成了很多泡状中空。因此这些岩石的孔隙度会很高;但由于里面的很多中空不相互连接,渗透系数就很低。

　　关于孔隙度和渗透系数,还要了解另外一个重要的概念,即取样容积。对于袖珍大小的一个小样本石灰岩,其孔隙度和渗透系数可能都很低,然而对于一个约为 $10\ m^3$ 的大样本,由于石灰岩没有裂隙,因此其孔隙度和渗透系数可能较高。当我们处理地下水流时,我们一般会对后者的尺度更感兴趣。如果我们增大样本尺寸,最终会获得孔隙度或我们想要的参数的连续测量值。因此一个重要的概念就是表征单元体积(Bear,1969),它是我们必须要研究的一个最小取样容积,以得到我们感兴趣参数的一个连续测量值。

　　地下水流沿着低水头方向。因此,当地下水如图 3.15 从左向右流动时($x_2 > x_1$),即正向方向($x_2 - x_1 > 0$),水头的差异($\Delta h = h_2 - h_1$)和水力梯度 i 都是负值($h_2 < h_1$;$\Delta h = h_2 - h_1 < 0$;$x_2 - x_1 > 0$;$i < 0$)。由于达西定律中的 K 和 A 都是正值,当水流从左向右时,体积通量 Q 也为正值,因此在达西定律中引入了一个负号。

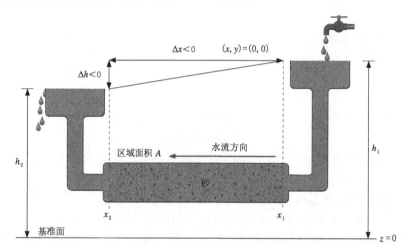

图 3.17　达西实验的代表示意图,但地下水流从右到左

　　图 3.17 给出了达西实验的代表示意图,但地下水流是从右边到左边($x_1 > x_2$),也就是说负向方向($x_2 - x_1 < 0$)。那么由于 $K > 0$,$A > 0$,$h_2 < h_1$;$\Delta h = h_2 - h_1 < 0$;$x_2 - x_1 < 0$,水力梯度 i 就是正值(> 0),体积通量 Q 则为负值(< 0)。注意水力梯度的符号始终与体积通量 Q 相反。

　　图 3.18 和图 3.19 都是达西实验的代表示意图,根据自然规律,地下水都是流向低机械能或低水头处。水流可从高海拔到低海拔(图 3.18),也可从低海拔到高海拔(图 3.19)。另外,水流可以从高压到低压(图 3.19),也可从低压到高压(图 3.18)。从逻辑上来说,由于水流沿低水头方向,并且水头等于位置水头和压力水头之和,因此图 3.18 中位置水头的差异肯定大于压力水头的差异,图 3.19 则反之。

　　将公式(3.9)两边都除以垂直于水流方向的区域面积 A,将达西定律转换为如下的简化形式:

$$q = \frac{Q}{A} = -Ki \qquad (3.10)$$

式中，q 为体积通量密度或比流量（m·d^{-1}）。

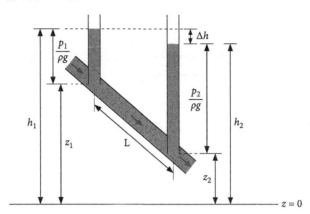

图 3.18　达西实验的代表示意图，地下水流从低压到高压

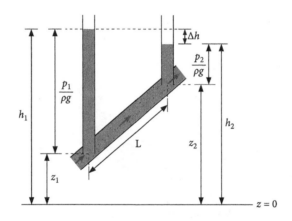

图 3.19　达西实验的代表示意图，地下水流从低海拔到高海拔

　　要注意的是图 3.18 和图 3.19 的地下水流平行于圆筒管，区域 A 是垂直于水流方向，而水力梯度 i 是水头的差异 Δh 除以水头差异发生的距离，因此也就等于图中所示的 Δh 除以距离 L 。

　　值得注意的是垂直于水流方向的区域面积 A 同时包含了固体颗粒和孔隙，而水流仅能通过相互连接的孔隙。因此区域 A 中只有一部分物质是参与了水流，这一部分就是 3.5 节中介绍的有效孔隙度。将体积通量或流量 Q（m^3·d^{-1}）除以 A（m^2）就得到了体积通量密度或比流量 q ，单位为 m·d^{-1}。

　　注意：由于体积通量 Q 所除的区域是由固体颗粒和孔隙组成，其面积大于实际水流发生的区域（仅由孔隙组成），因此体积通量密度或比流量 q 不是速度（参见 3.5 节）。为了获得有效速度 v_e，我们需要将体积通量密度或比流量 q 除以有效孔隙度 n_e，这与公式（3.7）比较相似：

$$v_e = \frac{q}{n_e} \qquad (3.11)$$

式中，v_e 为有效速度（m·d^{-1}）。

公式（3.10）也可以写成如下形式：

$$K = -\frac{q}{i} = \left|\frac{q}{i}\right| \tag{3.12}$$

换句话说，渗透系数 K（m·d^{-1}；见表 3.2）等于水力梯度 i 为 1 时的体积通量密度或比流量 q 的绝对值。在很多的专业术语中，K 是单位水力梯度上的体积通量密度（而不是速度）。

在练习 3.7.1 中，可以根据以上提供的这些信息来确定倾斜设计的达西实验体积通量 Q 和水粒传播时间。

练习 3.7.1　图 E3.7.1 中水流穿过设备中两个筛网之间的砂体。图 E3.7.1 中左边和右边的水面高度都维持在一个恒定水平。筛网能够使砂子处于固定位置，但可以让水流通过。

$z_1 = 30$ cm　　　　　　　　$\dfrac{p_1}{\rho g} = 90$ cm

$z_2 = 30$ cm　　　　　　　　$\dfrac{p_2}{\rho g} = 90$ cm

$l = 40$ cm　　　　　　　　　$A = 600$ cm^2

砂子的渗透系数 K 是 10 m·d^{-1}；有效孔隙度 n_e 是 0.4。

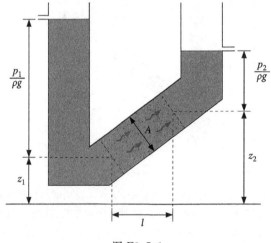

图 E3.7.1

a. 画出水流的方向；

b. 确定砂体的体积通量 Q

c. 确定穿过砂体的水粒传播时间。

3.7.2　均质性和各向同性

图 3.20 阐释了均质性和各向同性的概念。在一个均质层里，渗透系数 K 在任何点上都是一样的。一个均质层可能是各向同性，也可能是各向异性。在一个各向同性层里，任一点的渗透系数 K 在任何方向上都是一样的，换句话说，与方向无关。图 3.20a 是一个均质和各向同性层。尽管含水层不可能绝对各向同性，但为了计算或模拟的要求，假设各向同性也是合理的（$K_1 \approx K_2$，且每个点上 $K_x \approx K_y \approx K_z$）。均质性和各向同性的对立面是异质性，即 K 在

任一点上都不同,各向异性则是任一点上 K 的数值都取决于其方向。

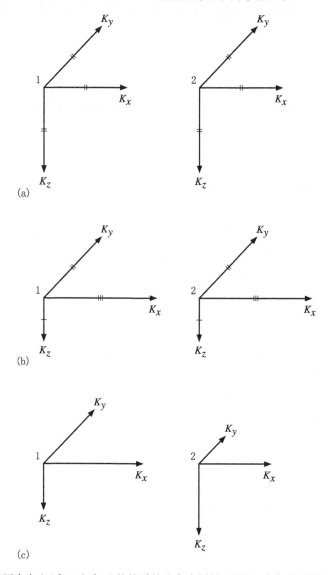

图 3.20 阐释两个点上(点 1 和点 2)的均质性和各向同性,以及三个各向同性方向(x、y 和 z):
(a)均质、各向同性层;(b)均质、各向异性层;(c)异质、各向异性层

3.7.3 守恒输送

砂质含水层中潜水的渗透系数 K(见表 3.2)、水力梯度 i 和有效孔隙度 n_e(见表 3.1)的合理数值如下:$K = 10 \ \mathrm{m \cdot d^{-1}}$,$i = -10^{-3}$,$n_e = 0.4$。利用这些数值,我们可以根据公式(3.10)和(3.11)来计算地下水的有效速度 v_e(图 3.21),如下所示:

$$q = -Ki = (-10) \times (-10^{-3}) = 10^{-2} \ \mathrm{m \cdot d^{-1}};$$

$$v_e = \frac{q}{n_e} = \frac{10^{-2}}{0.4} = 2.5 \times 10^{-2} \ \mathrm{m \cdot d^{-1}} = 2.5 \ \mathrm{cm \cdot d^{-1}}$$

要注意有效速度非常慢:$2.5 \ \mathrm{cm \cdot d^{-1}}$ 相当于 $9 \ \mathrm{m \cdot a^{-1}}$,也就是小于一世纪 1 km,1100 年

也只是走了 10 km 的一小段。在练习 3.7.2 的例子中,我们可以计算出守恒输送中污染物质的有效速度。词语"守恒的"表示污染物和基质之间没有相互作用,或者换句话说,污染物是跟随水流动的。

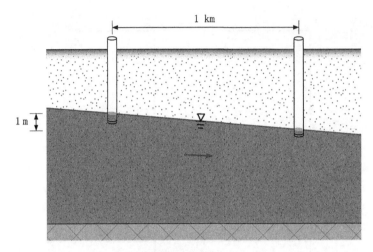

图 3.21 　砂质潜水含水层中的地下水流

练习 3.7.2 　将水压计放置在距离非法污水泵 456.25 m 远的地方。水压计安置在一个均质和各向同性的含水层。饱和渗透系数 $K = 5$ m·d^{-1}。有效孔隙度 $n_e = 0.4$。水压计方向上的地下水位有 1 m/km 的坡度。在 2000 年初,地下水被污染。输送过程是守恒的,污染物可能会很容易探测到。

哪一年污染物可以由水压计探测到呢?

3.7.4 　渗透率

渗透系数 K 是水流穿过的多孔介质属性和水本身属性的函数,如密度和黏滞性。多孔介质和地下水的属性是可以区分的(穿过一个圆筒管,并联合利用哈根-泊肃叶定律和达西定律):

$$K = 86400(\text{s/d}) \times \kappa \frac{\rho}{\mu} g \tag{3.13}$$

式中,κ 为渗透率(m^2);ρ 为水密度(kg·m^{-3});K 的单位为 m·d^{-1};μ 为(动力)黏滞性(kg·(m·s)$^{-1}$);g 为重力加速度(m·s^{-2})。

对于公式右边变量的单位,86 400 仅仅是将渗透系数 K 的单位转换到 m·d^{-1} 的一个系数;κ 是渗透率(m^2),是地下水流穿过的空隙大小的函数,因此与多孔介质有关。水密度 ρ 和(动力)黏滞性 μ 是液体流动的"厚度"或阻力,是与温度相关的地下水属性。在 4 ℃时水密度是最大的,而黏滞性则随温度增大而减小。水文学家对水的运动感兴趣,而石油工程师则对地下碳液体和气体的运动感兴趣。这两个专业领域都是处理多孔地下介质,将达西作为渗透率的单位,以示我们对 Henri Darcy 的敬意。

3.7.5 含水层热能储存

图 3.22 给出了含水层热能储存的原理。

图 3.22 的左边部分是夏季情形,冷地下水从含水层中抽出到左边。利用空调系统即一个热交换器,冷水可以对建筑物进行冷却作用。值得注意的是,在热交换器处理过程中被加热的地下水又回到了含水层。

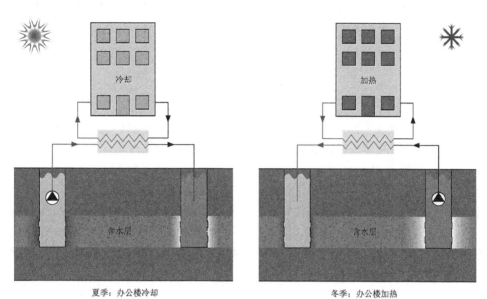

夏季:办公楼冷却   冬季:办公楼加热

图 3.22 含水层热能储存(经过荷兰阿纳姆 IF Technology B V 的 Arnhem 许可后复制的)

冬季的操作恰恰相反。图 3.22 的右边部分表示在夏季被渗入的温水,冬季却被排出。利用空调系统即一个热交换器,温水可以对建筑物进行加热作用。值得注意的是,在热交换器处理过程中被冷却的地下水又回到了含水层,可以在之后的夏季使用,反复循环。

地下水能够很好地保持其水温稳定(由于含水层的导热性很低),同时地下水流很慢(见前面的计算),这就使含水层热能储存在建筑物的冷却和加热成为一种有效的技术,取代了建筑物冷却和加热中的部分电力需求,因此可以减少矿物燃料的燃烧,从而减少排放到大气中的 CO_2。

在 20 世纪 80 年代,第一个含水层热能储存工程已经在欧洲和美国开始运作。自此之后,含水层热能储存变成一个常用的、有成本效益的技术,其投资费用在一个相对短的时间周期上就可以收回。

达西定律中使用的渗透系数 K 对地下水温的依赖性很强。因此,计算热能储存中含水层的体积通量 Q 和地下水有效速度 v_e,要与含水层渗透率 κ 相联系,但渗透率与温度无关。在练习 3.7.3 中,通过比较相同含水层中冷地下水和温地下水的渗透系数,可以验证这个结论。

练习 3.7.3   一个地质建造的渗透率 κ 等于 4.935×10^{-13} m^2($=0.5$ darcy)。在 5℃时:
$\rho_5 = 999.97$ $kg \cdot m^{-3}$, $\mu_5 = 1.519 \times 10^{-3}$ $kg \cdot (m \cdot s)^{-1}$

在 60℃时:$\rho_{60} = 999.97$ $kg \cdot m^{-3}$, $\mu_{60} = 1.519 \times 10^{-3}$ $kg \cdot (m \cdot s)^{-1}$

确定温度为 5℃ 和 60℃ 时的渗透系数 K(单位 $m \cdot d^{-1}$),并比较结果。

3.7.6　达西和欧姆

结合公式(3.8)和(3.10)，水平地下水流的达西定律可以写成如下形式：

$$q = -K \frac{\Delta h}{\Delta x} \tag{3.14}$$

达西定律的变形形式类似于科学界的其他定律，如根据德国物理学家 Georg Simon Ohm (1787—1854)命名的 Ohm(欧姆)定律，此定律用于电流传导。欧姆定律认为图 3.23 所示的连续电路中的电流 I 与推动电流穿过电路的电位差 V 成正比，与传导电路的电阻 R 成反比。欧姆定律可以表达为如下形式：

$$I = \frac{V}{R} \tag{3.15}$$

式中，I 为电流(安培)；V 为电位差(瓦特)；R 为阻力(欧姆)。

以上公式中的所有变量都是绝对值(大于或等于 0)。比较公式(3.14)和(3.15)，很明显电流 I 等同于体积通量密度或比流量 q ($m \cdot d^{-1}$)的绝对值，而电位差 V 等同于水头差异 Δh (m)的绝对值。最后，电阻 R 等同于每单位距离 Δx (m)上渗透系数 K ($m \cdot d^{-1}$)的倒数的绝对值。在水文学上，这样的阻力(Δx 上的 K)一般采用时间作为单位(d)。

其他与达西定律类似的定律包括传导热流的傅里叶定律和扩散的菲克第一定律。无需进行细节讨论，我们应该就能注意到菲克第一定律、傅里叶定律和欧姆定律都存在于物质连续体，无论是微观尺度还是宏观尺度。而达西定律仅仅是在宏观尺度上合理，因此在表征单元体积尺度上可以更好地利用(见前面部分)。

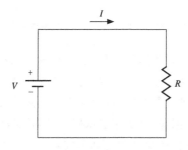

图 3.23　一个连续电路，电压 V 、电流 I 和电阻 R

3.7.7　层流

达西定律适用于层流情形下。从宏观角度上看，水在平行层中流动，各层之间互不混杂。因此，当地下水流通过阻碍水流的介质如沉淀物时，达西定律的效果很好。渗透系数是沉淀物颗粒大小、形状和类型的函数。对于分选良好的砂质沉淀物，即有一个主导颗粒尺寸，其颗粒越大，孔隙度和渗透系数就会越大。颗粒形状越粗糙，渗透系数就会越小。分选不良的沉淀物的渗透系数一般小于分选良好的沉淀物的渗透系数，这是由于分选不良的沉淀物中小的沉淀物颗粒可能会堵塞大颗粒的孔隙。另外，地下水中 5%～7% 的污泥已经明显减小了渗透系数。

层流的对立面是紊流，其特征是紊乱、涡流和混合的流动模式。这种情况下，达西定律没有进行调整是不适用的，如岩溶石灰石(框 3.2)，由于石灰石的高溶解度，加大了其裂隙和断口(次生孔隙度),因此对地下水流的阻力就较小。

框 3.2 岩溶水文

岩溶由有独特水文和地形特征的地带组成,其产生于高溶度性岩石和发展很好的次生(断口)孔隙度结构的化合作用(Ford 和 Williams,2007)。溶解的岩石一般是石灰石,方解石(碳酸钙 $CaCO_3$)是其主要成分,但也有其他的一些岩石/物质容易溶解,如石灰岩或石膏。岩溶的独特水文特征是地下排水很快,独特地形特征是地陷、裂隙、岩洞和岩溶泉,泉水位于充水溶洞系统的尽头,如位于法国沃克吕兹省部的法国泉水城。

由于地下生物群的呼吸作用,地表以下二氧化碳(CO_2)的压力高于陆地以上的二氧化碳(CO_2)的压力。当雨水(H_2O)通过石灰石表面的裂隙和断口下渗到其中时,方解石(碳酸钙)、二氧化碳和水就会发生反应形成钙离子(Ca^{2+})和碳酸氢盐(HCO_3^-),从而分解石灰石。

$$CaCO_3 + CO_2 + H_2O = Ca^{2+} + 2HCO_3^-$$

进一步往下游看,水中充满了 Ca^{2+} 和 HCO_3^-,在泉水的表面,由于植物和藻类从水中提取了 CO_2,CO_2 的压力可能会减小。另外,当气温高时部分水也会蒸发。这些过程就会使上面所说的反应逆转,可能会在泉水出口造成 $CaCO_3$ 的一个局地、次生堆积,其由一种坚固的、有气孔的 $CaCO_3$ 岩石/物质组成,即所谓的石灰华。

穿过沉淀物的地下水流很慢(练习 3.7.2),可以看作是层流,因此可以应用达西定律。沉淀物中的地下水流和石灰石中的岩溶水流都是次表层水流。不过,由于岩溶水流很快且湍急,因此岩溶水流拥有地表水流的一切特征(在之后的第 5 章中进行讨论),达西定律就不可用。我们可以将岩溶水流想象成是流经地下裂隙、岩洞和矿井的地下河流,在流动的方向上水位下降。不过,在局部情况下,水流方向可能沿着上升的岩洞或地下竖井向上。

在一个 1∶25 000 的地形图上,可以根据上面提到的独特地形特点来推断出岩溶地貌,但也经常利用一片广大区域上没有地表水排水管网的特征来推断。比如,法国泉水城的岩溶泉(平均流量 20 $m^3 \cdot s^{-1}$)就几乎包含了约 1130 km^2 没有地表水排水管网区域上降水生成的水(Emblanch 等,2003)。

练习 B3.2 确定法国泉水城上游区域的年平均降水盈余(降水量减去蒸发量),单位为 $mm \cdot a^{-1}$。

3.7.8 估算渗透系数

(饱和)渗透系数是底土的一个重要属性:从公式(3.10)中明显可以看出,其与水力梯度结合可以确定底土的体积通量密度或比流量。有很多技术方法可以估算底土的渗透系数。这些技术既有野外方法如钻孔试验、抽水试验和示踪试验,也有实验室方法如从底土中取岩样。当然也可以间接估算渗透系数,如利用底土颗粒的尺度分布。所有这些方法都有优缺点。在实际应用中,不管选的是哪种方法,都很难给出渗透系数的准确数值。

本节中,我们限定使用常水头渗透仪的方法。在这些方法中,水头维持为常数,并位于底土饱水岩样之上。这就解释了术语常水头渗透仪,常水头英文"Constant head"是常水头英文全称"Constant hydraulic head"的缩写。岩样以下的水头与岩样以上的水头是不同的,但也是常数。基于此,就可以确定穿过底土样品的恒定水力梯度。

图 3.24 给出了实验室中所用的常水头渗透仪原理。一旦体积通量 Q 达到一个恒定值,就可以利用达西定律(公式 3.9)来确定底土样品的渗透系数 K。

$$Q = -KA \frac{\Delta h}{L} \tag{3.16}$$

式中,$\Delta h = h_2 - h_1 < 0 \, \text{m}$;$L$ 为底土岩样的长度($L > 0 \, \text{m}$)。

应注意,底土样品中的水流向上(Q 为正值)。

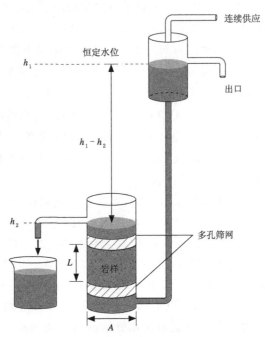

连续供应

恒定水位

h_1

出口

$h_1 - h_2$

h_2

多孔筛网

L

岩样

A

图 3.24 利用常水头渗透仪确定底土饱水岩样的渗透系数

其他的测量方法包括使用一个或多个底土岩样,但一般是在野外或野外作业中进行的,即科佩茨基野外方法。将瓶子充满水,并用软木塞封住,其上有两个开管。然后将瓶子上下颠倒,水就会流入到底土样品中,如图 3.25 所示。短管是为了让空气进入,长管是为了让水流出。当底土岩样以上的水到达长管的出口高度时,瓶子向外的水流就会暂时中止。通过这种方式,把底土岩样以上的水平面维持在一个恒定高度上,水从这个水层下渗到底土岩样。当底土岩样里的水饱和之后,一旦体积通量 Q 达到一个恒定值,就可以利用达西定律(公式(3.9))来确定底土样品的渗透系数 K。需要注意的是,穿过底土样品的水流是向下的,因此 Q 为负值。由于底土岩样的流出量处在已有大气的压力控制之下,底土岩样水输送尾部的压力水头等于 0 m。如果我们把底土岩样的底部作为基准面,岩样水输送底端尾部的水头就等于 0 m 处的位置水头加上 0 m 处的压力水头,合计为 0 m。在水接收上部,水头(m)等于 L 的位置水头加上压力水头 $p_1/(\rho g)$(L 和 $p_1/(\rho g)$ 都是正值),合计为 $L + p_1/(\rho g)$。因此水头的差异(m)等于 $0 - (L + p_1/(\rho g)) = -(L + p_1/(\rho g))$。水力梯度等于水头的差异除以水头差异发生的距离 $0 - L = -L$;因此,水力梯度为 $-(L + p_1/(\rho g))/(-L) = (L + p_1/(\rho g))/L$。利用达西定律可以得到下式:

$$Q = -KA \frac{L + \dfrac{p_1}{\rho g}}{L} \quad (Q < 0) \tag{3.17}$$

底土岩样顶部的压力 p_1 除以水密度 ρ 和重力加速度 g =底土岩样以上的水平面高度(m)。

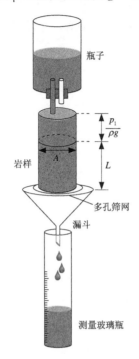

图 3.25 用于确定底土饱水岩样渗透系数的科佩茨基野外方法

练习 3.7.4 在图 3.24 和图 3.25 中,给出了两种不同的常水头渗透仪方法:
$Q = 5 \times 10^{-5} \mathrm{m^3 \cdot d^{-1}}$, $A = 2 \times 10^{-3} \mathrm{m^2}$, $L = 5 \mathrm{~cm}$, $\Delta h = -2 \mathrm{~cm}$, 以及 $p_1/(\rho g) = 2 \mathrm{~cm}$。

将两个水压计的饱和渗透系数 K、L、A、Δh 或 $p_1/(\rho g)$ 作为函数来导出 Q 的公式, 并确定两个土壤岩样的饱和渗透系数 K。

练习 3.7.5 在卢森堡拉罗谢特附近区域取了一个垂直土壤岩样。钻芯样品的长度为 5 cm。样品的表面面积为 20 cm²。利用 Kopecki 野外方法来确定饱和渗透系数。底土饱水岩样的水平面维持在一个恒定高度 2 cm 上。

采集了穿过底土岩样的水流,其流量或体积通量 Q 为常数,即 15 min 内为 140 ml。

a. 画出底土和水面以上水头 h 的变化。

b. 确定底土岩样底部的水头 h。

c. 确定底土岩样顶部的水头 h。

d. 确定底土岩样的水力梯度 i。

e. 确定底土岩样的饱和渗透系数 K。

f. 样品是取自 Keuper 泥灰岩的黏土风化土还是卢森堡拉罗谢特砂岩地层的砂土?

3.7.9 测量的精确度和尺度

确定(底)土岩样渗透系数的精确度,首先是由采集岩样本身的精确度来决定。原则上,(底)土岩样应该完全保持原状,但实际操作中,这个不可能完全满足。采集一个好的样品本身就是一种技巧,这个在野外作业中可以很好地阐释。任何情况下,从一个不好的(底)土采集岩样中确定渗透系数是无用的。

要记住采样所选的岩芯一般都非常小;圆筒形状的岩芯直径一般为 5 cm,高 5 cm,因此构建了一个约 100 cm³ 的体积空间。即使样品采集的精确度很高,但是据此确定的渗透系数也仅仅是代表了(底)土的一个相对小的样品。另外,采样体积可能是小于渗透系数的表征单元体积。样品的采集应该伴随着对(底)土状况的大量野外观测进行,尤其是与破裂发生相关的方面(破裂的数量;破裂的深度),不能在大或深的破裂中采样(对于圆筒形状岩芯)。我们应该收集足够多的样品以确定渗透系数数值的分布,并据此确定最优统计平均和标准误差。

由于尺度问题,我们不能直接比较根据不同方法计算的渗透系数,而要取决于具体问题,最明智的就是坚持一种方法,这个方法至少要有一些依据,即对渗透系数的差异要赋予一定权重。譬如,我们可以看到利用 Kopecki 野外方法(图 3.25)得到的渗透系数数值远远小于利用图 3.24 中的常水头渗透仪得到的渗透系数数值。由于底土渗透系数的精确测量数值很难得到,因此在底土水文模式中经常要对渗透系数进行校准,包括输入数据(降水量)、输出数据(流量)以及野外场中水压计所观测到的水头。

3.8 水的折射

根据物理实验,我们知道光在密度不同的两层之间的边界上会发生折射。描述这个关系的定律就是著名的 Snell(斯涅耳)折射定律,该定律以荷兰天文学家和数学家 Willebrord Snellius(1580—1626)的名字命名。我们做一个简单的阐释,如果你想要在浅水里面抓鱼,你很快就会发现鱼在水下的位置是稍微偏离你在水上看到的位置。这是由于空气/水交界面上光的折射造成的。

根据实验,我们可以看到地下水流很容易折射。与光线类似,在水文学中我们有流线(见 3.3 节中定义)。图 3.26 给出了一个稳定地下水流穿过低渗透系数 K_1 的黏土层到高渗透系数 K_2 的砂土层的两条流线。两层都是水平、均质和各向同性的。针对图 3.26 中上层黏土层的达西定律表述为:

$$Q_1' = -K_1\, a\, \frac{\Delta h_1}{L_1} \tag{3.18}$$

式中,Q_1' 为体积通量(m² · d⁻¹);Δh_1 为距离 L_1 上的水头(m)差异;a 为垂直于地下水流区域的宽度(m);L_1 为被 Δh_1 降低的水头的距离(m)。

要注意,图 3.26 中垂直于绘图平面的方向(y 方向)在公式中是被忽略的。因此体积通量 Q_1' 的单位为 m² · d⁻¹。今后,上标′就被用来表示体积通量。同样地,下层砂土层的达西定律表述为:

$$Q_2' = -K_2 b \frac{\Delta h_2}{L_2} \tag{3.19}$$

式中，Q'_2 为体积通量（$m^2 \cdot d^{-1}$）；Δh_2 为距离 L_2 上的水头（m）差异 ；b 为垂直于地下水流区域的宽度（m）；L_2 为被 Δh_2 降低的水头的距离（m）。

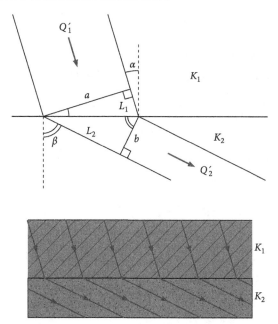

图 3.26 地下水流穿过低渗透系数 K_1 的黏土层到高渗透系数 K_2 的砂土层的折射流线

由于宽度为 a 的线垂直于稳定地下水流方向，沿着此线每个位置上的水头都一样，换句话说，标示为 a 的线是等势的。对于宽度为 b 的线也同样如此，尽管其水头位于下游，被增量 Δh 所降低。对于图 3.26 的左边和右边两条流线，水头的这个增量或差异 Δh 都一样，尽管对于右边的流线 Δh 发生在一个较短距离 L_1 上，而左边的流线则发生在一个较长距离 L_2 上。因此 $\Delta h = \Delta h_1 = \Delta h_2$ 。另外，单位时间内离开上层黏土层的水体积必须等于相同时间进入砂土层的水体积，水平衡方程或连续方程，可以表述为：

$$Q'_1 = Q'_2 \tag{3.20}$$

将此公式与表述为公式（3.18）和公式（3.19）的达西定律相结合（将 Δh_1 和 Δh_2 都替代为 Δh ）可以得到：

$$K_1 \frac{a}{L_1} = K_2 \frac{b}{L_2} \tag{3.21}$$

图 3.26 中流线的入射角为 α，流线的折射角为 β。通过简单的几何推理（一个三角形内所有角之和为 $180°$），我们可以推算出沿着两层交界面上 α 和 β 的其他位置。利用相同的角度符号，图 3.26 标出了这些角度的位置。

根据图 3.26，我们可以进一步推算出 $\tan\alpha = L_1/a$，$\tan\beta = L_2/b$。将此与公式（3.21）结合得到：

$$\frac{K_1}{K_2} = \frac{\tan\alpha}{\tan\beta} \tag{3.22}$$

表 3.2 给出了黏土和砂土渗透系数的数值范围。举个例子来说，如果我们取黏土的渗透系数 K_1 为 10^{-5} $m \cdot d^{-1}$，而下层砂土的渗透系数 K_2 为 10 $m \cdot d^{-1}$，K_1 与 K_2 的比值就等于

10^{-6}。对于图 3.26 中的情形,地下水流向下的入射角 α 大约为 20°,因此 $\tan\alpha = 0.363\cdots$,我们根据 K_1 与 K_2 的比值为 10^{-6}(公式 3.22),得出 $\tan\beta = 363\ 970$,因此 β(利用 arctan 函数或科学计算器上的等价函数)就几乎为 90°,这就意味着砂土层中的地下水是近乎平行流动的:

$$\frac{K_1}{K_2} = \frac{10^{-5}}{10} = 10^{-6} = \frac{\tan\alpha}{\tan\beta} = \frac{\tan 20°}{\tan\beta} = \frac{0.363\cdots}{\tan\beta} \Rightarrow \tan\beta = \frac{0.363\cdots}{10^{-6}} = 363\ 970 \Rightarrow \beta = 90°$$

另外,当 α 取为 1°,即地下水流几乎为垂直时,β 的数值也几乎为 90°:

$$\frac{K_1}{K_2} = \frac{10^{-5}}{10} = 10^{-6} = \frac{\tan\alpha}{\tan\beta} = \frac{\tan 1°}{\tan\beta} = \frac{0.017\cdots}{\tan\beta} \Rightarrow \tan\beta = \frac{0.017\cdots}{10^{-6}} = 17\ 455 \Rightarrow \beta = 90°$$

如果我们反过来进行计算,即通过砂土层的地下水为水平流时,也就是 $\beta = 89.997°$,$\tan\beta = 19\ 098$,由于 K_1 与 K_2 的比值为 10^{-6}(公式 3.22),那么 $\tan\alpha = 0.019\cdots$,此时 α 是略大于 1°,意味着是一个近乎垂直的地下水流:

$$\frac{K_1}{K_2} = 10^{-6} = \frac{\tan\alpha}{\tan\beta} = \frac{\tan\alpha}{\tan 89.997°} = \frac{\tan\alpha}{19\ 098} \Rightarrow \tan\alpha = 19\ 098 \times 10^{-6} = 0.019\cdots \Rightarrow \alpha = 1°$$

因此,关于折射流线(公式(3.22))的一个非常重要的结论就是,在一个水平层沉淀物环境中,比如一个半渗透黏土层(如 Holocene 黏土)上叠加的一个砂土层(如 Pleistocene 砂土),砂土层中的地下水流是几乎水平的,而黏土层则是几乎垂直的。在地下水流模式中,我们可以很好地利用这一点,下节中我们就可以看到。

3.9　承压水的稳定性

3.9.1　承压含水层中的稳定地下水流

将达西定律(流体运动方程)和连续方程(也称为水平衡方程或质量平衡方程)联合起来进行应用,是水文学中推导描述特定流动事件含水层的水文水头(含水层等势面)分布的标准程序。

在上一节中,我们将达西定律和连续方程联合起来对渗透系数不同的两层交界面上的折射流线进行分析。现在我们将达西定律和连续方程联合起来对其他流动事件进行分析,即如图 3.27 中所示两个渠道之间的稳定承压地下水流。首先,通过物理推导得到解,然后将上面所说的两个定律或方程联合起来,用标准程序进行数学推导得到相同的最终结果。

在图 3.27 中,均质含水层里面的地下水在两个不渗透层之间。两个渠道的水位都在上面不渗透层底部之上,这就使得含水层是承压的(见 3.4 节)。渠道位于下面不渗透层的顶部位置;正因如此,我们可以说其是完全渗透的。如果渠道是在下面不渗透层的顶部之上,渠道就是部分渗透。由于左边渠道的水位高于右边渠道,因此地下水流从左边穿过含水层到右边。渠道里面的水可以通过人工控制维持在图 3.27 中所示的高度。正因为如此,地下水流是稳定的,或者说是静止的(见 3.3 节)。

可以将下面不渗透层的顶部看作是基准面。在 $x = 0$ m 处,含水层的水头 h_0 等于左边渠道的水平面高度,而在 $x = L$ m 处,含水层的水头 h_L 等于右边渠道的水平面高度。在 $x = 0$ 垂直方面的每个点上,水头或位势都是相同的值 h_0。因此 $x = 0$ 的垂直面是等位势的。同理可以对 $x = L$ 做相同的推导:在 $x = L$ 垂直方面的每个点上,水头或位势都是相同的值 h_L,尽管

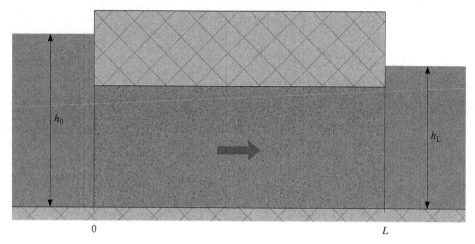

图 3.27　在两个平行、完全渗透但水位不同渠道之间的承压、均质含水层中的稳定地下水流

其水头较小。由于稳定水流从左到右,并且限制在两个不渗透层中间,因此水流必须是水平方向,且与 $x=0$ 和 $x=L$ 的等位势面成直角。换句话说,$x=0$ 和 $x=L$ 之间的所有垂直面都是等位势,它们的水头从左到右逐渐减小。

根据达西定律:

$$Q = -KA\frac{h_L - h_0}{L} \tag{3.23}$$

沿着流线方向的增量为 Δx,水头的对应差异值为 Δh,因此公式(3.23)可以改写为:

$$Q = -KA\frac{\Delta h}{\Delta x} \tag{3.24}$$

$\Delta h/\Delta x$ 是水力梯度,即在增量 Δx 上水头 h 变化的(平均)变率。当我们取 Δx 无限小,尤其是当接近 0 时,我们可以定义 $\mathrm{d}h/\mathrm{d}x$ 为 $\Delta h/\Delta x$ 的极限。用数学符号表示为:

$$\frac{\mathrm{d}h}{\mathrm{d}x} = \lim_{\Delta x \to 0}\frac{\Delta h}{\Delta x} \tag{3.25}$$

对于垂直等位势面上的任一点,我们可以将公式(3.24)写为:

$$Q = -KA\frac{\mathrm{d}h}{\mathrm{d}x} \tag{3.26}$$

由于水头 h 仅在一个方向上变化,即水平 x 方向,在垂直的 y 或 z 方向没有变化,我们可以利用微分符号 $\mathrm{d}h/\mathrm{d}x$ 来表示;也就是常(平)微分符号 $\mathrm{d}s$。如果水头 h 在多个方向变化,我们就可以利用偏微分方程,符号 $\partial h/\partial x$、$\partial h/\partial y$ 和 $\partial h/\partial z$ 分布代表垂直 x、y 和 z 方向,因此,要利用偏微分算子(∂s)。由于折射流线的影响(见 3.8 节最后部分),并通过一些假设,我们设法来简化本书中要解决的所有稳定地下水流问题,即在模式中仅仅采用每层的一个流动方向(线性或径向)。打比方说,我们用一个大锤把所有的 ∂s 都拉直为 $\mathrm{d}s$,这样就使得数学计算(见本书后面部分的 M 节)尽可能简单。水文首先是理解水如何在地形和地面中运动的事情和艺术,所幸利用一个相对简单的数学运算一般就可以达到这个目的。

由于 A 是承压含水层中垂直于地下水流的饱和区域的面积,这个面积 A 就等于标记为 D 的含水层深度(垂直 z 方向)乘以宽度 W,W 是图 3.27 中垂直于横断面的方向(水平 y 方向):

$$Q = -KDW \frac{\mathrm{d}h}{\mathrm{d}x} \tag{3.27}$$

$$Q' = \frac{Q}{W} = -KD \frac{\mathrm{d}h}{\mathrm{d}x} \tag{3.28}$$

式中,Q' 为每单位宽度上的体积通量或流量($\mathrm{m^2 \cdot d^{-1}}$)。

"每单位宽度"实际上是说我们不考虑含水层的宽度,只需要处理图 3.27 中横断面的水平 x 方向和垂直 z 方向。每单位宽度上的体积通量 Q' 的单位为 $\mathrm{m^2 \cdot d^{-1}}$,与我们粉刷花园篱笆时所用的单位几乎一样。在实际水文应用中,为了便于计算,地下水流问题经常简化到二维横断面或平面角度上考虑。

由于含水层是均质的,水平 x 方向上的渗透系数 K 都是相同的数值。水平 x 方向上的饱和厚度或深度 D 也是常数。由于渠道里面的水被人工控制维持在图 3.27 中所示的高度,水平 x 方向上的水力梯度($\mathrm{d}h/\mathrm{d}x = \Delta h/\Delta x$)也都是相同的数值。根据公式(3.29)就可以得到水平 x 方向上的 Q' 也是相同的,且水头随着水平 x 方向线性减小;在数学上,h 和 x 之间的线性关系可以表述为:

$$h = C_1 x + C_2 \tag{3.29}$$

式中,C_1 为常数(坡度);C_2 为常数(截流)。

常数 C_1 和 C_2 的数值可以通过插入流体事件的边界条件来获得。首先插入 $x=0$ 时的边界条件,然后插入 $x=L$ 时的边界条件(h_0、h_L 和 L 都是已知数值):

当 $x=0$ 时,$h=h_0 \Rightarrow h_0 = C_1 \times 0 + C_2$;$h_0 = C_2$;$C_2 = h_0$

当 $x=L$ 时,$h=h_L \Rightarrow h_L = C_1 \times L + C_2 = C_1 L + h_0$;$C_1 = \dfrac{h_L - h_0}{L}$

替换公式(3.29)中的 C_1 和 C_2 可以得到:

$$h = \frac{h_L - h_0}{L} x + h_0 \tag{3.30}$$

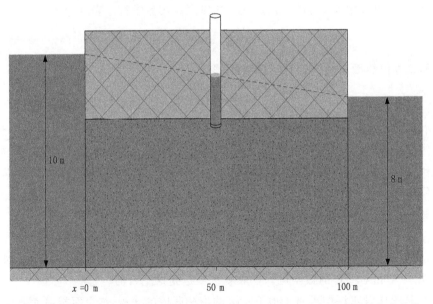

图 3.28　在两个平行、完全渗透但水位不同渠道之间承压、均匀含水层的水头变化

通过插入上面所提供的边界条件,将公式(3.29)按照公式(3.30)的格式重写,可以得到与左边渠道不同距离上含水层渗透系数的可能数值。譬如,若 $h_0=10$ m,$h_L=8$ m,$L=100$ m 则 $h=-0.02x+10$,那么 $x=0$ 和 $x=100$ m 之间的中点,即 $x=50$ m 处的渗透系数就等于 $-0.02\times50+10=9$ m。上面的推导告诉读者如何在描述含水层等势面的方程(水头的分布)中插入边界条件,参见公式(3.29)。值得注意的是,当我们处理描述更复杂流动问题的等势面方程时,也可以使用同样的方法。在目前条件下,也可以利用水压计来测量水头,即如图 3.28 所示,通过上层不渗透层插入一个水压计到承压含水层中。

也可以将达西定律和连续方程($Q'=$常数)联合起来进行数学计算得到公式(3.29),参见本书最后部分的 M1。将达西定律(流体运动方程)和连续方程联合起来推导得到的用于稳定地下水流的方程称为拉普拉斯方程,以法国天文学家和数学家 Pierre-Simon(marquis de) Laplace(1749—1827)的名字命名。

练习 3.9 通过野外研究已经揭示了荷兰圩田地下砂层的位置。如图 E3.9 所示,在此层的顶部有一个不可渗透大坝。砂层是一个均质、承压含水层。地下水流是静止的。砂土的饱和渗透系数 K 等于 5 m·d^{-1}。有效孔隙度 n_e 等于 1/3。

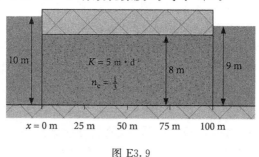

图 E3.9

a. 确定 $x=25$ m、50 m 和 75 m 上的水头。

b. 确定体积通量 Q',单位为 $m^2 \cdot d^{-1}$。

c. 确定有效速度 v_e,单位为 $m \cdot d^{-1}$。

d. 假设是守恒输送,污染物从 $x=0$ m 处(左边渠道)移动到 $x=100$ m 处(右边渠道)需要的时间是多久?

3.9.2 承压含水层中的压力

由于图 3.28 中承压含水层的地下水位于两个不渗透层中间,水头的高度位于含水层顶部以上,水在含水层孔隙空间里面的压力下储存。什么分量应对承压含水层的压力呢? 它们是如何工作的呢? 上面不渗透层和承压层交界面上的总压力或总应力 σ_t(N/m^2)由其上层的重量所造成。这个重量使含水层的颗粒挤压在一起,造成了颗粒之间的压力——粒间压力或有效应力 σ_i(N/m^2)。上层重量的部分由孔隙间的水承受。这就造成了(孔隙)水压或中性应力 p(N/m^2)。当孔隙中更多的水承受压力时,就会有更多的重量被水所承受。

在平衡状况下,总压力 σ_t 等于粒间压力 σ_i 与水压 p 之和(图 3.29)。在含水层里面的水被排出的情况下,水压 p 和水头 h 的高度就会降低,而粒间压力 σ_i 就会增大,这就造成了含水

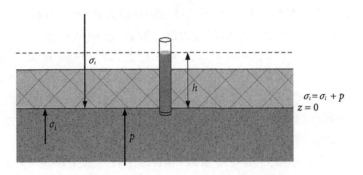

图 3.29　平衡条件下,上层不渗透层和承压含水层交界面上的总压力 σ_t、

粒间压力 σ_i 和(孔隙)水压 $p(\mathrm{N/m^2})$

层压缩,因此,孔隙度会(稍微)减小。由于地下水是在高压中的承压含水层里储存的,承压含水层可以提供连续量的水,以供排出。相反,当水补充到含水层时,水压 p 和水头 h 的高度就会增大,粒间压力 σ_i 就会减小,这就造成了含水层膨胀,因此,孔隙度会(稍微)增大。首先将水排出,然后又在含水层中补充同样量的水进去,这时含水层就变回了原来的形状,且水头的位置一样,因此,可以说承压含水层是完全弹性的。然而在实际中并不是所有的承压含水层都是弹性的,特别是那些包含有相对高比例黏土的含水层,从这种含水层中连续排出水可能会造成陆地表面的永久压缩和下沉。由于下沉一般是一个很慢的过程,并且不会跟水头的降低同步发生,因此,在 20 世纪 30 年代早期的水文学家就无法理解如何从承压含水层中抽取看似无尽体积的水。另一方面,如果在承压含水层中包含大量体积的水,水压可能会变得很高($p \geqslant \sigma_t$),这就使含水层发生爆裂,并变成流沙。另外,地震可能会充当一个触发器的作用,使地下水压突然增大,强迫地下水向上穿过(新形成的)节点和裂隙,造成地球物质沉积到表面上,这个过程被称为液化作用。

3.10　连续方程及其结果

3.10.1　水平地下水流

公式(3.23)(达西定律)针对图 3.27 中的流动事件,可以将其改写为表示含水层每单位宽度上的体积通量,且有多种形式比如:

$$Q' = -KD\frac{h_L - h_0}{L - 0} = -T\frac{\Delta h}{L} = -Ti \tag{3.31}$$

式中,T 为导水系数($\mathrm{m^2 \cdot d^{-1}}$);$i$ 为水力梯度(一)。导水系数 T 是对含水层如何简单传输水的测量,其与 Q' 的单位相同($\mathrm{m^2 \cdot d^{-1}}$)。对于一个均质、承压含水层,导水系数 T 等于渗透系数 K 乘以含水层饱和厚度 D:

$$T = K \times D \tag{3.32}$$

图 3.30 给出了一个有 m 个平行层的承压含水层,每一层都是均质,且位于两个平行、完全渗透的渠道之间,图 3.30 中 m 取为 4。地下水流是静止的,边界条件也是固定的。后者意味着每一层的水力梯度 i 都是一样的。连续方程(水平衡)说明通过承压含水层的体积通量或

流量等于每一层上的体积通量之和。当我们利用每单位宽度上的体积通量,可以表述为:

$$Q' = Q'_1 + Q'_2 + \cdots + Q'_m \tag{3.33}$$

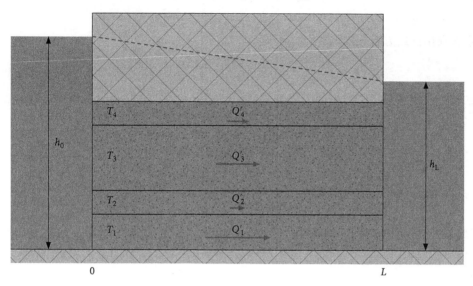

图 3.30 稳定地下水流穿过承压含水层中的水平均质层,这些层位于两个
平行、完全渗透但水位不同的渠道之间

练习 3.10.1 利用水平流动阻力 R 项重写描述整个含水层的达西定律(公式 3.31)
如下:

$$Q' = -T \frac{\Delta h}{L} = -\frac{\Delta h}{\left(\frac{L}{T}\right)} = -\frac{\Delta h}{R} \tag{E3.10.1.1}$$

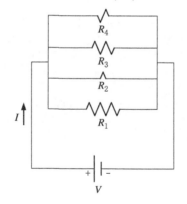

图 E3.10.1 一个电路中的并联电阻

对于图 3.30 中的层 1,给出:

$$Q'_1 = -T_1 \frac{\Delta h}{L} = -\frac{\Delta h}{\left(\frac{L}{T_1}\right)} = -\frac{\Delta h}{R_1} \tag{E3.10.1.2}$$

水平流动阻力为:

$$R\left(=\frac{L}{T}\frac{m}{m^2\cdot d^{-1}}\right),R_1,R_2,\cdots,R_m$$

单位为 d/m。

现在利用连续方程(公式(3.33))给出:

$$\frac{1}{R}=\frac{1}{R_1}+\frac{1}{R_2}+\cdots+\frac{1}{R_m} \tag{E3.10.1.3}$$

这个关系也适用于电路中的并联电阻,从 R_1 到 R_m,图 E3.10.1 中所示 $m=4$。通过承压含水层水平层的水平地下水流与通过并联电阻的电路类似。

在公式(3.31)的最后形式中插入达西定律,得到

$$-Ti=T_1i-T_2i-\cdots-T_mi \tag{3.34}$$

除以常数值 $-i$ 得到如下的最终结果:

$$T=T_1+T_2+\cdots+T_m \tag{3.35}$$

因此,由水平层组成的一个承压含水层中,总导水系数 T 等于每一层上的导水系数之和。这与电路中的并联电阻非常相似,在我们计算通过水平层状含水层的总体积通量时,这一点非常有用。

最后,我们可以利用公式(3.35)来导出承压含水层的替代渗透系数 K,如下:

$$K=\frac{K_1D_1+K_2D_2+\cdots+K_mD_m}{D} \tag{3.36}$$

$$D=总饱和含水层厚度(m)=D_1+D_2+\cdots D_m$$

计算穿过水平层状含水层的总体积通量时,最好使用替代渗透系数 K,这是由于每单位宽度上的体积通量 $Q'(m^2\cdot d^{-1})$ 是替代渗透系数 $K(m\cdot d^{-1})$、总饱和含水层厚度 $D(m)$ 和水力梯度 i(达西定律)三者数学计算的结果。

练习 3.10.2 利用图 E3.10.2 中所示的横截面及数据,回答以下问题。

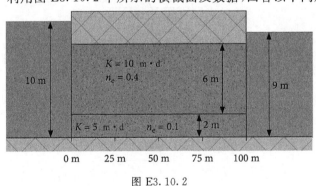

图 E3.10.2

a. 确定 $x=25$ m、50 m 和 75 m 上的水头。

b. 确定体积通量 Q',单位为 $m^2\cdot d^{-1}$。

c. 确定体积通量密度 q,单位为 $m\cdot d^{-1}$。

d. 确定有效速度 v_e,单位为 $m\cdot d^{-1}$。

e. 假设是守恒输送,污染物从 $x=0$ m 处(左边渠道)移动到 $x=100$ m 处(右边渠道)需要的时间是多久?

3.10.2　垂直地下水流

3.8 节的最后结论说明进入一个半渗透水平层的地下水流是折射到垂直方向的。图 3.31 展示了稳定垂直向上地下水流（渗流）穿过一个由水平、均匀半渗透层（渗透系数较低的层）组成的弱透水层的情形。为了将其与水平流（事件）快速区分开来，用小写字母 k 表示半渗透层的垂直（饱）渗透系数（K_z），用小写字母 d（取代字母 D）表示这些层的饱和深度或厚度。

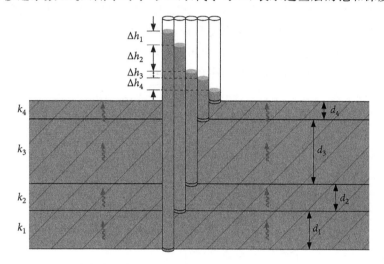

图 3.31　稳定渗流穿过一个由水平、均匀半渗透层组成的弱含水层

由于图 3.31 中水流是按低水头方向稳定向上运动的，每单位时间上的水体积或质量都是一样的，在其传输过程中没有增加或破坏。因此，根据连续方程（水平衡；质量守恒），对每个均质半渗透层，其垂直体积通量或流量都是相同的，即：

$$Q = Q_1 = Q_2 = \cdots = Q_m = 常数 \tag{3.37}$$

在图 3.31 的例子中，m 等于 4。对于垂直于这个水流的恒定面积 A，公式 3.37 变为：

$$\frac{Q}{A} = \frac{Q_1}{A} = \frac{Q_2}{A} = \cdots = \frac{Q_m}{A} = 常数 \tag{3.38}$$

因此

$$q = q_1 = q_2 = \cdots = q_m = 常数 \tag{3.39}$$

所有均质半渗透层上水头的总差异等于每个均质半渗透层上水头的总和：

$$\Delta h = \Delta h_1 + \Delta h_2 + \cdots + \Delta h_m \tag{3.40}$$

除以常数值 $q = q_1 = q_2 = \cdots = q_m$（公式（3.39））得到：

$$\frac{\Delta h}{q} = \frac{\Delta h_1}{q_1} + \frac{\Delta h_2}{q_2} + \cdots + \frac{\Delta h_m}{q_m} \tag{3.41}$$

将达西定律与公式（3.39）联合得到：

$$q = -k\frac{\Delta h}{d} = q_1 = -k_1\frac{\Delta h_1}{d_1} = q_2 = -k_2\frac{\Delta h_2}{d_2} = \cdots = q_m = -k_m\frac{\Delta h_m}{d_m} \tag{3.42}$$

将公式（3.42）的变量替换到公式（3.41）中得到：

$$\frac{d}{k} = \frac{d_1}{k_1} + \frac{d_2}{k_2} + \cdots + \frac{d_m}{k_m} \tag{3.43}$$

$d/k, d_1/k_1, d_2/k_2, \cdots, d_m/k_m$ 的单位为$(m \cdot d \cdot m^{-1}) =)d$,其代表了垂直地下水流穿过所有层(层$1, 2, \cdots, m$)的阻力。流体阻力或垂直流阻力$c$的公式如下:

$$c = \frac{d}{k} \tag{3.44}$$

作为最终结果,公式(3.43)可以写为:

$$c = c_1 + c_2 + \cdots + c_m \tag{3.45}$$

换句话说,若干水平、均质半渗透层的总流体阻力c等于每层流体阻力之和。在计算穿过水平半渗透层的垂直体积通量密度时这个关系是非常有用的。

这与穿过串联电阻的电路非常相似,我们知道串联电路的总电阻等于每个电阻$R_1, R_2 \cdots, R_m$之和,如图3.32中所示的$m = 4$。需要注意的是,练习3.10.1中的垂直流阻力和水平流阻力单位不同。

根据公式(3.43),半渗透层的替代渗透系数k可以由下式确定:

$$k = \frac{d}{\left(\dfrac{d_1}{k_1} + \dfrac{d_2}{k_2} + \cdots + \dfrac{d_m}{k_m} \right)} \tag{3.46}$$

$$d = 总厚度(m) = d_1 + d_2 + \cdots + d_m$$

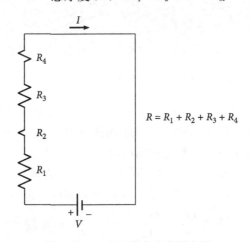

图3.32　一个电路中的串联电阻

计算穿过水平半渗透层的稳定流的体积通量时,最好使用替代渗透系数k,这是由于垂直体积通量$q(m \cdot d^{-1})$等于替代渗透系数$k(m \cdot d^{-1})$乘以水力梯度$i = \Delta h/d$(达西定律)。

3.10.3　我们需要知道什么?

上面的推导使我们深入了解了连续方程和达西定律的应用。图3.33则总结了两种稳定地下水流情形下的结果。

对于稳定水平地下水流,水平、均质层上每单位宽度上的体积通量Q'可以累加(公式(3.33))(所有层上的水力梯度i都为常数),因此导水系数T也可以累加(公式(3.35))。

对于穿过水平、均质半渗透层的稳定垂直地下水流,每层的体积通量q都是相同的(公式(3.39)),因此这些层上的流体阻力c也可以累加(公式(3.45))。

需要注意的是,流体阻力$c(d)$与水粒子的传播时间(单位也为d)在本质上是不同的。当然对于后者,我们需要知道有效孔隙度以首先确定地下水的有效速度 v_e(见 3.7 节公式 (3.11))。这一点在练习 3.10.4 和 3.10.5 中可以非常明显地看到。

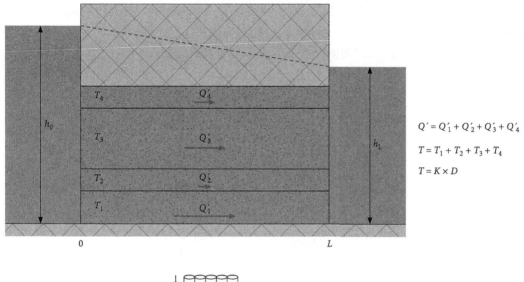

$$Q' = Q'_1 + Q'_2 + Q'_3 + Q'_4$$

$$T = T_1 + T_2 + T_3 + T_4$$

$$T = K \times D$$

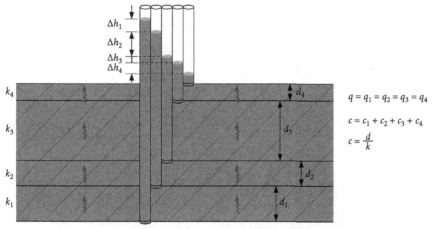

$$q = q_1 = q_2 = q_3 = q_4$$

$$c = c_1 + c_2 + c_3 + c_4$$

$$c = \frac{d}{k}$$

图 3.33 对两个稳定地下水流情形下,连续方程结果的总结

练习 3.10.3 由四个等厚度层组成的砂质岩层。这些层的渗透系数分别为 1、5、10 和 50 m·d^{-1}。确定岩层的替代水平渗透系数和替代垂直渗透系数。

练习 3.10.4 一个饱和、水平、渗流承压层(半渗透层),厚度 d 为 8 m,有效孔隙度 n_e 为 1/3;垂直地下水流的流体阻力 $c = 900$ d;承压层上的水头差异 Δh 等于 -0.3 m。

a. 确定穿过承压层的垂直稳定流的有效速度和滞留时间。

b. 通过挖一个渠道,将渗流承压层的厚度减半。但承压层上的水头差异仍然保持不变。并且,确定穿过承压层的垂直稳定流的有效速度和滞留时间。

c. 比较上面两个问题时,得到了什么结论?

练习 **3.10.5**　图 E3.10.5 展示了位于圩田上的一个 5 m 深的湖泊,其接收从下面渗流而来的水。湖泊下面的承压层由两个黏土层组成:下面黏土层 1 的厚度为 2.5 m,渗透系数为 5×10^{-3} m·d^{-1},有效孔隙度为 0.1;上面黏土层 2 的厚度为 10 m,渗透系数为 10^{-2} m·d^{-1},有效孔隙度为 0.2。取下面黏土层的底部为基准面,带有短筛网的水压计的水头位于下面黏土层以上 18.1 m,即湖泊自由水面的 0.6 m 高度上。

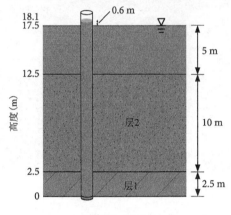

图 E3.10.5

a. 确定 12.5 m 厚承压层中垂直地下水流的流体阻力。

b. 确定两个黏土层交界面上的水头。

c. 确定穿过 12.5 m 厚承压层的垂直稳定流的有效速度及滞留时间。

练习 **3.10.6**　在一个承压含水层中,应用稳定流条件。含水层由三个不同渗透系数的部分组成。进一步详细的数据,参见图中横截面。

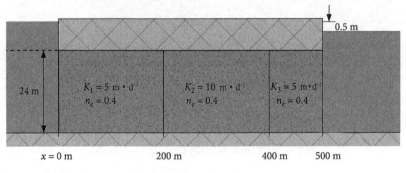

图 E3.10.6

a. 确定含水层的体积通量 Q',单位为 m^2·d^{-1}。

b. 假设是守恒输送,污染物从 $x = 0$ m 处(左边渠道)移动到 $x = 500$ m 处(右边渠道)需要的时间是多久?

c. 确定含水层左边、中间和右边部分的水力梯度。

d. 确定图 E3.10.6 中三个部分的水力梯度与渗透系数之间的关系。

练习 3.10.6 中的问题可以利用连续方程及其结果的相同原理来解决,之前是针对穿过一系列均质半渗透层的稳定垂直地下水流进行推导,现在则是针对穿过一系列均质含水层的稳定水平地下水流进行推导。实际上都是同样的问题,只不过是旋转了 90°。

3.11 荷兰水文

在一个各向同性、潜水含水层中,降水形成的地下水沿着曲线路径流到一个部分渗透渠道(渠道不可能刚好位于下面不渗透层的顶部位置)里,如图 3.34 所示。另外,部分渗透渠道由其下的地下水进行部分补给,如图 3.34 所示。这些发现都归功于荷兰工程师 Johan M K Pennink(1853—1936),他是 20 世纪初阿姆斯特丹水事工程的主管,他利用一系列位于荷兰滨海沙丘排水渠垂直方向上的水压计来监测不同深度的水头(De Vries,1982)。对于各向同性介质中的稳定流,流线垂直于等势面(3.9 节),图 3.34 中的虚线即为流线。水压计筛网位置上的水压,以米表示(压力水头),其等于水压计中包含的水体积的长度(以 m 衡量)。因此图 3.34 也表明在山坡上面时,地下水流从低压到高压的(从高海拔到低海拔),即山坡的补给部分(见图 3.18),而在山坡下面时,地下水流从低海拔到高海拔(从高压到低压),即山坡的排泄部分(见图 3.19)。

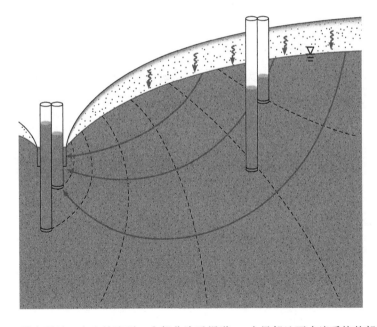

图 3.34 潜水通过一个山坡流到一个部分渗透渠道;一个局部地下水流系统的部分过程

由于在底土中有一个半渗透层,因此补给区和渗流区之间的流线也是曲线。图 3.35 中通过一个水平半渗透层的补给,垂直地下水流在进入下面含水层时被折射到水平方向上,而在重新进入半渗透层时,渗流轨迹又被折射回到垂直方向上。

我们来看荷兰西部地区的情形,低洼处的圩田(3.1 节)由水平、渗流性隔水(半渗透)三角洲黏土和全新世时代的泥炭层组成,圩田位于古老的更新世时代的水平、砂质含水层的顶部。

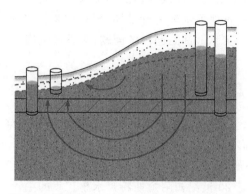

图 3.35　横断面中的等势面,以及与补给区和渗流区相联系的流线

如图 3.1 所示,定期地将表面水从圩田里排出,以保证圩田中相连的地下水位维持在陆地表面的一个恒定高度上。更新世含水层中的深层承压地下水由更高的位置从地下进行补充(补给),如荷兰的更新世冰脊(如乌得勒支岭)和与图 3.9 中相同形式的沙丘区域,以及图 3.10 中所示的湖泊和河流。更新世含水层中的地下水是承压的,因此它的等势面可能会高于圩田中人工维持的地下水位,特别是当圩田位于深处时。这就使得深圩田中有(向上)渗流(图 3.7 右边部分;图 3.35),比如,图 3.26 中的大迈德雷赫特圩田(-6.40 m 为平均海平面以下 6.4 m)。

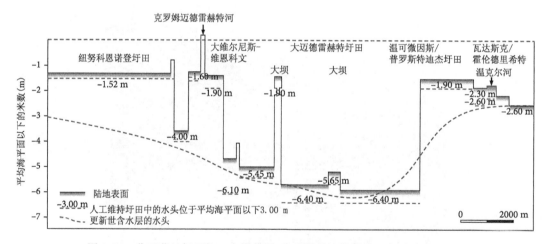

图 3.36　位于荷兰圩田的一个横截面,表明横截面的等势面是被表面、人工
维持的,以及深层承压地下水(De Vries, 1980)

　　荷兰和欧洲地区最深的圩田是鹿特丹附近的绝帕斯波德,在平均海平面 6.70 m 以上有一个开垦湖泊(在荷兰语中是"plas"或"meer")。

　　举一个计算例子,对于全新世时代的上层渗流性隔水层,平均垂直渗透系数 k 大约为 5×10^{-3} m·d^{-1},可以假设平均垂直厚度或深度 d 为 10 m。流体阻力或垂直流阻力 c 大约是

2000 d。上层渗流性隔水层水头的平均差异 Δh 则为$-0.5\sim-1$ m,根据达西定律,垂直方向上的体积通量密度 q 即渗流强度为:

$$q =- k \frac{\Delta h}{d} = \frac{-\Delta h}{c} \tag{3.47}$$

即等于 $0.25\sim0.5$ mm·d^{-1}。

　　这个渗流强度 q 与上层渗流性隔水层的流体阻力 c 成反比。因此,这些层的紊乱可能会引起流体阻力的减小和渗流强度的增大。最大渗流是沿着乌特勒支冰脊的深圩田,这是由于为了给家庭取暖提供泥炭,这些圩田的全新世时代泥炭层已经几乎被挖掘到更新世时代含水层砂质部分的高度上。有大渗流的圩田被称为灾后圩田。有淡水渗流的灾后圩田可以作为饮用水的供应(框 3.3)。

框 3.3　阿姆斯特丹市的饮用水

　　乌特勒支附近的霍斯特米尔普尔德和贝思昂尼普尔德的渗流强度总计超过 20 m·d^{-1}。霍斯特米尔的渗流水中氯化物含量很高。贝思昂尼普尔德的渗流水是淡水,其与洛德雷切斯 普拉森(洛德雷希特湖)和阿姆斯特丹-里扬卡纳尔(阿姆斯特丹-莱茵渠)中的水一起为阿姆斯特丹城市提供饮用水(Kosman, 1988)。除了这些,来自莱茵河的预处理水也被下渗到赞德福特南部的滨海沙丘中,作为阿姆斯特丹城市饮用水的一个来源(Van Til 和 Mourik, 1999)。

练习 3.11.1　三个水压计的筛网安置在地表以下含水层的相同高度。水压计 B 位于水压计 A 南方 800 m 处。水压计 C 位于水压计 B 东边 1600 m 处。

　　地表处的水头设为 0。测得水压计 A 的水头为-0.66 m(也就是地表以下 0.66 m),水压计 B 的水头为-0.54 m,水压计 C 的水头为-0.86m。

　　地表平坦,平均海拔高度 3 m。

　　a. 确定水压计周边区域上地下水流的水力梯度。

　　b. 确定水压计周边区域上地下水流的方向(北向$=0°$)。

练习 3.11.2　一个圩田的面积为 5 km^2;其中 2 km^2 是开阔水面,3 km^2 是陆地。年降水为 750 mm。开放水面的年均蒸发量为 600 mm。陆地的年均实际蒸发量是开阔水面年均蒸发量的 70 %。一个抽水站每年从圩田里面抽出 2×10^6 m^3 的水。

　　a. 确定圩田整体的实际蒸发量(mm)。

　　b. 当水位和开阔水面水位一年保持不变时,确定渗流通量密度(m·d^{-1})。

　　储水系数是增加或提取水量(m)与水位相应变化(m)的比值,对于圩田(底)土来说,储水系数等于 0.4。

　　c. 当水位开阔水面水位一年上升 0.2 m 时,确定渗流通量密度(mm·d^{-1})。

3.12　流网

　　像图 3.37 和图 3.38 这样展示了二维地下水流的流线和等位势线的地图,称为流网或等势图。流网演示了地下水流的方向,对于估算平面图或横断面上的地下水流量非常有用。

　　图 3.37 给出了渗出流和渗入流两种情况下地下水流的方向,渗出流是离开地下水体的渗流,渗入流是进入地下水体的渗流。渗流方向的变化由拦河大坝造成。在湿润地区经常遇到渗出流,而渗入流则经常出现在 wadis(阿拉伯),oueds(北美)或 arroyos(西班牙)(三个词都是旱谷的意思),以及在(半)干旱地区仅仅在大雨时期有水的干枯河床。不过,也可能在荷兰西部地区遇到渗入流,如图 3.1、图 3.10 和图 3.36 所示河流的位置高于圩田。从圩田排出的水到达高处:水到达系统以及用于临时储存抽出水的湖泊,并最终入海的流量,这个被称为低至高的泵水系统(荷兰)。

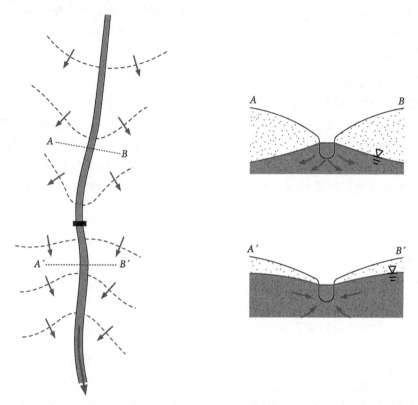

图 3.37　一个拦河大坝附近的地下水等势线和地下水流方向的平面图和
横断面(De Vries 和 Cortel ,1990)

　　如果对于图 3.38 中所示的均质、各向同性含水层的流网,导水系数 T 是已知的,体积通量 $Q(\mathrm{m}^2 \cdot \mathrm{d}^{-1})$ 可以根据根据达西定律推算,即 $T(\mathrm{m}^2 \cdot \mathrm{d}^{-1})$ 和水力梯度 i(水头的差异)的产品(通过流动距离来划分水头),后面的由流网确定。非承压含水层的导水系数可定义为渗透系数 K 和含水层平均饱和厚度 $\overline{D}$ 的乘积

$$T = K \times \overline{D} \qquad\qquad (3.48)$$

将式(3.48)与承压含水层的公式(3.32)做对比。

　　相反的,在异构含水层中,如果体积通量 $Q'(\mathrm{m}^2 \cdot \mathrm{d}^{-1})$ 是不变的(恒定流),那么不同位置的导水系数是可以估计的,通过流网提供的水力坡降数据运用达西定律来估算。

　　均质各向同性含水层的流线和等位势线可以通过建立相同的矩形覆盖水头 Δh 的恒差来绘制,见图 3.38。两条相邻流线之间的区域叫做流管。如果含水层饱和厚度 D(基本)不变

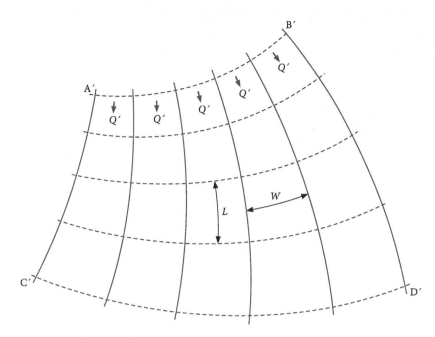

图 3.38　均质各向同性含水层的流线和等位势线平面图

（这在非承压含水层中是合理的，因为水力坡降的绝对值是每千米 1 m 的顺序），那么达西定律可以写作：

$$Q' = -K\Delta h \frac{w}{L} \tag{3.49}$$

式中，Q' 为单位深度体积通量（$m^2 \cdot d^{-1}$）；W 为流管宽度（m）；L 为覆盖水头 Δh 恒差的距离（m）。

对于每个矩形流网，体积通量 Q' 有相同的恒定值，因为 K 是恒定的（含水层是均质各向同性的），Δh 设为恒定的，如同 W/L。通过手动选择 Δh 使矩形变成正方形。$W = L$，每个正方形（取决于 W 和 L）的方程（3.49）可写作

$$Q' = -K\Delta h \tag{3.50}$$

实际上，图 3.38 已经按照 $W = L$ 来绘制了，因此，我们处理的是相同的正方形。沿曲线 $C'D'$，单位深度 D 的体积通量 Q' 由每个边界正方形之和简单确定。这里有五个边界正方形，因此沿 $C'D'$ 的单位深度体积通量等于 $5Q'$。这种方法称为正方形法，接下来是简单计算和解释过程。

沿 $A'B'$ 和 $C'D'$，单位深度体积通量都等于 $5Q'$。由于沿 $A'B'$ 的宽度小于 $C'D'$，则地下水通过 $A'B'$ 的体积通量密度 q 一定比 $C'D'$ 大。另外一种解释是正方形 $A'B'$ 的边界比 $C'D'$ 的小。这意味着 $A'B'$ 附近的水力坡降比 $C'D'$ 附近的大（Δh 不变，但 L 更小）。根据达西定律，$A'B'$ 的体积通量密度 q 一定比 $C'D'$ 的大。当 $A'B'$、$C'D'$ 附近的有效孔隙率 n_e 一样时，$A'B'$ 的有效地下水速率 v_e 比 $C'D'$ 大，或者，$A'B'$ 处的地下水流速比 $C'D'$ 处流的大。

练习 3.12 经过一段长时间无雨后，河流测站 A 处的径流量等于 $50 \ m^3 \cdot s^{-1}$。下游 $100 \ km$ 处测站 B 的流量等于 $60 \ m^3 \cdot s^{-1}$。两站之间，河流两边有非承压含水层向河流注水。地下水的等势线平行于河流。地下水表面的平均斜率可以取 $1/1000$。

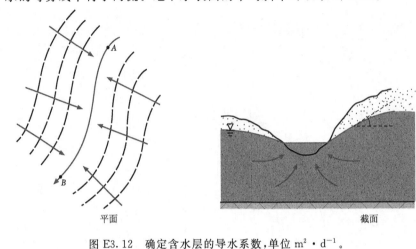

平面   截面

图 E3.12 确定含水层的导水系数，单位 $m^2 \cdot d^{-1}$。

如前所述，显然，均质、各向同性的媒介中连续性被解释为体积通量 Q 不变（或 Q' 不变），但这样的连续性并不说明体积通量密度 q 不变。

3.13 地下水流（状态）及系统

如果从今以后没有降水，局部或地方范围内的潜水面将最终成为一个平面。然而实际上，持续的水文循环以及降水、渗透、浸透对地下水的补给，上述现象是不可能发生的。由于这种持续的补充（补给），非承压水层的潜水面在某种程度上与地势或地表有关。比如，高地表面潜水面的平均高度比其周围低地面潜水面的高度要高。

两个相邻的地下水流区是可以区分的，如图 3.39 所示。通过压强计的读数，我们可以观察到一个地形控制的潜水面：潜水面紧随当地地形的变化，像个柔和的复制品（图 3.39a）。另外一种是补给控制潜水面，潜水面不效仿当地地形，而是跟随整个地区的地势。换言之，潜水面粗糙地效仿地形（图 3.39b）。哪种程度的潜水面形状是地形控制或补给控制取决于补给率、含水层导水系数、含水层几何结构，以及地形本身（Haitjema 和 Mitchell-Bruker，2005）。

Haitjema 和 Mitchell-Bruker（2005）进行了一系列的模型化研究，并将他们的研究结果与早期托斯的概念理论（1963）进行对比，涉及局部单元的地形控制潜水面（图 3.39a，3.40，3.41）；以及 Dupuit（1863）和 Forchheimer（1886）的研究涉及我们称为补给控制的潜水面，由水平流和大部分区域性流动单元决定（图 3.39b）。Dupuit 和 Forchheimer 得出的结论是，与含水层渗透系数相比较高的年均补给率（如，沼泽地）、相对平坦的地表以及低导水系数的浅含水层都是利于形成地形控制潜水面的有利因素。相反的，与含水层渗透系数相比较低的年均补给率、相对不平坦的地表以及高导水系数的深含水层、典型的"可用"含水层——即含水层中含有大量且容易抽出的水，这些都是利于形成补给控制潜水面的有利因素。从他们的研究中，Haitjema 和 Mitchell-Bruker（2005）提出一个无量纲的标准来评估潜水面的类型：

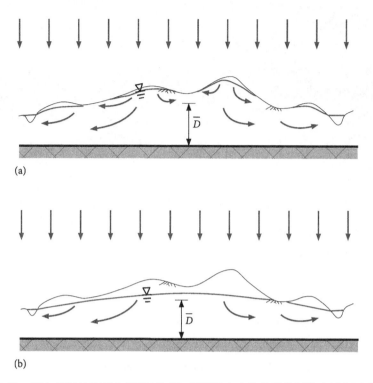

图 3.39　两个相邻的地下水流区(状态):相同地表中的地形控制潜水面(a)和补给

控制潜水面(b)(Haitjema,1995)

$$\frac{\overline{R_r}}{K} \times \frac{\overline{L}}{\overline{D}} \times \frac{\overline{L}}{Z_{\max}} > m \quad \text{地形控制} \tag{3.51}$$

式中,$\overline{L}$ 为地表水间平均距离;$\overline{D}$ 为含水层平均厚度;$Z_{\max}$ 为地表水位和地形高程之间的最大距离;$\overline{R_r}$ 为年均补给率;K 为含水层渗透系数;$m=8$ 为条形含水层(一维地下水流);$m=16$ 为环形含水层(径向对称地下水流)。

$$\frac{\overline{R_r}}{K} \times \frac{\overline{L}}{D} \times \frac{\overline{L}}{Z_{\max}} > m \quad \text{补给控制} \tag{3.52}$$

因此,当条件具备时,局部的、地区的地下水流系统可能会发展为一个流域,如图 3.40 所示。

下层土壤与地下水的接触时间影响地下水的化学成分。不同地区的地下水化学成分由化学工具包建立,这种方法在流域内的应用会相对简单一些,并且对建立地下水源更有利,不论这些地下水存在的位置或是特殊的时间,都是局部的、中间的或区域径流系统的一部分。接下来要做的是水文系统分析的部分内容,主要是与土地利用、地下水补给、植被类型、地下水流系统、水质、以及地表水网络紧密相关的研究,可以解决一系列的水资源库存和管理的问题(Engelen 和 Kloosterman,1996)。

刚刚渗透到地下的水,即大气渐变水,还带有大气水的特征,如较低的离子浓度,导电率(EC)(框 3.4)较低,若测量大约达到 $10\ \mu s/cm$ 的程度。与下层土壤接触时间较长的地下水,即矿物质水,其离子浓度较高(导电率通常小于 $1000\ \mu s/cm$),且当地下水含有大量的 Ca^{2+} 时

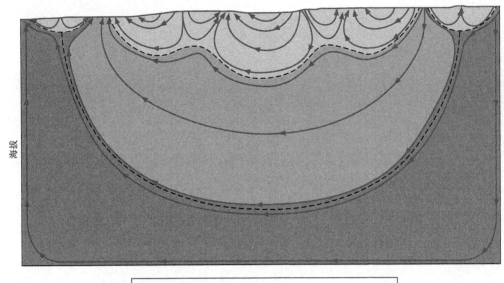

海拔

地下水流系统：

地区的　　　中间的

局部的　　　←　水流方向

- - - 不同地下水流系统间的界限

图 3.40　Tóth(1963)地下水流系统

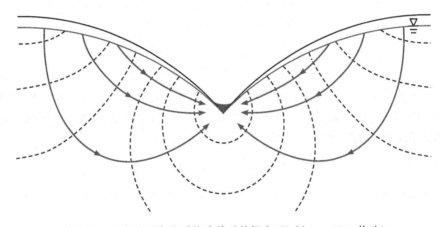

图 3.41　地方地下水流系统或单元的概念(Hubbert，1940 修改)

其硬度也很高(高矿物含量)。大量的 Ca^{2+} 是由于地下水流经下层土壤时，沉淀物或石头上的石灰($CaCO_3$)溶解造成的(见框 3.2)。当淡盐水正在或已经和下层土壤接触，地下水中钠(Na^+)或氯(Cl^-)元素含量的水平就会提高。盐分含量高的地下水，即海洋渐变水(如海水，导电率近似 50000 $\mu s/cm$)，其离子浓度很高以至于测量导电率的仪器都被破坏了。同时，pH，一种与水中氢离子(H^+)浓度成反比的测量值(框 3.4)，以及碱度，即中和酸的能力(框 3.4)，都是流域中需要即刻测量的重要变量。上文提到的变量以及不同位置、时间的地下水化学成分的值都是解开地下水动态框架随时间变化的重要发现。

框 3.4 碱度、导电率(EC)以及 pH

碱度是溶液中和酸的能力。实际上,它是水溶液中 HCO_3^- 和 CO_3^{2-} 的浓度。

导电率(EC)是衡量水导电能力以及水中离子浓度的。流域中导电率的测量可以用一个小的条形仪器通过连接线连接到测量工具上。导电率的单位 $\mu S/cm$(微西门子每厘米),和 $\mu mho/cm$(微姆欧每厘米)是等价的。西门子,由德国发明家、工业家 Ernst Werner von Simens(1816-1892)命名,是欧姆的倒数,"姆欧"是由"欧姆"的拼写简单逆推导而来的(类似文字游戏)。由于导电率随温度变化比较明显,所以标准的测量导电率的方法是取温度为 20℃时的值。

pH 是衡量溶液中氢离子(H^+)浓度:

$$pH = -\lg[H^+] \qquad (框\ 3.4)$$

$[H^+]$ 为氢离子(H^+)浓度(mol/L);

pH < 7:溶液是酸性的;

pH = 7:溶液是中性的;

pH > 7:溶液是碱性的。

确定水的导电率、pH 碱度以及化学成分之后,我们有很多方法来表达水化学的不同,比如 Piper(1944)、Stiff(1951)或是 Schoeller(1955)图表,所有这些都涉及换算浓度单位毫当量每升(框 3.5)。例如,图 3.42 所示的位于东卢森堡古特兰邻近哈勒的托尔巴赫流域盆地(流域)的改进 Stiff 图。这个草木丛生的流域盆地位于卢森堡砂岩地层,是卢森堡大公国最重要的含水层,90%的水由此提供(Von Hoyer,1971)。图 3.42 所示为 1983 年,向流域盆地的西部耕地倾倒化肥对泉眼 2、3、5 水质的影响。泉水表现出高硝酸盐(NO_3^-)含量(框 3.6)是因为当地地下水流过卢森堡砂岩内稍倾斜的不透水黏土层时,直接流经耕地造成的。

框 3.5 毫当量

毫当量每升(meq/L)用来测量水中特定离子的浓度。meq/L = mmol/L × 离子电荷(Na^+ 是一价,Ca^{2+} 是二价,PO_4^{3-} 是三价,等等)。特定离子的质量可以从元素周期表上的原子质量中推断(见 http://www.webelements.com)。例如,PO_4^{3-} 的质量 = 30.97(P 的质量)+ 4×16.00(4 个 O 的质量)= 94.97;Na^+,22.99;Ca^{2+} = 2×40.08 = 80.16。意味着 1 mmolCa^{2+} 的质量是 80.16mg。

举个更具体的例子:100 mg/LCa^{2+} = $\dfrac{100}{80.16}$ mmol/L ≈ 1.25 mmol/L = 2.5 Meq/L

框 3.6 蓝婴综合征

欧共体规定饮用水标准中的硝酸盐(NO_3^-)含量不得超过 25 mg/L。饮用水中硝酸盐含量过高,若达到 100 mg/L 的程度或更多,对于婴儿来说特别危险。在人体中,硝酸盐由消化系统分解为亚硝酸盐(NO_2^-)。亚硝酸盐影响血液携氧蛋白氧合血红蛋白形成高铁血红蛋白,这种蛋白的作用是携氧。婴儿长期食用硝酸盐污染的水可能会导致皮肤发蓝,称为蓝婴综合征,显示血液和大脑缺氧,对他们的健康和生命会产生一系列有害的影响。公众意识中关于饮用硝酸盐污染水最坏的影响仍旧停留在某些适当的区域。

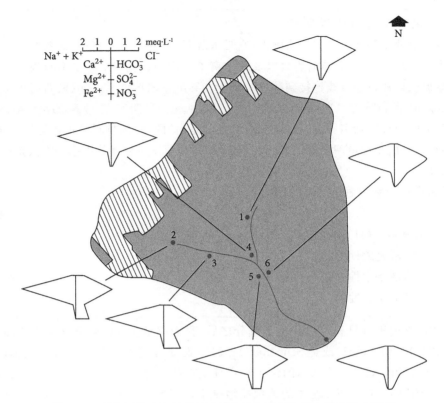

图 3.42　托尔巴赫卢森堡森林流域盆地中溪流和泉水的改进 Stiff 图
（1983 年 11 月 17 日）；阴影区域是耕地（Hendriks，1990）

3.14　淡水和盐水：Ghijben-Herberg

降雨带来的淡水落到一个海中的圆岛上，导致与平均海平面相关的淡水水头 h_f 升高，如图 3.43 所示。由于浸润和渗透作用，淡水取代了最初位于表面以下的盐水，另外，淡水的密度比盐水低，故而形成一个淡水的晶状体漂浮于盐水之上。图 3.43 为达到平衡后降水过剩（每年的降水大于蒸发）条件下圆岛上的非承压含水层。图 3.43 所画的是一大部分对比的情况，我们在沿岸沙丘中很容易遇到，如荷兰沿海。由于淡水晶体提供了饮用水资源，所以计算它的深度很有意义。

淡水密度 $\rho_f = 1000 \ \mathrm{kg \cdot m^{-3}}$，而盐水的密度 ρ_s 近似于 $1025 \ \mathrm{kg \cdot m^{-3}}$。假设流体静力学条件下（没有地下水流），地下淡水和地下盐水的接触面，接触面是突变的，没有淡水和盐水混合的，我们可以通过以下方法来计算和平均海平面相关的淡水晶体深度 h_s（见图 3.43）。

水头等于高程水头和压力水头的和（3.3 章）。这个公式同样适用于突变接触面的地下淡水和盐水。针对突变接触面的淡水水头，可以写作

$$h_s + h_f = z + \frac{p}{\rho_f g} \tag{3.53}$$

同样的，突变接触面的盐水水头，可以写作

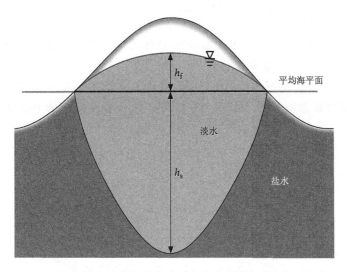

图 3.43　海中圆岛上非承压含水层中的地下淡水浮在地下盐水上

$$h_s = z + \frac{p}{\rho_s g} \qquad (3.54)$$

沿地下淡水和盐水接触面,我们可以取基准面的高程水头 $z=0$。当 $z=0$ 时,以上公式(3.53)和(3.54)可以简化为

$$h_s + h_f = \frac{p}{\rho_f g} \Rightarrow p = \rho_f g(h_s + h_f) \qquad (3.55)$$

$$h_s = \frac{p}{\rho_s g} \Rightarrow p = \rho_s g h_s \qquad (3.56)$$

地下水中的任何一点只能有一个压力 p。因此,公式(3.55)和(3.56)相等,可以算出 h_s

$$h_s = \frac{\rho_f}{\rho_s - \rho_f} h_f \qquad (3.57)$$

这种关系在沿地下淡水和盐水接触面的任何一个位置都是成立的,被命名为 Ghijben-Herzberg 关系,由荷兰轮机员 Willem Badon Ghijben (1845—1907)以及稍晚于他发现该结论的德国工程师 A Herzberg 共同命名。随后发现,早在 1818 年 Joseph DuCommon 在美国就发现了淡水和盐水接触面平衡,但 Badon Ghijben 当时不知道(De Vries, 1994)。

如果取 $\rho_f = 1000 \ \text{kg} \cdot \text{m}^{-3}$, $\rho_s = 1025 \ \text{kg} \cdot \text{m}^{-3}$,方程(3.57)可以简化为

$$h_s \approx 40 h_f \Rightarrow h_s + h_f \approx 41 h_f \qquad (3.58)$$

流水静力学平衡条件下淡水层的厚度或深度近似等于凸面(h_f)的 41 倍。凸面即潜水面顶端和自由水面(表现为边界条件)在海拔上的差;凸面也叫做差异水头。

在沿岸沙丘之下遇到的真实情况与上述不同,实际上,Ghijben-Herzberg 关系所依赖的流水静力学条件是不存在的。同时,实际中,淡水和盐水的接触面也不是突变的。由于分子扩散,分子在水中做的无规则运动,称作布朗运动。另外,化学物质从高浓度地区流向低浓度地区(Van der Perk, 2006),接触面将包含一个含盐水的过渡区,水是介于淡水和盐水之间的(框 3.7)。

框 3.7　荷兰的沿岸沙丘

　　在荷兰的沿岸沙丘,提取饮用水之前淡水晶体的最大厚度约 160 m(De Vries 1980)。含盐水区的厚度为 5~10 m,氯化物含量随深度变化,由 50 mg/L 增加到 16 000 mg/L(Van der Akker,2007)。19 世纪下半叶,人们开始从淡水晶体中抽取地下水作为饮用水;1903 年,开始使用深水井抽取地下水(De Vries,1994)。为了防止沙丘的干燥以及不必要的盐水或含盐水上涌,地表水,例如经过预处理的莱茵河水,如今通过渠道入渗和井入渗来补充沙丘下的地下淡水(Van Til 和 Mourik,1999)。自从开始提取淡水,含盐水过渡区的厚度就增加到 30~50 m。

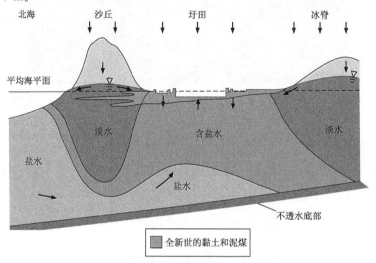

图 B3.7　通过荷兰西部的地下水文学剖面

　　图 B3.7 是通过荷兰西部的地下水文学剖面,展示了淡水含盐水和盐水的分布。在沿岸沙丘和更新世冰脊向东约 50 千米的下部,均能找到地下淡水。

　　淡水,Cl⁻ 含量< 300 mg/L,淡含盐水 Cl⁻ 含量 300~3000 mg/L,含盐水 Cl⁻ 含量 3000~10000 mg/L,浓含盐水 Cl⁻ 含量 10000~16000 mg/L,海水 Cl⁻ 含量>16000 mg/L。

3.15　地下水水力学

　　本节是在前节已讨论过的稳定地下水流基础上,丰富地下水流内容,精选一些(已解决)展示地下水流事件的文字。读者将会看到许多用来解决诸多的地下水流问题的简单方法,这些方法都是由简单数学方法开发而来的(然而,读者需要跳过 3.15 节,先看第 4 章有关土壤水的内容,这样有助于建立全书的框架)。

　　本章中每个地下水流实例的一般组成都是达西定律联合连续方程来获得等势面,即用线性距离 x(一维流问题)或半径距离 r(径向对称流问题)来表示水头的空间分布。两渠之间承压地下水问题的建模在 3.9 节中已经介绍过了。所有的含水层以及下文中地下水流实例中的半透水层(弱透水层或漏的不透水层)都假设是均质各向同性的。

对本节中最终结果的完整数学推导感兴趣的读者可以查阅本书末尾的数学工具箱(M);如果有需要,必要的数学基础在概念工具包中均有提供(C 中)。

为了在学习稳定地下水流时对地下水水力学的好处有更深的理解,本章准备了大量有效的练习。

在表 3.3 中,归纳了一些解决地下水水力学练习的相关方程,这些方程作为解题的着手点是非常有用的。实际上,把表 3.3 作为记忆辅助物来解决这些问题也是不错的实践!本书末尾的答案部分提供了中间的解题步骤,强调解题的最佳方法。

3.15.1 无压流:Dupuit-Forchheimer

两平行线之间的非承压含水层,其稳定地下水流充分渗透至不同水面的河道中(见图 3.44),达西定律可写作:

$$Q' = -Kh \frac{\mathrm{d}h}{\mathrm{d}x} \tag{3.59}$$

假设水力坡降等于潜水面的斜率,加上小潜水面坡度,流线平行等势垂直(Dupuit-Forchheimer 假定),两平行线之间非承压含水层中稳定地下水流充分渗透至不同水面的河道中,联合运用达西定律和连续方程(Q' 不变),电位计表面得到的结果如下:

$$h^2 = C_1 x + C_2 \tag{3.60}$$

方程(3.60)的推导过程在本书末尾的 M2 中。将非承压地下水方程(3.60)与承压地下水线性方程(3.29)($h = C_1 x + C_2$)做对比。由于在方程(3.60)中,h 是 2 次幂,方程是抛物线型的,读者可以注意一下图 3.34 和图 3.41 中潜水面的形状。在图 3.44 中,压力计表面已经画成抛物线形状了。

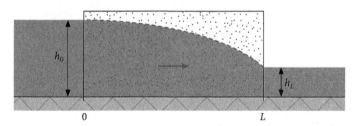

图 3.44 两平行线之间的非承压含水层,其稳定地下水流充分渗透至不同水面的河道中

如承压地下水一样(3.9 节),对于这种情况的水流,常量 C_1、C_2 的值可以通过插入边界条件获得。首先,插入边界条件 $x=0$,然后是边界条件 $x=L$(h_0, h_L, L 都是已知的)。可以得出

$$h^2 = \frac{h_L^2 - h_0^2}{L} x + h_0^2 \tag{3.61}$$

从方程(3.60)中可推导出:

$$h = (C_1 x + C_2)^{\frac{1}{2}} \tag{3.62}$$

因此,

$$\frac{\mathrm{d}h}{\mathrm{d}x} = \frac{1}{2} C_1 (C_1 x + C_2)^{-\frac{1}{2}} \tag{3.63}$$

对比方程(3.62)和(3.63)得出

$$h \frac{\mathrm{d}h}{\mathrm{d}x} = (C_1 x + C_2)^{\frac{1}{2}} \times \frac{1}{2} C_1 (C_1 x + C_2)^{-\frac{1}{2}} = \frac{1}{2} C_1 \tag{3.64}$$

用公式(3.64)代替(3.59)得出

$$Q' = -\frac{1}{2} C_1 K \tag{3.65}$$

或(当 $C_1 = (h_L^2 - h_0^2)/L$ 时)

$$Q' = -K \frac{h_L^2 - h_0^2}{2L} = -K \frac{h_L + h_0}{2} \frac{h_L - h_0}{L} \approx -K\overline{D}i \tag{3.66}$$

公式(3.66)的第一部分

$$Q' = -\frac{1}{2} K \frac{h_L^2 - h_0^2}{L} \tag{3.67}$$

被称为 Dupuit-Forchheimer 等式,由法国土木工程师 Arsene J E J Dupuit (1804—1866) 以及澳大利亚工程师 Philipp Forchheimer(1852—1933) 命名。

由于 Q' 是不变的(连续性), $\overline{D}$ 沿流向减小($Q' = q \times \overline{D}$),或由于 K 是不变的(均质含水层), i 沿流向增大($q = -K \times i$),这说明体积通量密度 q 沿流向增大。这也是连续性支持 Q' 不变的另一个例子,但是连续性不能说明体积通量密度 q 是恒定的(见 3.12 节末)。

练习 3.15.1.1　图 E3.15.1.1 所示为一个沙坝的横截面,两边均有垂直侧壁和自由水: $h_1 = 6$ m, $h_2 = 3$ m。沙子的水平渗透系数等于 1 m · d^{-1}。水流只沿 x 轴方向流动。

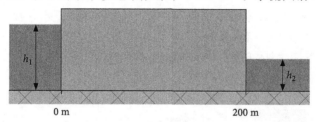

图 E3.15.1.1

a. 计算 $x = 40$、80、120、160 m 时的水头。

b. 画出水头沿 x 的变化。

c. 计算含水层的体积通量 Q',单位 m^2 · d^{-1}。

因 Dupuit-Forchheimer 假设的限制,根据经验,各向同性含水层中的 L 必须比 $\overline{D}$ 至少大 5 倍(Haitjema Mitchell-Bruker, 2005)。

综上所述,

$$h^2 = C_1 x + C_2 \tag{3.68}$$

本章中关于稳定非承压地下水流的其他方程都可以通过这一个方程,结合达西定律用最简单的数学关系推导出来。

3.15 节中所有关于非承压水流的练习题都可以通过方程(3.68)、达西定律以及连续方程来解。

练习 3.15.1.2　图 E3.15.1.2 所示为覆盖于不透水层上的非承压含水层横截面图。不透水层上左右两边有两条平行的完全贯入河道,水位不同。左边河道向右 10 m 处,用压强计 1 测得水头等于 6.75 m。左边河道向右 75 m 处,压强计 2 测得该处水头等于 6.25 m。含水层是均质各向同性的,渗透系数为 10 m·d^{-1}。

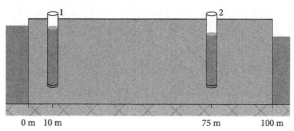

图 E3.15.1.2

计算左右两边河道的水位。

练习 3.15.1.3　图 E3.15.1.3 所示为一个沙坝的横截面,两边均有垂直侧壁和自由水:$h_1 = 6$ m,$h_2 = 3$ m。在 $x = 0$ 和 $x = 40$ m 之间,渗透系数 $K_1 = 1$ m·d^{-1};在 $x = 40$ 和 $x = 200$ m 之间,渗透系数 $K_2 = 10$ m·d^{-1}。水流只沿 x 轴方向流动。

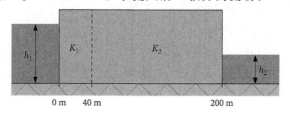

图 E3.15.1.3

a. 计算 $x = 40$ m 时的水头。

b. 画出水头沿 x 的变化。

c. 计算含水层的体积通量 Q',单位 m^2·d^{-1}。

d. 当渗透系数 K_1、K_2 变化时水头改变吗? 如果变的话,怎么变?

练习 3.15.1.4　在两条平行河道之间 8 m 厚的含水层中,存在稳定地下水流。该含水层是均质各向同性的,左边河道的水位是不透水层上 10 m(完全渗透);右边河道的水位是不透水层上 6 m。左右河道之间的距离是 100 m。

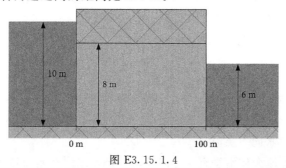

图 E3.15.1.4

a. 距离左边河道多远时,不透水层上的水头等于含水层的厚度?
b. 计算体积通量 $Q' = 1 \ m^2 \cdot d^{-1}$ 时的含水层渗透系数 K。

3.15.2 "荷兰圩田"

图 3.45 所示为"荷兰圩田",荷兰圩田中稳定地下水流的剖面,圩田由弱透水层(半透水层)构成。弱透水层是由覆盖在越流含水层(半透水层)全新世的黏土或泥煤以及更新世的沙土组成。水从圩田(图 3.1 和 3.10)中抽出,弱透水层中的潜水面人为地保持在 $h_a(m)$ 的位置。图 3.45 横截面中的堤简化为越流含水层上一个不透水的垂直屏。重要的是,下列近似值对覆盖于饱和水含水层之上弱透水层中所有地下水流实例有用,而不是只对荷兰一些省中的圩田(将在练习 3.15.2.3 和 3.15.2.4 中证明)。

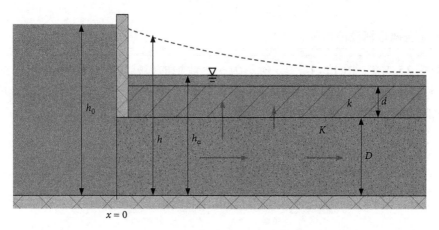

图 3.45　越流含水层中稳定地下水流

h_a 取地表以上是为了教学方便。实际上,h_a 是稍低于地表的,但这会使越流含水层(半透水层)的饱和厚度 d 比含水层本身的厚度小一些,这种变化也会导致垂直水流阻力 c 的值变小。

越流含水层达西定律:

$$Q'_x = -KD \frac{dh}{dx} \qquad (3.69)$$

式中,K 为含水层水平渗透系数($m \cdot d^{-1}$);dh/dx 为水力坡度＝含水层等势面的斜率;Q'_x 为含水层水平 x 方向单位宽度体积通量($m^2 \cdot d^{-1}$);D 为含水层厚度(m)。

Q'_x 中的下标 x 表示水流大致沿水平 x 方向流动。由于渗流(q_z,单位 $m \cdot d^{-1}$)穿过半透水层,水力坡度,即含水层等势面的斜率,向右减小,见图 3.45。

越流含水层(半透水层)达西定律:

$$q_z = -k \frac{h_a - h}{d} \qquad (3.70)$$

式中,h_a 为半透水层潜水面人工控制水位(m);h 为含水层 x 位置的水头(m);q_z 为透过半透水层的渗流量($m \cdot d^{-1}$);k 为半透水层垂直渗透系数($m \cdot d^{-1}$);d 为半透水层饱和水厚度(m);水向上流时 $d > 0$,水向下流时 $d < 0$。

q_z 的下标 z 表示水流大致沿垂直 z 方向流动。把透水层和越流层的达西定律以及下层土

立柱水量平衡(连续方程)合并起来,推导出下列关于透水层等势面的公式(推导见本书末尾M3):

$$h = h_a + C_1 \mathrm{e}^{\frac{x}{\lambda}} + C_2 \mathrm{e}^{\frac{-x}{\lambda}}, \lambda = \sqrt{KD_c} \tag{3.71}$$

式中,λ 为渗透因子(m);$c = d/k$=水力阻力(d);水向上流时 $c > 0$,水向下流时 $c < 0$。

常量 C_1、C_2 的值可以通过加入边界条件来确定。图 3.45 边界条件如下:

$x = 0, h = h_0 : h_0 = h_a + C_1 \mathrm{e}^0 + C_2 \mathrm{e}^0 = h_a + C_1 + C_2; C_1 + C_2 = h_0 - h_a$

$x = \infty, h = h_a : h_a = h_a + C_1 \mathrm{e}^\infty + C_2 \mathrm{e}^{-\infty}, C_1 \mathrm{e}^\infty + C_2 \mathrm{e}^{-\infty} = h_a - h_a = 0$

$C_1 \mathrm{e}^\infty + C_2 \mathrm{e}^{-\infty} = (C_1 \times \infty) + (C_2 \times 0) = 0 \Rightarrow C_1 = 0, C_2 = h_0 - h_a$

因此,对于一个无限大的圩田($x \to \infty$),如图 3.45 所示,方程(3.71)可写作

$$h = h_a + (h_0 - h_a)^{\frac{-x}{\mathrm{e}^\lambda}}, \lambda = \sqrt{KD_c} \tag{3.72}$$

渗透因子的单位是 m($\mathrm{m}^2 \cdot \mathrm{d}^{-1} \cdot \mathrm{d}$ 的平方根)。

当透水层导水系数 $T = KD$ 高时,渗透因子就大,同时越流层(半透水层)水力阻力 c 的绝对值大,渗透因子也大。在图 3.45 中,水平地下水流通过含水层,处于支配地位的垂直渗透水流穿过越流层,因此,含水层的水头 h 从左边河道沿 x 方向缓慢减小。

相反地,当透水层导水系数 $T = KD$ 低时,渗透因子就小,同时越流层(半透水层)水力阻力 c 的绝对值小,渗透因子也小。在图 3.45 中,垂直渗透水流穿过越流层,处于支配地位的水平地下水流通过含水层,因此,含水层的水头 h 从左边河道沿 x 方向缓慢增大。

方程(3.72)的形状是一个逐渐下降的等势线,如图 3.45 所示。我们可以假设方程(3.72)中的 $\mathrm{e}^{-x/\lambda}$,$x = 3\lambda$,得到 $\mathrm{e}^{-3\lambda/\lambda} = \mathrm{e}^{-3} = 0.05$。同样的,$x = 4\lambda$,因子 $\mathrm{e}^{-x/\lambda} = \mathrm{e}^{-4\lambda/\lambda} = \mathrm{e}^{-4} = 0.02$。这意味着当 $x = 3\lambda$ 时,透水层水头 $h = h_a + 5\%(h_0 - h_a)$;$x = 4\lambda$ 时,透水层水头 $h = h_a + 2\%(h_0 - h_a)$。换言之,$x = \infty$ 和 $x = 0$ 相距 $3 \sim 4$ 倍渗透因子 λ 的值。

如果想计算图 3.45 所示圩田的渗透体积通量($\mathrm{m}^2 \cdot \mathrm{d}^{-1}$),有两条思路可以选择。最简单的一条是首先认为地下水流是稳定的(平稳的),体积通量或垂直水渗透 Q_z' 等于 $x = 0$ 时进入透水层的水平体积通量 Q_x':

$$Q_z' = Q_{x=0}' = -KD \left(\frac{\mathrm{d}h}{\mathrm{d}x} \right)_{x=0} \tag{3.73}$$

$\mathrm{d}h/\mathrm{d}x$ 可以通过对方程 3.71 求微分得到:

$$\frac{\mathrm{d}h}{\mathrm{d}x} = \frac{C_1}{\lambda} \mathrm{e}^{\frac{x}{\lambda}} + \frac{C_2}{-\lambda} \mathrm{e}^{\frac{-x}{\lambda}} \tag{3.74}$$

当 $x = 0$,

$$\left(\frac{\mathrm{d}h}{\mathrm{d}x} \right)_{x=0} = \frac{C_1}{\lambda} \mathrm{e}^0 + \frac{C_2}{-\lambda} \mathrm{e}^0 = \frac{C_1}{\lambda} - \frac{C_2}{\lambda} = \frac{C_1 - C_2}{\lambda} \tag{3.75}$$

对于无限大的圩田($x \to \infty$;$C_1 = 0$),比较方程(3.74)和(3.73),得到:

$$Q_z' = Q_{x=0}' = -KD \frac{-C_2}{\lambda} \tag{3.76}$$

方程(3.76)适用于无限大的圩田($x \to \infty$),如图 3.45 所示。对于该地下水流实例,已知 $C_2 = h_0 - h_a$。因此,

$$Q_z' = Q_{x=0}' = -KD \frac{h_a - h_0}{\lambda} \tag{3.77}$$

计算图 3.45 所示无限大圩田($x \to \infty$)Q_z' 的另一种方法是通过积分从 q_z($\mathrm{m} \cdot \mathrm{d}^{-1}$)推导出

$Q_z'(\mathrm{m^2 \cdot d^{-1}})$：

$$Q_z' = \int_0^\infty q_z \mathrm{d}x \tag{3.78}$$

与方程(3.70)合并得出

$$Q_z' = \int_0^\infty -k \frac{h_a - h}{d} \mathrm{d}x \tag{3.79}$$

在方程(3.71)中，h 可以由任意 x 的位置推导出来：

$$h = h_a + C_1 e^{\frac{x}{\lambda}} + C_2 e^{\frac{-x}{\lambda}} \tag{3.80}$$

针对无限大圩田($x \to \infty$；$C_1 = 0$)，结合方程(3.79)和(3.80)可得

$$Q_z' = \int_0^\infty -k \frac{-C_1 e^{\frac{x}{\lambda}} - C_2 e^{\frac{-x}{\lambda}}}{d} \mathrm{d}x = \frac{k}{d} \int_0^\infty C_1 e^{\frac{x}{\lambda}} + C_2 e^{\frac{-x}{\lambda}} \mathrm{d}x$$

$$= \frac{1}{c} \left[\lambda C_1 e^{\frac{x}{\lambda}} - \lambda C_2 e^{\frac{-x}{\lambda}} \right]_0^\infty = \frac{\lambda}{c} (C_1 e^\infty - C_2 e^{-\infty} - C_1 e^0 + C_2 e^0) = \frac{\lambda}{c} C_2$$

因此，对于 $C_2 = h_0 - h_a$：

$$Q_z' = \frac{\lambda}{c} C_2 = -\frac{\lambda}{c} (h_a - h_0) \tag{3.81}$$

$$\lambda = \sqrt{KDc} \Rightarrow \lambda^2 = KDc \Rightarrow \frac{\lambda}{c} = \frac{KD}{\lambda};$$

因此，公式(3.81)也可写做

$$Q_z' = -\frac{KD}{\lambda} (h_a - h_0) \tag{3.82}$$

公式(3.82)和(3.77)是一样的。当然了，也必须是一样的！

公式(3.81)、(3.82)适用于无限大圩田($x \to \infty$)，如图 3.45 所示，基于地下水在 $x = 0$ 处水平地进入含水层，在 $x = 0$ 和 $x = \infty$ 之间垂直地流出含水层。

有限圩田(边界 $x = 0$ 或 $x = L$)或其他有限的地形中有饱和含水带覆盖的持水半透水层，也可以通过方程(3.71)推导。用 $x = L$ 作为右边界条件(代替 $x = \infty$)，然后使水从两边($x = 0$ 或 $x = L$)流入(或流出)含水层。结果如下：

$$Q_z' = -\frac{\lambda}{c} \left(C_1 - C_1 e^{\frac{L}{\lambda}} - C_2 + C_2 e^{\frac{-L}{\lambda}} \right)$$

$$= -\frac{KD}{\lambda} \left(C_1 - C_1 e^{\frac{L}{\lambda}} - C_2 + C_2 e^{\frac{-L}{\lambda}} \right) \tag{3.83}$$

练习 3.15.2 中所有的练习题都可以用公式(3.71)、透水层和越流层达西定律，以及连续方程来解答。练习 3.15.2.3 和 3.15.2.4 设置的是 $h_a > h$，一定程度上代表稻田，即被水淹没的耕地，用来种植水稻。

练习 3.15.2.1　图 E3.15.2.1 所示为堤后圩田，潜水面和水平面持平，堤防的另外一侧潜水面比自由水面低 2 m。

　　a. 计算 $x = 10$、100、250、500、1000、1500 m 时的水头。

　　b. 绘出水头随 x 的变化图。

　　c. 计算 $x = 10$、100、250、500、1000、1500 m 时的渗透量，单位 mm · d^{-1}。

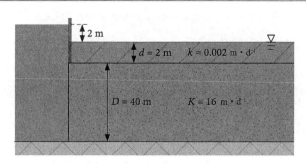

图 E3.15.2.1

d. 用两种方法计算每 1000 m 堤防的渗透量,单位 m³/a。

e. 用两种方法计算 $x=0$ 和 $x=100$ 之间的渗透量。

练习 3.15.2.2　图 E3.15.2.2 所示为两条平行的、完全渗透的渠道。含水层厚 10 m,渗透系数 24 m·d⁻¹。越流层厚 3 m,渗透系数 2 mm·d⁻¹。两渠道之间的距离是 1200 m。左边渠道水位 16 m,右边渠道水位 15 m。两渠道之间圩田的潜水面可以取水平面,13 m。稳定地下水流仅发生在 x 方向和垂直(z)方向。

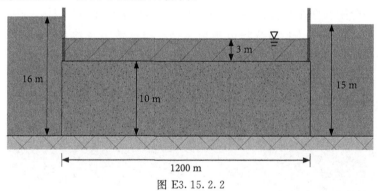

图 E3.15.2.2

a. 计算含水层中 x 距离的水头。

b. 计算进入圩田的渗透量,单位 m²·d⁻¹。

c. 含水层的分水岭位于距左边渠道多远距离处?

练习 3.15.2.3　图 E3.15.2.3 所示为两条平行的、完全渗透的渠道,水位 26 m。含水层导水系数 500 m²·d⁻¹。越流层厚 1 m,渗透系数 2 mm·d⁻¹。两渠道之间的距离是 500 m。越流层以上的灌溉田水位 27 m。稳定地下水流仅发生在 x 方向和垂直(z)方向。

a. 计算含水层中 x 距离的水头。

b. 计算 $x=50$、100、150、200 和 250 m 时的水头。

c. 计算含水层中 $x=250$ m 时的垂直体积通量密度。

d. 用两种方法计算通过越流层的渗透量,单位 m²·d⁻¹。

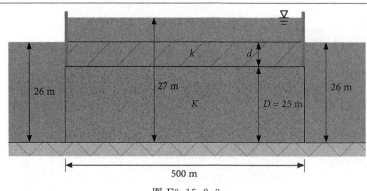

图 E3.15.2.3

e. 额外的降水补充(补给)为 1 mm·d⁻¹,要保证位于越流层上的灌溉田水位保持 27 m 不变,则需要抽走多少水?

f. 计算 $x=250$ m 时越流层的有效速率;为缺少的参数选定一个值。

练习 3.15.2.4　图 E3.15.2.4 所示为两条平行的、完全渗透的渠道。含水层厚 10 m,渗透系数 24 m·d⁻¹。越流层厚 3 m,渗透系数 2 mm·d⁻¹。两渠道之间的距离是 1200 m。含水层中的水头分别在两个位置测量。$x=200$ m 处,水头等于 12.31 m;$x=1000$ m 处,水头等于 11.70 m。越流层以上的灌溉田水位 1 m。稳定地下水流仅发生在 x 方向和垂直(z)方向。

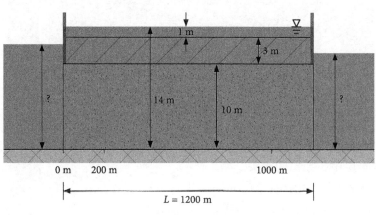

图 E3.15.2.4

a. 计算左右渠道中的水位。

b. 用两种方法计算穿过越流层的渗透量,单位 m²·d⁻¹。

c. 含水层的分水岭位于距左边渠道多远距离处?

练习 3.15.2.5 图 E3.15.2.5 所示为典型的荷兰逆景观剖面,包括一条高河、一座堤、一个作为越流层的低圩田。完全渗透河流的水位位于不透水层上 30 m。覆盖于不透水层上的含水层厚 20 m,渗透系数 25 m·d^{-1}。越流层厚 6 m,垂直地下水流的水力阻力 $c=80$ d。堤后 $x=0$ 到 10 m,越流层由于黏土的密封不透水,圩田潜水面可以取水平面。所有土层及含水层都是均质各向同性的。稳定地下水流仅发生在 x 方向和垂直(z)方向。

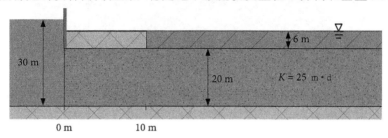

图 E3.15.2.5

a. 计算含水层中 x 距离的水头。

b. 计算堤后 $x=5$、15 和 25 m 时的水头。

c. 用两种方法计算进入圩田渗透量,单位 $m^2 \cdot d^{-1}$。

d. 计算堤后 $x=5$、15 和 25 m 时进入圩田的渗透量,单位 $mm \cdot d^{-1}$。

3.15.3 增加的补给

对于位于有补给的非承压含水层中的稳定地下水流,该含水层与两条平行的、完全渗透的渠道接壤,渠道水位相等,其补给条件可以用达西定律(公式 3.59:$Q'=-kh(dh/dx)$)联合连续方程:

$$Q' = Nx \tag{3.84}$$

式中,N 为补给率($m \cdot d^{-1}$);x 为水平距离(m)。

等势面方程如下(见本书末尾 M4):

$$h^2 = -\frac{N}{K}X^2 + C \tag{3.85}$$

注意,由于所举实例都是对称的,$x=0$ 位于图 3.46 的中间,$h(h_0)$ 最大,这是由于补给水和地下水流向相反的方向流向两边渠道。方程(3.85)中的 C 可以通过加入边界条件得出:首先是加入 $x=0$ 时的边界条件,然后是 $x=L$ 时的边界条件(h_0,h_2 以及 L 均已知)。则可得

$$N = \frac{\Delta h}{\dfrac{L^2}{2K\overline{D}}} \tag{3.86}$$

同时,$\overline{D}=(h_0+h_2)/2$。方程(3.86)被称为 Hooghoudt 方程,由荷兰化学及水文学家 Symen B Hooghoudt(1901—1953)命名。方程(3.86)类似欧姆定律,$L^2/(2K\overline{D})$ 可以解释为单位天数的阻力($m^2/(m^2 \cdot d^{-1})=d$)。方程(3.86)可以写为:

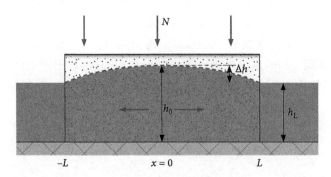

图 3.46　两条平行的、水位相等的、完全补给渠道间的有补给、非承压含水层中的稳定地下水流

$$2L = 2\sqrt{\frac{2K\overline{D}\Delta h}{N}} \tag{3.87}$$

式中,$2L$ 为排水空间(m);Δh 为凸度(m)。

方程(3.87)建立了一个有关含水层排水空间 $2L$(单位 m)和补给率 N(m·d^{-1})、凸度 Δh (m)之间的方程,含水层导水系数 $T = K\overline{D}$(m^2·d^{-1})。由于圩田的地表不能太湿,以保证农业实践(凸度 Δh 的值来限制),该方程对于确定圩田中排水沟壑之间的最佳距离非常有用。试着用方程(3.85)来解决练习 3.15.3.1。

方程(3.85)适用于水位相等的渠道,例如圩田,可以解读为一个特例,即两条平行的、水位相等的、完全补给渠道间的有补给、非承压含水层中的稳定地下水流;但现在渠道中的水位不等,例如,如图 3.47 所示的山区。注意,由于这个流动实例是不对称的,$x = 0$ 的位置偏左。由达西定律和连续方程可以推导出以下等势面方程(见本书末尾 M5):

$$h^2 = -\frac{N}{K}x^2 + C_1 x + C_2 \tag{3.88}$$

注意,由于 $N = 0$,因此非承压地下水流没有补给,方程(3.88)可简化为 $h^2 = C_1 x + C_2$,这个方程我们在前面有关稳定非承压地下水流章节已经知道了。

还要注意的是,方程(3.88)描述的是补给控制潜水面的等势面,如 M5 中所描述的假设水平方向是流线的、垂直方向是等势的(Dupuit-Forchheimer 假设)。从 3.13 节中可知,与含水层渗透系数相比较低的年均补给率、相对不均匀的地表以及高导水系数的深含水层,都是确定补给控制潜水面常用的因子。

练习 3.15.3.1　覆盖于不透水层上的非承压含水层,由两条平行的、完全渗透渠道排水(渠道水位相等)。额外的降水补充(补给)等于 10 mm·d^{-1};差异水头,即分水岭处的潜水面与渠道水位的差值是 9 cm。非承压含水层导水系数 50 m^2·d^{-1}。

计算两渠道之间的距离。

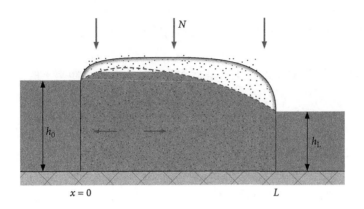

图 3.47 两条平行的、水位不等的、完全渗透的渠道之间的有补给非承压含水层中的稳定地下水流

> **练习 3.15.3.2** 从公式(3.83)中,确定 Q' 的方程、从 $x=0$ 到分水岭的距离以及分水岭处潜水面的海拔。

3.15.4 抽水处理

3.15.4.1 独立水井(没有区域地下水流场)

抽水井(产出井、排水井)的功能是把水从含水层中抽出用于饮用水(框 3.1)或其他用途(农业或工业)。由于地下水需要花很长时间才能蓄满,所以政府和自来水公司应当注意,不要把含水层中储存的地下水抽干了。为了抵消损耗,水会从渗漏渠道或补给井中(渗透井或注入井;框 3.3 和 3.7)渗流。补给井和抽水井在隔绝和处理污染下层土时发挥了很好的作用,这就是普遍熟知的"抽水处理",本章末尾有详尽解释。首先,我们用适用于径向对称、稳定地下水流的地下水水力方程来描述水文流动过程,见图 3.48。

承压含水层可能含有大量的水,水在压力下贮存在含水层孔隙空间中(见 3.9 节)。完全贯入井是指井嵌入较低不透水层的顶部。承压含水层中的完全贯入井,其体积通量或排出量 Q_0 方程如下:

$$Q_0 = q_r 2\pi r D \tag{3.89}$$

式中,Q_0 为井的体积通量或排出量($m^3 \cdot d^{-1}$);q_r 为径向对称体积通量密度($m \cdot d^{-1}$);$2\pi r D$ 为径向对称地下水流垂直面积(m^2)。

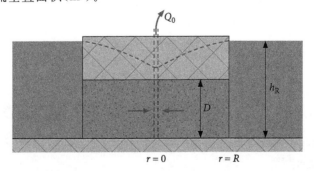

图 3.48 承压含水层中完全贯入抽水井的径向对称、稳定地下水流

图 3.48 及图 3.49 中的地下水流都朝向圆柱体的中心线。

与达西定律联合,可得以下水位下降表面作为到抽水井径向距离 r 的函数:

$$h = h_R + \frac{Q_0}{2\pi KD} \ln \frac{r}{R}, \quad r_w \leqslant r \leqslant R \tag{3.90}$$

式中,h_R 为抽水前的水头(m);R 为抽水井的有效半径(m);r_w 为抽水井半径(m)。

抽水井的体积通量或排出量是正的($r \leqslant R$;$r/R \leqslant 1$;$\ln(r/R) \leqslant 0$;$2\pi KD > 0$;$h < h_R \Rightarrow h - h_R < 0$;$Q_0 > 0$),补给井或注入井的 Q_0 是负的($Q_0 < 0$)。

与方程(3.89)类似,图 3.49 所示非承压含水层完全贯入井的体积通量 Q_0 可描述如下:

$$Q_0 = q_r 2\pi rh \tag{3.91}$$

注意,方程(3.91)中水头 h 沿抽水井自身的方向减少,代替了方程(3.89)中的含水层厚度或深度 D。同时,联合方程(3.91)和达西定律,得出以下非承压含水层势能下降面的方程:

$$h^2 = h_R^2 + \frac{Q_0}{\pi K} \ln \frac{r}{R}, \quad r_w \leqslant r \leqslant R \tag{3.92}$$

非承压条件下,地下水位下降量的绝对值 $|h - h_R|$,比水头 h 本身小很多,方程(3.92)可以重新写为:

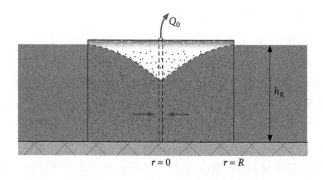

图 3.49　非承压含水层中完全贯入抽水井的径向对称、稳定地下水流

$$h^2 - h_R^2 = (h + h_R)(h - h_R) = 2\overline{D}(h - h_R) \Rightarrow h - h_R = \frac{Q_0}{2\pi K\overline{D}} \ln \frac{r}{R} \Rightarrow$$

$$h = h_R + \frac{Q_0}{2\pi K\overline{D}} \ln \frac{r}{R}, \quad r_w \leqslant r \leqslant R \tag{3.93}$$

$\overline{D}$ 等于 $r = r_w$ 和 $r = R$ 之间含水层的平均饱和深度:

$$\overline{D} = \frac{1}{2}(h_{r_w} + h_R) \tag{3.94}$$

非承压条件下的方程(3.93)与承压条件下的方程(3.90)类似。用符号 T 代替导水系数(承压条件 $T = K \times D$;非承压条件 $T = K \times \overline{D}$),当 $|h - h_R| \ll h$ 时,承压和非承压条件下井的电势下降面一般方程可写为:

$$h = h_R + \frac{Q_0}{2\pi T} \ln \frac{r}{R}, \quad r_w \leqslant r \leqslant R \tag{3.95}$$

抽水井的 Q_0 是正的,补给井的 Q_0 是负的。方程(3.95)也可写为(来源见 M6):

$$h_2 - h_1 = \frac{Q_0}{2\pi T} \ln \frac{r_2}{r_1}, \quad r_w \leqslant r \leqslant R \tag{3.96}$$

式中,h_1 为距井径向距离为 r_1 处的水头(m);h_2 为距井径向距离为 r_2 处的水头(m)。

后面的方程被称为 Thiem 方程,由德国科学家 Adolph Thiem(1836—1908)命名,可以用来确定承压含水层导水系数 T,抽水试验数据提供了许多可能遇到的假设,如恒稳态环境的存在、完全贯入井、均值各向同性含水层、厚度统一以及面积无穷大(Kruseman 和 De Ridder,1994;Schwartz 和 Zhang,2003)。

利用方程(3.93),逐渐下降的水头($h_R - h$)可以用 $r = r_w$ 和 $r = R$ 之间任意的径向位置 r 算出。由方程(3.93)可以清晰地知道,对于抽水井,减小的值,即 $h - h_R$ 是负的($Q_0 > 0$)。

3.15.4.2　区域性地下水流场中的井

图 3.50a 所示为在缺少区域地下水流场的井中,其抽水漏斗的横截面(下降曲线)。抽水漏斗的水头 h_r(如方程 3.95 所述):

$$h_r = h_R + \frac{Q_0}{2\pi T} \ln \frac{r}{R}, \quad r_w \leqslant r \leqslant R \tag{3.97}$$

式中,h_r 为抽水产生的水头(m)。

练习 3.15.4.1　图 E3.15.4.1 所示为含水层中的四个观测井或压强计平面图;观测水头是固定的。含水层厚度 20 m,渗透系数 10 m·d^{-1}。含水层有效孔隙率 n_e 等于 0.4。废料堆位于 $x=0$ 到 250 m,y 位于 500 到 750 m 之间。

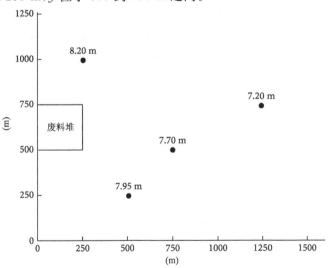

图 E3.15.4.1　含水层中的四个观测井或压强计平面图

a. 绘出 8 m 和 7 m 之间的等水位面。

b. 计算自然地下水流的体积通量密度。

c. 计算和地下水流方向一致的有效速率。

d. 从观测井采集污染的地下水,应该在哪条线上布置抽水井?

e. 井的最小泵排量是多少?

练习 3.15.4.2 图 E3.15.4.2 所示为抽水井稳定地下水流的一部分,该井所在的承压含水层厚 10 m,均质且各向同性。无区域性地下水流,且渗透系数未知。井的泵排量等于 314 $m^3 \cdot d^{-1}$。A、B 距井 200 m,C、D 距井 100 m。AB 和 CD 是一抽水井为中心的圆弧。距井径向距离 500 m 处,由于抽水逐渐减小的水头,减小至零。

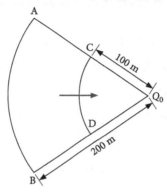

图 E3.15.4.2

a. 通过 AB 和 CD 的体积通量有什么关系?解释一下。

b. 通过 A 和 C 的体积通量密度有什么关系?解释一下。

练习 3.15.4.3 一个完全贯入抽水井从承压含水层中抽水的体积通量为 628 $m^3 \cdot d^{-1}$。渗透系数 10 $m \cdot d^{-1}$,含水层饱和厚度 50 m。抽水井水头下降在距井 1000 m 处停止。

a. 给出描述测压管水面下降量 R 的值。

b. 距井多远处,逐渐下降的水头等于 10 m?

练习 3.15.4.4 环岛中的淡水,其允许的最大下降水头为 3 m;完全贯入抽水井的半径为 0.2 m;岛的半径是 5000 m;$K=20$ $m \cdot d^{-1}$。岛圆周的潜水面位于平面以上 25 m,岛下面都是不透水层($h_R=25$ m)。

a. 运用公式 3.92,计算非承压含水层中抽水井的最大体积通量。

b. 假设承压含水层饱和厚度 $D=25$ m,计算抽水井的最大体积通量。

c. 解释 a 和 b 答案的不同之处。

图 3.50b 所示为区域地下水流场测压管水面的横截面图。地下水在区域内从右向左沿水头减小的方向流动。区域非承压地下水流系统测压管水面形状的横截面是抛物线型的(方程 (3.60))。然而,由于抛物线较平缓,我们可以近似地认为其形状符合线性方程,水力坡降 i 为

斜率、C 作为常数。假设非承压地下水流的水力坡降 i 达到千分之一的量级（水流的正坡降是向左的，见 3.7 节）。因此，适用于承压和非承压的条件：

$$h_x = ix + C = ir + C \tag{3.98}$$

式中，h_x 为原来区域地下水流场的水头（m）。

令 $x=0$、$r=0$ 在相同的位置，x 和 r 在横截面上是可互换的。

图 3.50c 所示为区域性地下水流场抽水井的下降曲线。注意，图 3.50a 和图 3.50c 中抽水井的体积通量是相等的。图 3.50c 中区域地下水流场的影响是使抽水井沿原来地下水流方向的地下水降落曲线的水头减小。从物理角度来说，图 3.50c 地下水降落曲线中的水头 h_{tot} 可以简单地由抽水井的影响（图 3.50a）加区域地下水流场（图 3.50b）构建。若用图表表示，图 3.50c 中的水头 h_{tot} 是由图 3.50a 中的 h_r 和图 3.50b 中的 h_x 总计推导出来的。

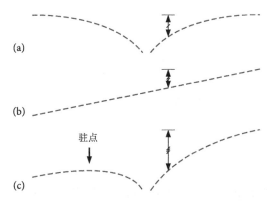

图 3.50　由于抽水井抽出地下水形成的测压管水面横截面图(a)没有区域地下水流场，以及(c)在区域地下水流场中；(b)所示为区域地下水流场测压管水面本身，(c)曲线由曲线(a)和(b)的和建立

图中水头的基准水位已经在最右边；因此水头是负值，等于曲线(a)和(c)的下降值数学方面，h_{tot} 是 h_r（方程(3.97)）和 h_x（方程(3.98)）的和：

$$h_{tot} = h_r + h_x = h_R + \frac{Q_0}{2\pi T}\ln\frac{r}{R} + ir + C = h_R + \frac{Q_0}{2\pi T}\ln r - \frac{Q_0}{2\pi T}\ln R + ir + C \tag{3.99}$$

式中，h_{tot} 为由于在区域地下水流场中抽水产生的水头

3.15.4.3　驻点

在图 3.50c 左边的某一点，水头由于受右边抽水井水流的影响而停止。区域地下水流向左，因此，在这个点水是向右流向抽水井的，但被向左的区域地下水流代替，我们一定会遇到这样一个没有地下水流的点。这个点被称为驻点。图 3.51 所示为区域地下水流场内抽水井产生的流线平面图。注意该图中驻点的位置。驻点是测压管水面 h_{tot} 局部最大值。从数学角度，局部最大值可以推导如下：

$$\frac{\mathrm{d}h_{tot}}{\mathrm{d}r} = 0 \tag{3.100}$$

方程(3.99)的微分方程如下

$$\frac{\mathrm{d}h_{tot}}{\mathrm{d}r} = \frac{Q_0}{2\pi T}\left(\frac{1}{r}\right) + i \tag{3.101}$$

联合方程(3.100)和(3.101)得出

$$\frac{Q_0}{2\pi T}\left(\frac{1}{r}\right)+i=0\Rightarrow\frac{Q_0}{2\pi Tr}+i=0\Rightarrow\frac{Q_0}{2\pi Tr}=-i\Rightarrow 2\pi Tr=\frac{-Q_0}{i}$$

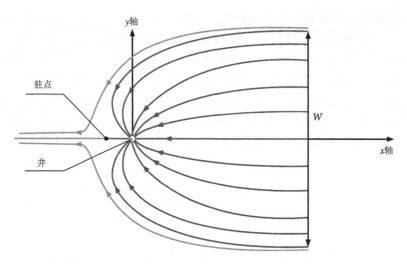

图 3.51　区域地下水流场中,由于抽水井抽水所产生的流线平面图(标号为 0 的抽水井)

由此,则可知与抽水井中心有关的驻点位置

$$r=\frac{-Q_0}{2\pi Ti} \tag{3.102}$$

在从右向左的区域性地下水流场中($i>0$),抽水井($Q_0>0$)的 r 是负值,如图 3.50b 和图 3.50c 所示。这是正确的,因为驻点位于抽水井中心的左侧($r=0$ 处)。

练习 3.15.4.5　图 3.51 所示,一完全贯入井(坐标 0,0)从厚度 50 m 的承压含水层中抽水。抽水之前,在 x 轴的负方向存在一个与 x 轴平行的均匀下水流。均匀地下水流即地下水流每一点的速度大小和方向都一致。该均匀地下水流的水力坡度为 1/1000。含水层渗透系数 10 m·d^{-1}。抽水井抽水量或体积通量为 314 m³·d^{-1}。

a. 计算井中抽出水的面积及其宽度的最大值。

b. 计算地下水流场驻点的位置。

3.15.4.4　污染下层土的水文隔离

图 3.52 的左半部分相当于图 3.51,显示的是受抽水井影响的区域地下水流场流线 Q_1 ($Q_1>0$)。如果抽水井右边的下层土被污染了,污染的水可以被吸到抽水井处理,此后干净或净化过的水被注入(抽出),在污染区域中心对称的位置,如图 3.52 所示。当井 2 的注入率 Q_2 等于井 1 的抽水率 Q_1($Q_2=-Q_1$)且设置正确时(抽水井之间的相关距离和实际抽水率 Q_1),污染区域被控制在对称的水透镜中,(大部分)与区域地下水流系统隔离开来,可以由图 3.52 中的流线证明。由于连续的抽出和补给,随着时间的推移,下层土将会越来越干净。水文隔离是关于技术的一个例子,更普遍的称为抽水处理。

污染下层土的水文隔离是一种非常经济的方法,因为抽水和注水的成本都很低,特别是和那些挖掘、以及用黏土坝或混凝土结构隔离污染土壤方法相比。

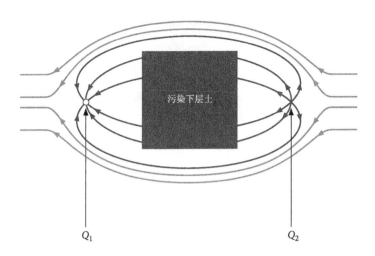

图 3.52 抽水处理:水文隔离污染下层土,抽水井(标号为 0)出水量 Q_1,补给井(x)补给量 $Q_2(Q_2 = -Q_1)$

3.15.5 重叠,影像井,边界

3.15.5.1 重叠

一般来说,对于完全贯入井,编号为 n,假设它是抽水井($Q_n > 0$)或补给井($Q_n < 0$),我们可以把方程(3.95)重写如下:

$$s_n = h_{r_n} - h_{R_n} = \frac{Q_n}{2\pi T} \ln \frac{r_n}{R_n}, \ r_{w_n} \leqslant r_n \leqslant R_n \tag{3.103}$$

式中,$s_n =$ 由编号为 n 的井造成的地下水位下降;抽水井 $s_n < 0(Q_n > 0)$;补给井 $s_n > 0(Q_n < 0)$。

图 3.53 所示为四个井和压强计的平面图,井为平坦地区的抽水井或补给井。图 3.53 中的每个井都有自己的体积通量 Q 和影响范围 R,从特定的井出发距离为 r 处的地下水位下降可以由公式(3.103)计算,加入 Q、r、R 正确的值即可。当地没有区域地下水流,压强计测量所有四个井的影响水头。重叠的概念可以描述为所有井影响范围内任意位置的总下降 s_{tot},可以通过各井的地下水位下降之和来计算:

$$s_{tot} = s_1 + s_2 + \cdots + s_n \tag{3.104}$$

在图 3.53 中,有四个井($n = 4$),稳定环境下压强计中的水头 h,可以通过压强计位置上单位抽水水头 h_R 和总下降值 s_{tot}(水头变小时为负,水头增大时为正)之和来计算:

$$h = h_R + s_{tot} \tag{3.105}$$

在饮用水来自地下水的区域内,当在某个抽水井中遇到污染物质时,自来水公司或政府当局应当怎么应对? 可以采取很多措施,但是一定不能关闭这些井! 最好的方法是加大已污染井的体积通量 Q,试着把所有下层土污染物都从这个井中抽出。当然,这使得该井中抽出的水不适合饮用,水需要和污染物一起处理。同时,抽水区中的其他井需要持续监测污染物质的痕迹。在框 3.8 中,简单介绍了地下水中两种危险的污染物——三氯乙烯和砷。

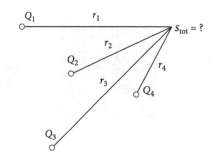

图 3.53　平坦区域的压强计和四个完全贯入井(抽水井、补给井)的平面图;重叠的概念

练习 3.15.5.1　图 E3.15.1 所示为平坦区域内三个抽水井的位置以及压强计的位置。抽出的水来自承压含水层。抽水前压强计测量的水头是平均海平面 10 m 以上的压强。$Q_1 = 314$ $\text{m}^3 \cdot \text{d}^{-1}$，$Q_2 = 471 \text{m}^3 \cdot \text{d}^{-1}$，$Q_3 = 628$ $\text{m}^3 \cdot \text{d}^{-1}$。导水系数 $T = 100$ $\text{m}^2 \cdot \text{d}^{-1}$。$R_1 = R_2 = R_3 = 500$ m。

a. 计算稳定地下水流条件下,抽水井开始工作后的压强计水头。

b. 改变注水井的 Q_2 值,同时保持绝对体积通量不变。计算稳定地下水流条件下,抽水井开始工作后的压强计水头。

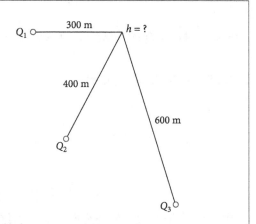

图 E3.15.5.1　平坦区域内三个抽水井位置及压强计的位置

框 3.8　三氯乙烯和砷

工业国家饮用水产品存在的主要威胁是下层土中的 DNAPLs,即重质非水相液体,例如三氯乙烯(三氯乙烷),一种在工业溶剂中大量使用的含氯碳氢化合物。三氯乙烯在许多废品站的土壤和地下水中都能找到。它的固体物质比水重,渗出后附着在下层土中的不透水或半透水层上;三氯乙烯是一种辅助致癌物质,和其他物质一起活动,促进肿瘤的形成,并且不易从下层土中移动。这是一个地下水人为污染物的例子。另一方面,孟加拉国(恒河三角洲)和印度(孟加拉邦)等国家,遭遇到许多由于地下水中高水平的自然存在的砷而产生的问题,这些地下水是用于人类饮用的(Appelo,2008):砷化合物不仅有毒,而且致癌。

3.15.5.2　明渠水的线性边界

图 3.54 所示为流线平面图和补给井与抽水井之间测压管水面横截面(即我们说的东西走向)。在图 3.54 中,没有区域地下水流。横截面总下降 s_{tot} 与图 3.50c 中的程序类似,可以通过把补给井造成的地下水位下降 s_1 ($s_1 > 0$) 和抽水井造成的地下水位下降 s_2 ($s_2 < 0$) 相加得出:

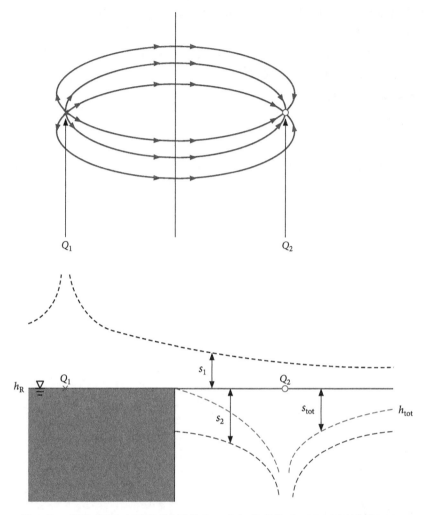

图 3.54 补给井(x)和抽水井(标号为 0)之间的流线平面图和测压管水面 h_{tot}
横截面图($Q_1 = -Q_2$);明渠水面线性边界模拟(解释见正文)

$$s_{tot} = s_1 + s_2 \tag{3.106}$$

有趣的是,这样就会产生一个恒定的水头,等于两个抽水井之间中点位置的单位抽水水头 h_R,这在图 3.54 中的横截面图中可见。由图 3.54 中的平面图可以清晰地看到该中间点是恒定水头线的一部分,恒定水头等于预抽水水头 h_R,这条线沿垂直于横截面的方向延伸(南北方向)。

现在假设这样一个条件:只有一个抽水井,在井的左边(西),有一个明渠水(湖或渠),它的右边界(东)是直线,与图 3.54 中刚刚提到的恒定水头线 h_R 是一致的。事实上,由于明渠水面和地下水在直线边界相遇(还由于明渠水面有上游持续补给),抽水前或抽水开始后,明渠水面边界的水位将始终保持在恒定水位 h_R。实际上,如果想在抽水井的左边加入一个恒定水头 h_R 的明渠水面边界,只需要把抽水井反射到明渠水面边界的另一边,改成注水井,体积通量绝对值不变($Q_1 = -Q_2$),然后用 s_1 和 s_2 相加,得到 s_{tot}。反射的井叫做影像井。实际上,这个井并不存在,只包含于模型中,在抽水井的左边创造一个恒定水头 h_R 的明渠水面线性边界。模型中存在的那部分是右边的明渠水面边界。著名的恒定水头水流区域边界是 Dirichlet 边界条件,由德国数学家 Johann Peter Gustav Lejeune Dirichlet(1805—1859)命名。

从邻河的砂质含水层中抽取地下水来提供饮用水的优势在于地下水通过其相连的地表水可以得到大量的补给,同时地下水流过砂质含水层需要大约 60 d,在这个过程中地下水被生物净化,摆脱了导致疾病的微型生物(见框 3.1)。

3.15.5.3 无水流线性边界

图 3.55 所示为体积通量相等($Q_1 = Q_2$)的两个抽水井之间的流线平面图和测压管水面横截面图(东西向)。从横截面图上可以清楚地看出这种设置在两个井之间的中点和中线上形成了一个平的测压管水面。平的测压管水面意味着没有水力坡降,因此,在两井之间的中线上没有地下水流,即形成了无水流线性边界。著名的恒定体积通量水流区域边界叫做 Neumann 边界条件,由德国数学家 Carl Gottfried Neumann (1832—1925)命名。在这个特定的例子中,恒定体积通量等于 0。

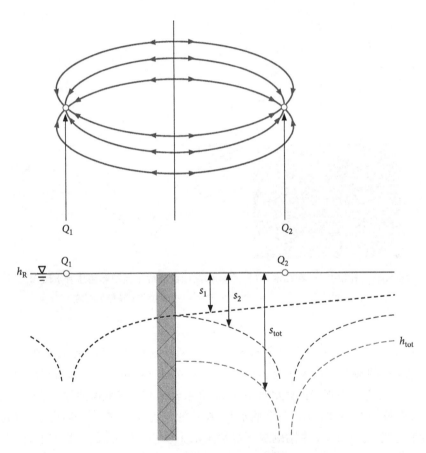

图 3.55 所示为流线的平面图以及测压管水面的横截面图(东西方向),还是在两个井之间,但是两个井都是抽水井,体积通量相等($Q_1 = Q_2$)

3.15.5.4 计算线性边界附近地下水位的下降

图 3.56 解释了如何计算(图 3.56a)明渠水面线性边界以及(图 3.56b)无水流线性边界(不透水面积)附近抽水井周边的地下水位下降。首先需要按照上文所述反射一个抽水井,用

到抽水井的距离 r_1 计算下降值（负值），然后用到影像井的距离 r_2 来计算地下水位下降（正值或负值），最后应用叠加原理把两个下降值相加计算总下降 s_{tot}。

初始井是补给井（代替图 3.56 中的抽水井），然后模拟一个包括影像抽水井的明渠水面线性边界，同时模拟一个包括影像补给井的无水流线性边界。

练习 3.15.5.2 和 3.15.5.3 提供了一些关于上文中的部分练习。

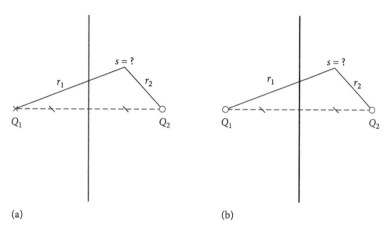

图 3.56 　（a）明渠水面线性边界以及（b）无水流线性边界（不透水面积）附近，
抽水量为 Q_2 的抽水井（0）周边的地下水位下降

练习 3.15.5.2　从含水层中抽取地下水的目的是提供引用水。抽水量为 1257 $m^3 \cdot d^{-1}$。含水层饱和深度为 50 m。含水层由两个层次组成。下层厚度 20 m，渗透系数 10 $m \cdot d^{-1}$。上层厚度 30 m，渗透系数 30 $m \cdot d^{-1}$。含水层为承压含水层。

a. 计算含水层总导水系数。

自然保护区的中心位于距离抽水井 500 m 处，如图 E3.15.5.2 中间部分所示。人们担心自然保护区会变干或遭遇干旱。与井径向距离 2 km 处，水头不再因抽水影响而降低。

b. 计算自然保护区中心位置水头的下降。

上述情况是由于渠道和废料堆被扩大了。渠道位于距抽水井 50 m 处。废料堆位于距抽水井 500 m 处。图 E3.15.5.2 下面部分展示了其新的位置。

c. 定性地解释一下，渠道的存在与之前所述 b 条件中的 Ee，对自然保护区中心位置水头下降的影响。

d. 定量地计算新条件下自然保护区中点位置水头的下降。这与上述 c 中定性评价的结论一致吗？

e. 穿过含水两个层次的体积通量有何相关？含水层两个层次的有效孔隙度均为 0.4。

f. 含水层两个层次的有效速率有何相关？

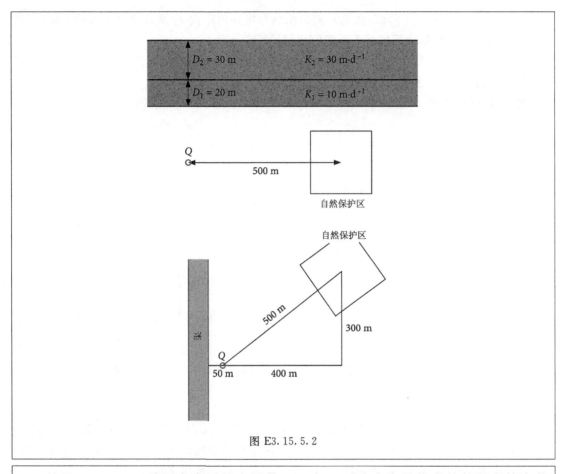

图 E3.15.5.2

练习 3.15.5.3　承压含水层导水系数 50 m² · d⁻¹。木房子的支护桩距离抽水井 1 km,抽水井抽水率(体积通量)314 m³ · d⁻¹;房子下面由抽水引起的地下水水位下降为 −10 cm。

a. 计算距抽水井 400 m 处的地下水水位下降。

房子的主人担心,由于抽水导致的水位下降会造成支护桩的腐烂,他们友好地说服当局在房子和抽水井之间的下层土中建一个不透水结构。该不透水结构建在距抽水井 400 m处。

b. 计算不透水结构抽水侧的地下水水位下降。

3.15.6　附加阻力

在 3.11 节中,穿过半透水层的垂直地下水流,含阻力项的达西定律公式如下(方程 (3.47)):

$$q = \frac{-\Delta h}{\left(\dfrac{d}{k}\right)} \tag{3.107}$$

在 3.10 节中,承压条件下的水平地下水流达西公式如下(方程 E3.10.1.1):

$$Q' = \frac{-\Delta h}{\left(\dfrac{L}{KD}\right)} \tag{3.108}$$

在 3.15 节中,有补给的非承压含水层,边界是两条完全渗透的渠道,渠道内水位相等,其测压管水面公式如下(方程(3.86)):

$$N = \frac{\Delta h}{\left(\dfrac{L^2}{2K\overline{D}}\right)} \tag{3.109}$$

所有分析方程都是由简单假设推导出来的;例如,非承压含水层水平地下水流的 Dupuit-Forchheimer 假设(见图 3.57a)。实际上,渠道可能不是完全渗透的,非承压含水层中的流线不是水平而是稍微弯曲的、稍微长一些、在渠道附近收缩,产生了额外的流动阻力(见图 3.57b)。同时,渠道可能用不太透水的材料做内衬,产生另外一种附加阻力,导致产生渗透面,即明渠水面含水层流出边界附近陡峻的水力坡降,如图 3.57c 所示。为了说明与实际情况的差异,方程中可引入附加阻力 Ω(注意,Ω 单位的不同,要和原始阻力保持一致):

$$q = \frac{-\Delta h}{\left(\dfrac{d}{k} + \Omega_v\right)} \qquad \Omega_v = \text{垂直水流附加阻力}(\text{d}) \tag{3.110}$$

$$Q' = \frac{-\Delta h}{\left(\dfrac{L}{KD} + \Omega_h\right)} \qquad \Omega_h = \text{水平水流附加阻力}(\text{d/m}) \tag{3.111}$$

$$N = \frac{\Delta h}{\left(\dfrac{L^2}{2K\overline{D}} + \Omega_N\right)} \qquad \Omega_N = \text{水平水流附加阻力}(\text{d}) \tag{3.112}$$

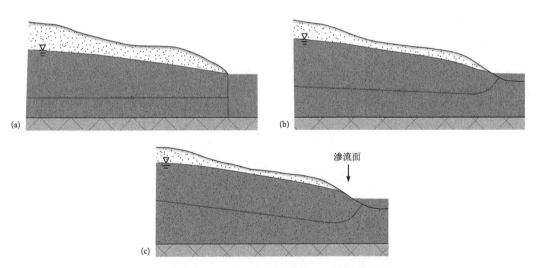

图 3.57　非承压地下水流:(a)模拟条件;(b)有附加水流阻力;(c)另一种
附加阻力,由于沿流出边界不太透水的材料产生的渗透面

表 3.3　地下水水力学总结表

一维稳定地下水流		
承压	$h = C_1 x + C_2$	(3.29)
非承压	$h^2 = C_1 x + C_2$	(3.68)
渗漏的	$h = h_a + C_1 \mathrm{e}^{\frac{x}{\lambda}} + C_2 \mathrm{e}^{\frac{-x}{\lambda}}, \lambda = \sqrt{KD_c}$	(3.71)
补给:相同水位	$h^2 = -\dfrac{N}{K}x^2 + C$	(3.85)
补给:不同水位	$h^2 = -\dfrac{N}{K}x^2 + C_1 x + C_2$	(3.88)
径向对称稳定地下水流		
承压	$h = h_R + \dfrac{Q_0}{2\pi KD} \ln \dfrac{r}{R}, \ r_w \leqslant r \leqslant R$	(3.90)
非承压	$h^2 = h_R^2 + \dfrac{Q_0}{\pi K} \ln \dfrac{r}{R}, \ r_w \leqslant r \leqslant R$	(3.92)

3.15.7　基本原理

表 3.3 总结了用于解决 3.15 节中练习的不同测压管水面方程。这些测压管水面方程都是用达西定律和连续方程联合推导出来的,适用于均质、各向同性介质中的稳定地下水流,通常用拉普拉斯算子如(见书后 M 章):

$$承压水 \quad \frac{\mathrm{d}^2 h}{\mathrm{d}x^2} = 0 \tag{3.113}$$

或

$$非承压水 \quad \frac{\mathrm{d}^2 h^2}{\mathrm{d}x^2} = 0 \tag{3.114}$$

这些都是三维微分方程的特殊例子,适用于均质、各向同性介质稳定地下水流,称为拉普拉斯方程,由拉普拉斯(1749—1827)命名:

$$\frac{\partial^2 h}{\partial x^2} + \frac{\partial^2 h}{\partial y^2} + \frac{\partial^2 h}{\partial z^2} = 0 \tag{3.115}$$

读者需要具备相关的基本知识,如伯努利定律、达西定律、连续方程以及重叠定律,用表 3.3 中的公式作为知识储备来解决本节中的练习题。

稳定地下水流和非稳定地下水流都建立了解析方程。非稳定地下水流如抽水开始或结束、或明渠水面水位突然降低或上升，即不稳定状态。例如，均质、各向同性介质中的径向对称非承压地下水流，其一般水流方程称作布西内斯克方程（1904），由法国数学家、物理学家 Joseph Valentin Boussinesq(1842—1929)命名。该方程包括水头随时间的变化 $\frac{\partial h}{\partial t}$ 以及存储项 S_y——单位产水量，即单位体积多孔材料在潜水面下降产生的重力作用下释放出来的水的体积。如果含水层水位下降与含水层饱和厚度或深度相比很小，且没有补给项，则布西内斯克方程可以线性化成以下格式（Fetter,2001)：

$$\frac{\partial^2 h}{\partial x^2} + \frac{\partial^2 h}{\partial y^2} = \frac{S_y}{KD} \frac{\partial h}{\partial t} \tag{3.116}$$

对于许多地下水流问题有分析解法。Gijs Bruggeman 博士，因其关于地下水流问题的分析解法言论，在荷兰非常著名，为大约 1100 个地下水水文学问题提出了分析解法（Bruggeman, 1999)，重要的是，读者需要对数学有一定的了解。解析地下水水文学（地下水水力学），以及本书的目的，表 3.3 中的 7 个方程就能够满足需求。重要的是，地下水问题的分析解法对于训练有素的水文学家非常有用，因为它为许多地下水流问题提供了快速的初始估计。

对于复杂的概念性水文学问题，则需要更复杂的数学模型，水文学家需要在电脑上运行数值计算方法来解。基本上有三种类型的数值方法，即有限差分、有限元或解析元。

有限差分方法（FDM）把相关地下水流域划分为矩形网格，对于每一个矩形都用达西定律和连续方程来解有限差分方程。有限差分方程把网格中的节点和其相邻节点的水头联系起来，在非恒定计算中，则指前一步的节点水头（Fitts,2002)。著名的有限差分模型代码是 MODFLOW（模块化三维有限差值地下水流模型；McDonald 和 Harbaugh,1988；Anderson 和 Woessner,1992)。

有限元法（FEM）相比有限差分法的优势在于划分相关流域更加灵活，如不同形状的三角和梯形柱。然而，其包含的数学方法也更难理解（与有限差分法相比）。荷兰所应用的有限元模型代码是 MicroFEM (Nienhuis 和 Hemker,2009)。

上文提到的最后一种方法，解析元法（AEM)，是一种基于大量分析解法重叠的数值方法，分析解法在本章节中讨论过。通过电脑把大量的地下水流模型分析解法重叠，这种方法是由明尼苏达大学的教授 Otto D L Strack 开发的。关于该理论的主概述是由 Strack 发表的(1999)。完整的阐述是由 Strack(1989)和 Haitjema(1995)发表在教科书上。AME 模型代码叫 SLAME，如，单层（SL）版本。

如果有兴趣，可以细想一下上文所提到的数值方法，有些已经超出本书的范围。市面上有许多很优秀的关于数值方法的教科书，可以提供给更加优秀的学生或毕业生。而对于水文学的初学者，作者希望从有价值的角度提供给他们基础的、必要的水文学原理。

小结

· 含水层是适宜地下水存储和流动传输的地下土层。

· 任意点的速度都不随时间变化而变化的地下径流叫做恒定地下径流，如果水流的大小、方向随着时间变化或两者同时变化，则是非恒定流或瞬时流。

· 机械能是指物体的动能或势能。

· 压强计内液面上升的高度可以用来表征水头的高低。在不同位置和不同深度上压强计显示的水头变化,使用者可以观察到地下径流的流向。地下水层的静水压面是反映地下水层水头的一个虚构面。

· 水头 h 等于高程 z 与压力水头之和:　　　$h = z + \dfrac{p}{\rho g}$

· 潜水是指具有自由水面的地下水;潜水分布的地下水层称为潜水层。

· 隔水层是几乎没有地下水渗透的土层。完全阻隔地下径流的不透水层称为不渗透水层或绝水层。少量水渗透的隔水层称为半渗透层、渗漏隔水层或弱透水层。

· 夹在两个不透水层之间的地下水叫做承压地下水,该地下水层称为承压地下水层。

· 承压水的两个承压层中只要有一个具有半渗透性,该承压水称为半承压水,该含水层称为半承压水层或渗漏含水层。

· 当承压水或半承压水流出地表,该地下水称为自流水。

· 位于不饱和区域以下的非承压水叫做滞水,这时的潜水面称为上层滞水面。

· 流体静力学平衡是指没有水流的状态。非承压水在流体静力学平衡状态下,地下水位和水头一致。

· 渗流(向下渗漏)是指地下水向下方渗流;渗漏是指地下水向上方渗漏。

· 田间持水量是指土壤中的水在重力作用下的最大含水量。田间持水量通常低于土壤饱和水含量。在饱和状态下,土壤中所有的孔隙都充满了水分;在田间持水状态下,即使是土壤中最大的孔隙中也充斥着空气。当土壤中的含水量大于田间持水量时,开始发生渗漏现象。

· $Q =$ 体积流量或排水量($\mathrm{m^3 \cdot d^{-1}}$)。水平方向地下水流的达西定律是:

$$Q = -KA \frac{\Delta h}{\Delta x}$$

· $Q =$ 单位宽度上的体积流量或单位宽度上的排水量($\mathrm{m^2 \cdot d^{-1}}$)。承压水层中水平方向地下水流的达西定律是:

$$Q = -KD \frac{\Delta h}{\Delta x}$$

· $q =$ 体积流量密度或单位流量($\mathrm{m \cdot d^{-1}}$)。半渗透层中垂向水流的达西定律是:$q = -k$ $(\Delta h / \Delta z)$($k =$ 纵向水力传导)

· 体积通量密度 $q(\mathrm{m \cdot d^{-1}})$ 是与水流垂直方向上单位面积 $A(\mathrm{m^2})$ 的体积流量 $Q(\mathrm{m^3 \cdot d^{-1}})$。单位面积 A 是指与水流方向垂直的面积,包括固相土壤颗粒和孔隙;水流只穿过互相连通的孔隙,不能通过固体的颗粒,所以体积通量密度($\mathrm{m \cdot d^{-1}}$)不是用速率来表示。

· (饱和的)渗透系数 $K(\mathrm{m \cdot d^{-1}})$ 是一个综合考虑水及水流中物质特性的参数。例如沙,有很强的水力传导性,而黏土的水力传导性却很弱。渗透率 $K(\mathrm{m^2})$ 只是水流流经的多孔介质的一个特性函数,而不是水本身的一个属性。

· 水头差 $\Delta h(\mathrm{m})$ 等于上游水位 h_2 减去下游水位 h_1 之差:$\Delta h = h_2 - h_1$。

· 水力坡度 i(无量纲参数)是指河流水面单位距离的落差,对于横向水流来说,水流单位距离 $\Delta x = x_2 - x_1$,对于纵向的地下水流来说,$\Delta z = z_2 - z_1$,水力坡度的符号通常与水力通量 Q (Q')以及体积通量密度 q 符号的正负相反。

· 达西定律的运用与流体层流形态有关;如果流体大体上看来呈平行的流线,层间没有扰动,则适用于达西定律。与层流相对应的是紊流,紊流是指水流有扰动、有漩涡以及混乱无序的流态。

• 地下水有效流速 $Ve(\mathrm{m \cdot d^{-1}}) = q/n_e$；$q$ 是体积通量密度，n_e（无量纲参数）是有效孔隙率，是指水流中岩石、沉积物和土壤等的体积分数。

• 水力学中的水量平衡方程是连续方程，方程中稳定的地下水流意味着体积通量 Q $(\mathrm{m^3 \cdot d^{-1}})$ 是一个常数，在流动过程中水的体积和质量没有变化；连续性并不完全意味着体积通量密度 $q(\mathrm{m \cdot d^{-1}})$ 是一个常数。

• 典型单元体是研究对象可度量参数一致性的最小体积样本，例如渗透系数。

• 均质层中，各点的渗透系数 K 一致。均质层可能是各向相同也可能是各向异性，在同流向层中，渗透系数 K 在所有方向上所有位置都相同，是一个与方向无关的参数。与均质性和同向性相反的是异质性，渗透系数 K 在各点不同，各向异性，各点的渗透系数 K 与方向有关。

• 含水层储能对建筑物降温和加热是一种常用的、高效的、经济的技术，取代了部分电能需求，减少了化石燃料的燃烧，降低了大气中二氧化碳的排放。

• 流线折射最重要的顺序就是水平状沉积物的形成，在水平砂状含水层和竖状半渗透黏土层中，地下水流形态可以被模拟。

• 在平衡状态下，承压水层界面和上层不渗透层的总压力 $\sigma_t(\mathrm{N \cdot m^{-2}})$ 等于粒间压力或称有效压力 $\sigma_i(\mathrm{N \cdot m^{-2}})$ 和水压力或中性压力 $p(\mathrm{N \cdot m^{-2}})$ 之和：$\sigma_t = \sigma_i + p$。

• 导水系数 T 是度量地下水导水程度的指标，与单位宽度上的体积流量 $Q'(\mathrm{m^2 \cdot d^{-1}})$ 单位相同。对于均质的承压水，导水系数 T 等于导水率 K 与地下水饱和径流深度 D 的乘积。

$$T = K \times D$$

• 在承压地下水层水平层流的组成中，总的导水系数 T 是各层导水系数之和：$T = T_1 + T_2 + \cdots$；反过来导水率 K 可以由以下关系得到：$KD = K_1 D_1 + K_2 D_2 + \cdots$

• 流体阻力或垂直流阻 c（天数）定义为 d/k，其中 d 是水流的深度（m），k 是纵向渗透系数 $(\mathrm{m \cdot d^{-1}})$；为了便于识别，本书在纵向地下水流方程中使用字母 d 和 k，在水平向地下水方程中用字母 D 和 K 表示。

• 在一系列水平均质半渗透层中，流体阻力的总和等于各层水力阻力的总和：$c = c_1 + c_2 + \cdots$ 当通过水平向半渗透层计算竖向体积流量密度 q 时，流体阻力 c（天数）在本质上与水质点的传播时间不同（也是天数）。

• 由地形决定的水位顺地势分布，由补给水控制的水位与局部地形分布无关，取决于区域地形分布。水位的形状由地形或补给水决定的程度，取决于补给程度、地下水导水系数、含水层几何形状和地形本身。

• 电导率（EC）是度量水导电能力的指标，因此也可以表征水中的离子浓度。EC 值在野外可以用仪器测量，仪器上有一个简单的棍状装置，用电线与仪器相连。EC 值的度量单位是 $\mu\mathrm{S \cdot cm^{-1}}$（微西门子每厘米）。由于 EC 值随温度而变化，实践中规定在 $20\,℃$ 时测得标准值。

• 地下水中的化学组成与水流和土壤的接触时间有关。大气渐变水是刚刚过下渗的地下水，仍然具有大气层中水的特性，例如，水中离子含量较低（EC 值约为 $10\ \mu\mathrm{S \cdot cm^{-1}}$）。石渐变水是与土壤接触时间较长的地下水，通常水中离子浓度较高（EC 常小于 $1000\ \mu\mathrm{S \cdot cm^{-1}}$）；石渐变水硬度较高（富含大量 Ca^{2+} 离子）。海渐变水是含盐量很高的地下水，水中离子浓度很高,如果用仪器直接测定 EC 值,甚至会损坏仪器。

·可以由很多方法表示水化学中的差异。例如,可以使用板式图解。所有相关的研究方法都需要将浓度以毫克当量为单位进行研究(框 3.5)。

·从 Ghijben-Herzberg 方程(流体静力学平衡方程)可以推导出,海岸沙丘的含盐地下水中淡水透镜体的厚度大约是凸面或压力差的 41 倍;后者在淡水层的顶端和明渠水面表层的边界之间随高度不同而有所变化。

·对受到污染的底层土壤采取水力隔绝、抽出处理技术都是清洁被污染地下水的经济而又高效的措施。

4 土壤水

引言

在潜水面以上,土壤中的气孔里可能包含水和空气两种物质。这就是我们常说的非饱水带、渗流带或包气带,该区域中存在的水就叫做土壤水。

土壤水在很多方面都有其重要性。土壤水、植物和大气之间的关系对农业生产至关重要,且与气候变化影响有关。同时,土壤水对于潜在地下水的再补给(补充)有重要作用。土壤水另外一个重要作用是为地下水污染提供第一条屏障,原因解释如下。

土壤吸附水是靠土壤水积聚在结实的土壤表面形成一个薄的水分子膜来实现的。土壤的吸附作用主要通过静电力把偶极水分子绑定到固体土壤粒子的带电面上。由于这个作用力只在土壤粒子表面很近的距离内发生作用,所以土壤粒子周围只能形成很薄的水膜。

"偶极"是指一个水分子同时有一个负极电荷和几个正极电荷,这是由于水分子不对称造成的。

我们假设渗透水被周围的垃圾场污染,水中因此含有致病菌和病毒。Torkzaban 等(2006)总结出病毒对于土壤气孔中的固态水和气态水表面吸附作用的增加与土壤中水饱和程度的减少成正比。一个增加的吸附作用会延长病毒在土壤中的存在时间。对固态水和气态水表面施加作用力可能会撕开这些分开的接口上的细菌和病毒,从而杀灭细菌和病毒。另外,细菌($0.3 \sim 2~\mu m$)比病毒($0.01 \sim 0.3~\mu m$)大很多,细菌在水分传输过程中可能会阻塞土壤气孔。致病细菌和病毒在土壤气孔中固态水和气态水表面的长期滞留,以及在这些表面施加的作用力,降低了细菌和病毒的活跃性。吸附作用的机理以及在不饱水区域的不活跃性对于保护地下水(饱和带)不受致病细菌和病毒的侵扰是十分有效的。因此,土壤水为保护地下水不受污染提供了第一屏障,饮用水也可能由此获取。

4.1 负水压

从第 3 章第 3.3 节我们得知,对于饱和带来说,土壤里所有的气孔都填满了水,所以水头等于高程水头和压力水头的和:

$$h = z + \frac{p}{\rho g} \tag{4.1}$$

式中,h 为水头(m);z 为高程水头(m);压力 p 为压力水头;ρ 为水密度;g 为重力加速度。

　　水头是地下水机械能的一个度量。土壤中一个自由的气态水表面的压力水头被认为是0,(3.3节),因此自由潜水面的压力水头为0。在流体静力学(无水流)条件下,将该概念应用于地下水,并以潜水面为基准,可以做出图4.1。

　　在图4.1中,地下水高程(长度单位表示)为纵轴,水头、高程水头和压力水头的能量(也用长度单位表示)为横轴。由于潜水面被定为基准面,故潜水面的高程水头为0。如上文所述,潜水面的压力水头也为0 m。根据图4.1所示,潜水面的水头是高程水头和压力水头的和,故等于0 m。

　　当我们沿着地下水向下,高程水头(长度单位表示)和高程(长度单位表示)的下降是一样的。由于潜水面为基准面,潜水面以下的高程水头为负值,高程水头和高程的关系可以如图4.1绘成呈45°角的直线(相同比例轴)。

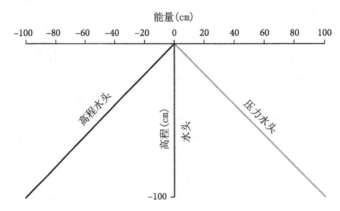

图4.1　在流体静力学平衡的条件下(无垂直地下水流),饱和带中的水头、高程水头以及压力水头

　　当我们沿着地下水向下,不同高程(长度单位表示)的压力水头(长度单位表示)与高程上的水柱长度呈线性相关。因此潜水面下的压力水头为正,且压力水头和高程的关系也可以绘成呈45°角的直线(相同比例轴,且和高程水头不同方向),如图4.1所示。

　　任何地方的水头都是高程水头和压力水头的和,饱和带所有高程的水头都等于0,故不能由高程决定。由于高程对水头不会有影响,故地下水中没有垂直方向的水流,这符合我们开始的观点,即流体静力学平衡(地下水无垂直流)。

　　那么包气带即潜水面以上的区域中类似的图形在流体静力学平衡(无水流)条件下是怎样的呢? 土壤气孔中通常包含水和空气。在包气带中,水也是由高机械能处流向低机械能处,这个机械能等于高程水头和压力水头的和(符合伯努利定律)。当我们继续把潜水面定位基准面,那么潜水面的高程水头仍然是0 m。

　　根据上文可知,沿着潜水面向上,高程水头(长度单位表示)的增长和潜水面以上高程(长度单位表示)的增长是一样的。为了使包气带中没有水流,机械能应该保持为0。这需要潜水面以上的压力水头的减少和高程的增长值相同才能实现,如图4.2所示。因此,规定潜水面的压力水头为0,那么包气带中的水压为负,比气压小。

　　由于包气带中的气孔通常含有空气,故机械能不像潜水面以下的饱和带内那么容易度量,饱和带内的机械能即压力表中的水头。因此,赋予包气带中的机械能一个新的术语:包气带中的机械能叫做总(水)势。

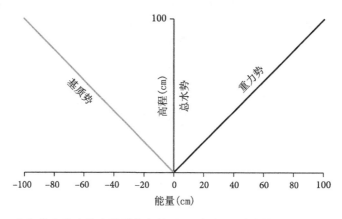

图 4.2 包气带中流水静力学平衡条件下(无水流)的总水势、重力势以及基质势

从能量角度出发,这个术语和饱水带中的水头概念完全一致。同时,在包气带中高程水头和压力水头也有新的术语:重力势和高程水头的概念一致,基质势和压力水头的概念一致。基质势是带负号的压力水头。在水文学中,术语吸力通常用于:吸力是基质势的绝对值,是没有负号的基质势。低吸力是微弱的负基质势,高吸力预示着强劲的负基质势。

由公式(4.1)类推,包气带中的伯努利定律公式如下:

$$h = z + \Psi \tag{4.2}$$

式中,h 为总水势;z 为重力势;Ψ 为基质势。

在水文学文献中,土壤水势和水力势能两个术语,有时和总水势是同义的。

在水文学文献中,涉及孔隙尺度的物理过程,毛管压力是毛细孔隙中气压和水压之间的区别,它和吸力是同义的。

图 4.3 把饱水带中的流体静力学平衡和包气带中的流体静力学平衡结合起来,并概括了两个区域中共有的术语。

图 4.3 中,潜水面被定为基准面,即 0 水平面。如果其他平面如地表被定位基准面,则只影响高程水头重力势线的位置和水头总水势线的位置,这种情况下两条线可以平行移动到正确的位置。因为压力水头基质势线还保持现在的位置,基准面的选择不会影响水头总势线的形状。人们通常会选择更简便的基准面,但一旦选择了一个基准面来描绘特定位置的能量标准,则需严格遵守。

水能(水势)的术语和单位

本书中我们熟知每单位重量(N)的能量(J)术语是这样处理的,产生一个长度单位($J \cdot N^{-1} = N \cdot m \cdot N^{-1} = m$)。另外一个常见单位是每单位体积($m^3$)的能量($J$),产生一个压力单位($J \cdot m^{-3} = N \cdot m \cdot m^{-3} = N \cdot m^{-2} = Pa$)。还有一个每单位质量的能量单位($J/kg$)。

在土壤水带中,选定厘米(cm)为水势的单位,因此总势 h,重力势 z,基质势 Ψ 的单位都是

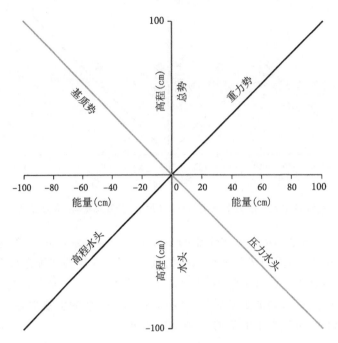

图 4.3　在流体静力学平衡条件下(无水流),包气带和饱水带中总势＝水头,
重力势＝高程水头,基质势＝压力水头

厘米(cm)。为了避免高吸力(强劲的负基质势)出现大数字,引入了 pF 这个单位,它是吸力(－Ψ)的对数(常用对数),吸力的单位为厘米:

$$pF = \lg(-\Psi) \tag{4.3}$$

式中,－Ψ 为吸力(cm)。

习题 4.1.1　设定 1atm(大气)≈1000 mbar＝1000 hPa＝$10^3 \times 10^2$Pa＝10^5N · m^{-2},g＝重力加速度≈10 m · s^{-2}。

a. 大气中水平面的水压。

b. 大气中水平面的平均气压。

c. 每 10 m 增加多少压力可以让带水肺的潜水员在淡水中下降得更远?

d. 计算大气中 20 m 深的淡水水压。

e. 计算大气中 20 m 深的淡水总压。

f. 1 hPa 水压等于多少厘米水压?

习题 4.1.2　图 E4.1.2 是砂质地层中两米深的饱和水黏土层,该饱和的黏土层顶端有 1 m 的非承压地下水。黏土层以下有个 $2pF$ 的非饱和带。黏土层的垂直渗透系数等于 2×10^{-3}m · d^{-1}。

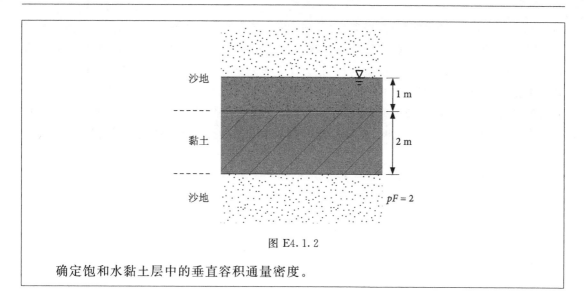

图 E4.1.2

确定饱和水黏土层中的垂直容积通量密度。

4.2　总势的确定

包气带中水的总势 h 不能像饱和带中那样用压强计直接测量。

压强计中的地下水高程,即水头,可以通过压强计中向下移动的空心砝码来确定,同时在触水时发出"噗通"的声响。或者,为了获取压强计中波动水头的值,可以在压强计的底部安装一个压力传感器,同时在比水平面高的地方安装一个传感器用于测量气压。从压强计底部记录的总压(水压十气压)数据中减去气压,可以得到水压的精确值;后面的压力值和水柱的长度即水头成线性相关。测量总压的传感器高度是零水平线或基准水平线。

总势 h,即包气带中的水头 h,不能直接测量,故通过测量基质势 Ψ 推出总势值。这是通过一个所谓的张力计来实现的。图 4.5 展示的是一个张力计,它由一根管子及下面一个高度

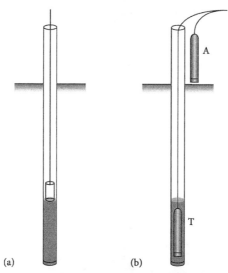

图 4.4　水头的测量方法用到一个空心砝码(a)和两个压力传感器(b):压力传感器 T 测量总压,同时传感器 A 测量气压;把传感器和笔记本电脑相连接可以储存压力随时间的波动。

为 5 cm 或更小的可透水杯(石膏或陶瓷)组成,里面充满了水。在管子的顶端,水压由压力计(一种压力测量装置)测量。张力计可以直接垂直插入表层土,也可以先挖个坑再插入,水平放置于不同深度的土层中。需要注意的是,张力计要紧紧地嵌入土壤里并保证张力计的渗透杯和土壤充分接触。等到张力计中的水和土壤水分开始达到平衡,基质势就可以确定出来了。放置的张力计达到平衡需要的时间取决于土壤类型以及渗透杯的大小;如果是重黏土土壤加上大渗透杯,达到平衡的时间也许需要几周;因此,这种土壤类型建议使用小号的渗透杯。

$\rho=$水密度≈ 1000 kg·m^{-3};$g=$重力加速度$=9.8$ m·s^{-2};$\Delta z=$高度差(m);因此$\rho g\Delta z$的单位是(kg·m^{-3})·(m·s^{-2})·m$=$kg·(m·s^2)$^{-1}=$(kg·m·s^{-2})·m$^{-2}=$N·m^{-2}

$\Psi=p/(\rho g)$的单位为 N·m^{-2}·kg^{-1}·m^3·m^{-1}·s$^2=$(kg·m·s^{-2})m^{-2}·kg^{-1}·m^3·m^{-1}·s$^2=$m

在图 4.5 中,透水杯平面(C 平面)的水压 p_C 等于压力计平面(M 平面)的水压 p_M 与 C、M 两点之间的水压和:

$$p_C = p_M + \rho g\Delta z \tag{4.4}$$

式中,p_C 为 C 点水压(N·m^{-2});p_M 为 M 点水压(N·m^{-2});$\rho g\Delta z$ 为 C 点和 M 点之间的水压(N·M^{-2})。

用水压 p(N·m^{-2})除以 ρ(kg·m^{-3})和 g(m·s^{-2})得到基质势($p·(\rho g)^{-1}$)单位是 m,也可以转化为 cm。故由公式(4.4)可得

$$\Psi_C = \Psi_M + \Delta z \tag{4.5}$$

式中,Ψ_C 为 C 点基质势(cm);Ψ_M 为 M 点基质势(cm);Δz 为高程差(cm)。

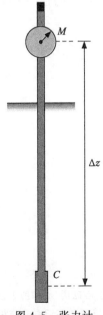

图 4.5　张力计

举个例子，如图 4.5，如果压力计的读数是 $\Psi_M=-110$ cm，$\Delta z=80$ cm，那么多孔杯位置的基质势 $\Psi_C=-110+80=-30$ cm，该水平面的吸力也等于 30 cm。把多孔杯放置于地表以下 60 cm处，令地表为基准面（则多孔杯的 z 为-60 cm），我们可以很简单地通过土壤水伯努利定律（公式（4.2））来确定总势的值：总势 $h=-60+(-30)=-90$ cm。

练习 4.2　图 E4.2 显示的是同一位置的两个张力计，但它们的多孔杯位于不同深度。流体静力学平衡条件存在。两个张力计的读数都是-90 cm。以地表为基准面。

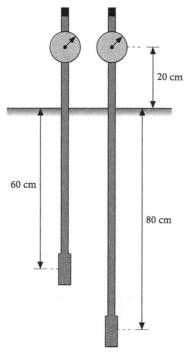

图 E4.2　张力计

a. 以地表为基准面，画出-60 到-80 cm 的势能图（包括重力势、基质势和总势能）。

b. 确定潜水面的深度。

4.3　土壤是干燥滤纸还是湿海绵

干燥的土壤有着很强的负基质势，或者说是很大的吸力。

当干燥的土壤变得湿润，增加的水分将会最先填满小一些的土壤孔隙。我们可以想象一下把一个干燥滤纸（类似的土壤）放在一个湿工作台上：工作台上的水会被吸入干燥滤纸的小孔隙中。相反的，把一个大孔隙的干海绵放在湿工作台上，几乎没有水会被吸入海绵。因此，小孔隙比大孔隙的吸力更大，这个结论也适用于土壤。图 4.6 显示的是一个简单的毛细孔隙模拟，并在框 4.1 中确定了毛细孔隙的直径和吸力之间的关系：

$$-\Psi=\frac{0.3}{\Phi}\tag{4.6}$$

式中，$-\Psi$ 为吸力（cm）；0.3的单位是 cm^2；Φ 为毛细孔隙直径（cm）。

当湿润土壤排水时，水分首先从大孔隙中流出。我们可以想象一个将要滴水的湿海绵（类似的土壤）。滤纸的小孔隙可以紧紧地锁住水分，所以一个湿滤纸中几乎没有水流出；这就是小孔隙有更大的吸力（或者说有更大的负基质势）。

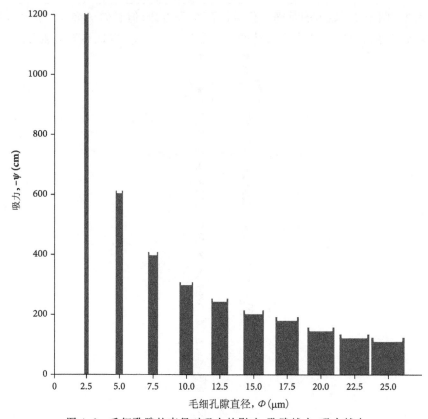

图 4.6　毛细孔隙的直径对吸力的影响：孔隙越小，吸力越大

框 4.1　毛细孔隙直径和吸力之间的关系

内聚力是一种相同分子之间的吸引力，附着力则是不同分子之间的吸引力。暴露的水面内聚力特别大，努力把暴露的水面减到最小面积：因为水面的水分子只有相同的水分子在水中相邻，而空气中没有，这些水面的水分子有很强的力作用于离它们最近的邻居——这种增强的分子间作用力就是水的表面张力。水的表面张力使得水面像一个弹性薄片，使得小昆虫如池鼋（水黾）能够在水面行走。对于油来说，甚至是小的金属物体比如针和刮胡刀刀片，都可漂浮其上。

一个足够小的毛细孔隙可以和干燥滤纸一样从湿的工作台吸收水分，这个现象就是毛细管作用。图 B4.1 显示的是毛细孔隙的吸水过程。水分子和毛细孔隙壁之间的吸附力把水变成新月形，空气和水的接触面，毛细孔隙壁上面：当毛细孔隙更小的时候，这个曲率更加显著，同样的，交会角更小——这是因为当毛细孔隙更小的时候，附着力作为所有作用力的一部分会变得更大。交会角可以解释为液体或蒸汽的界面遇到固体表面的角度，从液体内部来测量；在我们所举的例子中，该液体就是指的水。

　　表面张力也是毛管作用的结果：当水被吸入毛细孔隙中，迫使水柱进入毛细孔隙的力和水柱的重量之间就建立了平衡关系。迫使水柱进入毛细孔隙的力就是水的表面张力，该力作用于空气\水界面(水\蒸汽界面)的周围，使得固体表面和毛细孔隙壁相连。该力为一个向上的作用力，但是被交会角抵消了，如图 B4.1 所示。水的表面张力 σ，又叫空气\水界面张力，与其他液体相比是相当大的，20℃时等于 72.75×10^{-3} N·m^{-1}。

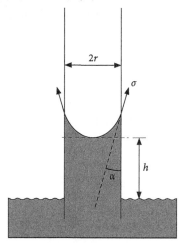

图 B4.1　毛细孔隙(见文中的符号说明)

　　举升力公式如下：

$$F_1 = \sigma \cos\alpha \times 2\pi r \tag{B4.1.1}$$

式中，F_1 为举升力 (N)；σ 为水的表面张力 $=72.75 \times 10^{-3}$ N·m^{-1}；α 为交会角(°)；r 为圆环半径(m)；$2\pi r$ 为空气/水界面周长(m)。

　　水柱重力公式如下：

$$F_W = \pi r^2 h\rho g \tag{B4.1.2}$$

式中，F_W 为水柱重力(N)；h 为水柱的高度(m)；πr^2 为水柱体积(m^3)；ρ 为水密度 $=1000$ kg·m^{-3}；g 为重力加速度 $=9.8$ m·s^{-2}。

　　迫使水柱进入毛细孔隙(或将水分锁定在毛细孔隙中)的力(公式 B4.1.1)和水柱的重量(公式 B4.1.2)之间达到了平衡，

$$F_1 = F_w \tag{B4.1.3}$$

　　把公式 B4.1.1 和 B4.1.2 带入公式 B4.1.3 中得出

$$\sigma \cos\alpha \times 2\pi r = \pi r^2 h\rho g \tag{B4.1.4}$$

　　对于小的毛细孔隙来说，交会角 α 将接近于零，$\cos\alpha = \cos 0° = 1$。

　　公式 B4.1.4 中所有给出的关联和 $r = \frac{1}{2}\Phi$ 联立，其中 Φ 是毛细孔隙的直径：

$$h \times \Phi \approx 3 \times 10^{-5} \text{m}^2 \tag{B4.1.5}$$

　　把单位由 m^2 换算为 cm^2

$$h \times \Phi \approx 3 \times 10^{-1} \text{cm}^2 \tag{B4.1.6}$$

公式 B4.1.6 中的 h，即水柱的高度，单位是 cm，可以由同样单位为 cm 的吸力－Ψ 来替换，

$$-\Psi \times \Phi \approx 3 \times 10^{-1} \text{cm}^2 \tag{B4.1.7}$$

公式 B4.1.7 还可以写作正文中的公式(4.6)。

读者需知公式 B4.1.7 及公式(4.6)给出的是小的、形状完美的毛细孔隙直径和吸力之间的关系。公式 B4.1.7 及公式(4.6)帮助我们第一次了解了吸力和孔隙大小的关系，但或许只能用于粗略估计近似值。

综上所述，当向干燥土壤加水时(土壤体积含水量低的土壤)，更小的孔隙首先吸水(强吸力)，并且只有在土壤比较湿润的时候大的孔隙才会开始吸水(弱吸力)。当水从湿润土壤中抽出时(土壤体积含水量高的土壤)，更大的孔隙首先排水(弱吸力)，并且只有在土壤比较湿润的时候，强吸力的小孔隙才会开始排水。

4.4　土壤水分特性

土壤体积含水量 θ(见 3.5 节)可以定义为土壤中含水孔隙的容积率($0<\theta<1$)或体积百分率($0<\theta<100\%$)：

$$\theta = \frac{V_w}{V_t}(\times 100\%) \tag{4.7}$$

式中，V_w 为含水孔隙体积(cm^3)；V_t 为包含固体基质和孔隙的土壤体积(cm^3)。

砂粒和孔隙空间中的作用力是主要的毛管力，简化表达如图 4.6。黏土是片层结构且表面带负电荷可以吸引正离子，一些正离子如钠离子、钙离子游离于土壤水中。阳离子被静电力(见 3.7 节)束缚于黏土片上，因此，土壤水中的阳离子也被束缚于黏土上。吸力是固体土壤颗粒中水的作用力的总称，不考虑力的性质，也不考虑水是被土壤颗粒之间的毛管力控制还是土壤颗粒周围的水像薄膜一样吸附着。

由于不同的土壤孔隙大小分布不同，且可能发生的作用力不同(如前文所述)，因此，不同土壤类型吸力和土壤含水量之间的关系是不同的。要想深入了解土壤水流的物理现象，首要的是要搞清楚这种关系具体是什么。

土壤水特征(土壤水特征曲线，pF 曲线)是吸力和单位体积含水率 θ 之间的关系曲线，通常吸力是纵坐标、含水率为横坐标。我们有很多种方法可以测量田地或田地土样的含水率，如框 4.2 阐述的烘干重量法；或是其他直接测量的方法例如电阻块、中子探测器、伽马射线扫描仪、电容探针、时域反射计(TDR)或频域反射计(FDR)。吸力通常用 pF 表示，如前所述，pF 是吸力(－Ψ)的自然对数，单位为厘米(方程(4.3))。土壤水特征曲线上的所有点表述的都是吸力和含水率之间的平衡态势。当确定具体的土壤水特征时，需要一定时间才能达到平衡状态。公式(4.7)给出的是砂、黏土的土壤水分特征。

当我们将砂土和黏土的土壤水分特征做比较时会发现，相同含水率时黏土的吸力更大，或者说，相同吸力时黏土的单位体积含水率更大。这取决于不同自然水约束力的差异，由于黏土比砂土孔隙多且有各种各样不同大小的孔隙。

如图 4.7，可以绘制许多其他结构类(淤泥、砂砾)或土壤(粗筛分土壤、精筛分土壤)的曲

线。例如,淤泥结构一类的曲线,它介于黏土和砂土(或是壤土,一种含大量淤泥的土壤)之间,可以在砂土和黏土曲线的中间找到一个位置。

当饱和土壤开始变干,外力作用超过特定临界吸力时,那么空气就会进入最大的孔隙中,导致水从这些孔隙中流失。

这种临界吸力叫做进气吸力$-\Psi_{ae}$($-\Psi_{ae}>0$ cm),可表示为土壤特征曲线右手边垂线的长度,如图 4.7 所示。由于空气进入小孔隙比大孔隙更难,小孔隙土壤如细颗粒土壤(黏土)的进气吸力比大孔隙土壤如粗结构土壤(砂土)的进气吸力大。然而,粗纹理土壤,特别是有明显分层的,主要孔隙的进气吸力轨迹在土壤特征曲线上显示得更直观。同时,主要孔隙中的水分瞬间变干,在土壤干涸的过程中吸力只是略有增加。图 4.7 砂土土壤特征的近水平层部分说明了这种含水量急剧下降吸力仅略有增加的情况。在框 4.2 中深入探讨了在实践中如何确定土壤水分特征。

框 4.2　土壤水分特征的确定

1. 在田中取土壤芯样并密封使土壤含水量良好保存;通常设计可承载 100 cm³ 土样的密封环,并取松散土样放入塑料袋中密封好。

2. 在实验室中,带封包环给土样称重。这个值是 $M_s+M_{wf}+M_r$;词汇表见表 B4.2。

3. 把土壤芯样放入桶中,桶底填满饱水性的砂土。逐渐提高桶中水位直到仅低于环的顶部;这种逐渐加水的过程可能持续几天(对砂土来说)或几周(重黏土)。使用这种方法是为了确保不让空气进入土样中。

4. 在封包环中称饱水土样的重量。这个值是 $M_s+M_{w0}+M_r$;记录土样中饱和状态当 pF $=0$ 时水的重量($\Psi=-1$ cm≈0 cm (饱和);见 4.4 节)。

5. 把土壤芯样放在(滤纸上)极细砂的沙盒中,设定沙盒所需水位,如图 B4.2 中土样中心 10 cm 以下的位置。流体静力学平衡后(砂土需要几天,重黏土需要几周),土样(中心)中的基质势 Ψ 等于-10 cm,等效于 $pF=1$。

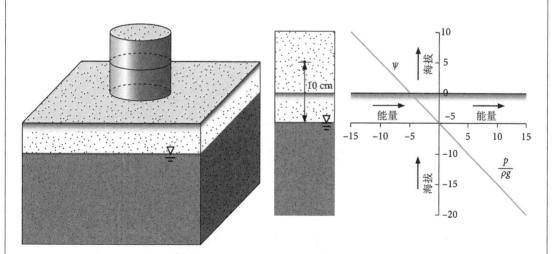

图 B4.2　水位在土样中心以下 10 cm 的沙盒方法:在流体静力学平衡
条件下(无水流),基质势 $\Psi=-10$ cm($pF=1$)

6. 达到平衡后,带封包环给土样称重。这个值是 $M_s + M_{w1} + M_r$。

7. 在不同的 pF 下重复步骤 5 和步骤 6。例如,把水位设定在土样中心以下 20 cm 的位置,土样中的基质势 Ψ 等于 -20 cm,相当于流体静力学平衡中 $pF=1.3$;$\Psi=-40$ cm 相当于流体静力学平衡中 $pF=1.6$,$\Psi=-100$ cm 相当于 $pF=2$。$\Psi=-100$ cm 时说明沙盒中基本都是细沙。当 pF 为 $2.0 \sim 2.7$,沙盒中用高岭石黏土填充;pF 为 $2.7 \sim 4.2$ 时,要使用膜压力装置;在后一种设备中,田中所取的松散土样(步骤 1)代替土壤芯样;$pF=6$ 时粗略等于土样风干后的 pF。

表 B4.2　土壤芯样重量和体积词汇表

M_r＝土样封包环的重量(g)

M_s＝土样固体物质重量(g)

M_w＝土样中水的重量(g)

M_{w0}＝饱和时土样中水的重量(g)($pF=0$)

M_{w1}＝土样中水的重量(g)($pF=1$)

M_{w2}＝土样中水的重量(g)($pF=2$)

M_{wf}＝田地土样中水的重量(g)

V_t＝土样总体积(cm³);对于小环来说,$V_t=100$ cm³

V_w＝土样中水的体积(cm³)

V_{w0}＝饱和时土样中水的体积(cm³)($pF=0$)

V_{w1}＝土样中水的体积(cm³)($pF=1$)

V_{w2}＝土样中水的体积(cm³)($pF=2$)

V_{wf}＝田地土样中水的体积(cm³)

θ＝单位体积土样含水率＝$\dfrac{V_w}{V_t}$(—)

θ_0＝饱和时单位体积土样含水率($pF=0$)(—)

θ_1＝单位体积土样含水率($pF=1$)(—)

θ_2＝单位体积土样含水率($pF=2$)(—)

θ_f＝单位体积田地土样含水率(—)

ρ＝淡水密度＝1000 kg·m⁻³＝1g·cm⁻³ ⇒ V_w(cm³)＝M_w(g)

n＝孔隙度＝θ_0(—)

ρ_b＝干密度＝$\dfrac{M_s}{V_t}$

8. 达到平衡后,带封包环给土样称重。例如,$\Psi=-100$ cm($pF=2$),这个值是 $M_s + M_{w2} + M_r$。

9. 测量不同 pF 值下的 $M_s + M_w + M_r$ 后,将土样连同封包环放入烘干炉,温度为 105℃,烘干 24 小时。

10. 通过这种方式烘干土样后,带封包环称重。这个值是 M_s 和 M_r。

11. 从步骤 2 得到的 $M_s + M_{wf} + M_r$ 值中减掉步骤 10 中得到的 $M_s + M_r$ 值,得到 $M_{wf'}$;从步骤 4 得到的 $M_s + M_{w0} + M_{r'}$ 中减掉步骤 10 中 $M_s + M_r$,得到 $M_{w0'}$;用同样的方法算出 $M_{w1'}$、$M_{w2'}$ 以及其他值。

12. 淡水密度是 $1\ g \cdot cm^{-3} = (1\ kg \cdot m^{-3})$，故 $V_w = M_{w'}$，同时 $V_{wf}(cm^3) = M_{wf}(g)$，$V_{w0}(cm^3) = M_{w0}(g)$，$V_{w1}(cm^3) = M_{w1}(g)$，$V_{w2}(cm^3) = M_{w2}(g)$，等等。

13. 步骤 12 中的水分体积除以土壤芯样体积 V_t（通常是 100 cm^3），计算得出单位体积含水率 $\theta_{f'}$，$\theta_{0'}$，$\theta_{1'}$，$\theta_{2'}$，等等。

14. 通过测绘位置 (θ, pF)、$(\theta_{0'}, 0)$、$(\theta_{1'}, 1)$、$(\theta_{2'}, 2)$ 等等，绘制水分特征（主要干燥边界曲线；主要排水曲线）。

15. 通过 θ_f 值我们可以对土样 pF 和田地环境有一个粗略的了解：通过水分特征查找。

16. 最后，一些其他的土壤变量也可能通过收集到的数据来确定，如孔隙率 n，粗略地等于 $\theta_{0'}$，或是土样干密度 ρ_b，等于 $\dfrac{M_s}{V_t}$（Ms 在步骤十中计算得出）。

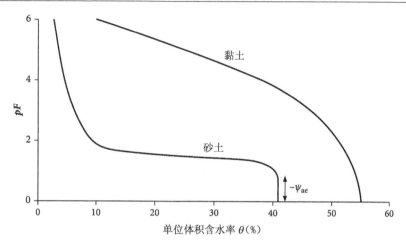

图 4.7 砂土及黏土的土壤水分特征；$-\Psi_{ae}$ 是 pF 单位下的进气吸力（以 $lg(-\Psi)$ 为单位）

由于 pF 定义为吸力 $(-\Psi)$ 的常用对数，单位厘米（公式（4.3）），吸力为 0 cm 时无法在水分特征曲线上表示；这种情况下 $pF = -\infty$。因此 $pF = 0 (-\Psi = 10^0 = 1\ cm)$ 表面是饱和状态。$pF = 0$ 时的单位体积含水率 θ 即饱和状态的单位体积含水率 θ_s，同时由于所有的土壤孔隙都填满水，因此还有土壤的孔隙率 n。

吸力在 pF 为 0 到 2 之间土壤中的水渗透到潜水面并且无法种植。如上所述，吸力大于 $pF = 4.2$ 的土壤水同样无法种植。因此可以种植的土壤水是 pF 值在 2.0 到 4.2 之间的那部分。我们可以通过减去 pF 为 2.0 到 4.2 时单位体积含水率 θ 来简单确定可用于种植的土壤水（体积百分比），如图 4.8 所示。植物通过根吸收土壤水，因此，之前提到的有关单位体积含水率（百分比）的区别可以解释为根系区域深于 100 cm 时土壤保有的水量（单位厘米）区别。例如，如果 pF 为 2.0 和 4.2 之间百分比的差是 20%（如图 4.8 所示），即 0.2，则 40 cm 深的根系区域含水量为 40 cm 的 20%，即土壤水分为 $0.2 \times 40\ cm = 8\ cm$。

框 4.3 解释了田间持水量时的 pF 值是如何与潜水面的深度相关联的。当潜水面靠近表面，如荷兰低地，最好是用 $pF = 1.7$ 时的单位体积含水率作为田间持水量。若潜水面较深，则最好是用 $pF = 2.3$ 时的单位体积含水率作为田间持水量。当计算可种植的土壤水时，田间持水量的单位体积含水率要通过这些 pF 值之一来确定。

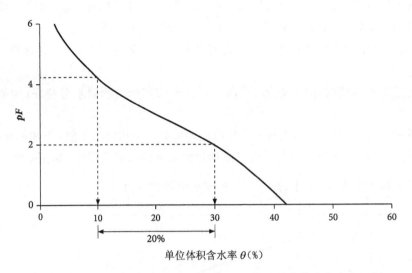

图 4.8   通过土壤水分特征确定适合种植的土壤水单位体积含水率 $\theta(\%)$

框 4.3   田间持水量的 pF 值是潜水面深的函数

　　如正文所述,含水率在田间持水量和调萎点之间时可用于种植。事实上这是一个保守的估计,土壤中比田间持水量多的那部分水也可以被植物所用,但是时间不长,因为水会渗透到地下水中去。采用 $pF=4.2$ 时的值作为凋萎点,$pF=2.0$ 时作为田间持水量。距潜水面的深度见下文。

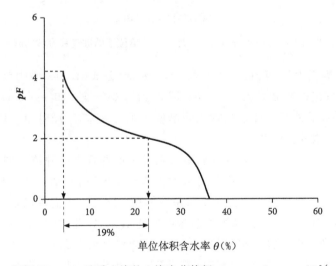

图框 B4.3.1   沙质土壤的土壤水分特征:$\theta_{pF=2.0}-\theta_{pF=4.2}=19\%$

表 B4.3.1　沙质土壤 pF、吸力 $-\Psi$ 以及单位体积含水率 θ 数据

pF	$-\Psi$(cm)	θ(%)
0.0	0	36
1.0	10	34
1.5	32	32
1.7	50	29
2.0	100	23
2.3	200	16
2.7	501	11
3.0	1000	9
3.4	2512	6
4.2	15 849	4

　　图 B4.3.2a 所示的是流体静力学平衡条件下（无水流），同样的砂质土壤在不同潜水面以上高程时的单位体积含水率 θ。由于没有水流，基质势 Ψ 和潜水面以上高程呈线性关系，如图 4.2 所示：潜水面以上 10 cm 处，基质势 $= -10$ cm；潜水面以上 32 cm 处，基质势 $= -32$ cm，等等。图 B4.3.1 和表 B4.3.1 所示，当基质势 $\Psi = -10$ cm 时，单位体积含水率 θ 等于 34%；当基质势 $\Psi = -32$ cm 时，单位体积含水率 θ 等于 32%。即潜水面以上 10 cm 处单位体积含水率 θ 等于 34%；潜水面以上 32 cm 处，单位体积含水率 θ 等于 32%。用这种方法，由表 B4.3.1 可得出图 B4.3.2a 中的数据，即潜水面以上高程(cm)等于表 B4.3.1 中的 $-\Psi$。

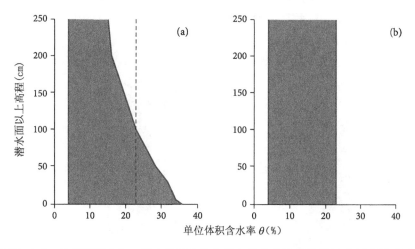

图 B4.3.2　地表以下 2.5 m 潜水面适合种植的土壤水的物理模型(a)及近似模型(b)

当根系深度 40 cm 时，近似模型 $\theta_{pF=2.0} - \theta_{pF=4.2} = 23\% - 4\% = 19\%$，

即可用于种植的土壤水深度为 7.6 cm

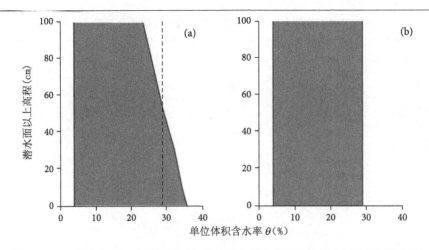

图 B4.3.3　地表以下 1 m 潜水面适合种植的土壤水的物理模型(a)及近似模型(b)

当根系深度 40 cm 时,近似模型 $\theta_{pF=1.7} - \theta_{pF=4.2} = 29\% - 4\% = 25\%$,

即可用于种植的土壤水深度为 10 cm

　　图 B4.3.1 和表 B4.3.1 均显示 $pF = 2.0$ 时单位体积含水率 $\theta = 23\%$,$pF = 4.2$ 时单位体积含水率 $\theta = 4\%$。可种植的土壤水等于 $\theta_{pF=2.0} - \theta_{pF=4.2} = 23\% - 4\% = 19\%$,当根系延伸至地表以下 1 m 处时水高 19 cm。我们假设树的根系深 2.5 m,适合种植的土壤水是 19 cm 的 2.5 倍 $= 47.5$ cm。该水量见图 B4.3.2b 中的阴影部分,显示的是沿横坐标在 $\theta_{pF=2.0} = 23\%$ 和 $\theta_{pF=4.2} = 4\%$ 之间、纵坐标是深度 250 cm 的水边界。

　　我们再来考虑树木可以获得的水量,图 B4.3.2a 用直接的物理方式给出了可种植树木的土壤含水量,即图中的阴影区域。在图 B4.3.2a 中,$\theta_{pF=2.3} = 23\%$ 的垂直线在图 B4.3.2b 中也给出了,但是是条不完整的线。对比图 B4.3.2a 和图 4.3.2b 中阴影边界和区域范围,同比例下的面积是相等的。

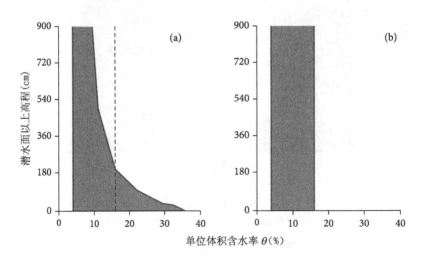

图框 4.3.4　地表以下 9 m 潜水面可种植土壤水的物理模型(a)及近似模型(b),当根系深度 40 cm 时,

近似模型 $\theta_{pF=2.3} - \theta_{pF=4.2} = 16\% - 4\% = 12\%$,即可用于种植的土壤水深度为 4.8 cm

由此可知,我们可以总结如下:简单地用 $\theta_{pF=2.0}-\theta_{pF=4.2}$ 作为可种植树木的土壤水量的近似值,和图 4.3.2b 中所示的物理模型吻合。

然而,若距潜水面的深度较浅,如 100 cm,或者 900 cm,如果还用 $pF=2.0$ 时的单位体积含水率作为田间持水量的近似值,近似模型和物理模型就不能很好地吻合了。较浅潜水面时用 $pF=1.7$、较深潜水面时用 $pF=2.3$ 时的单位体积含水率作为田间持水量的近似值,结果会更好。在图 B4.3.3,较浅潜水面为 -100 cm,图 B4.3.4,较深潜水面为 -900 cm(这两张图都运用和图 B4.3.2 相同的方法),清晰的显示出来了。

表 B4.3.2　计算图 B4.3.1 和表 4.3.1 中砂质土壤可种植水量,根系深 40 cm,潜水面分别为表面以下 1 m、2.5 m、9 m

水量(m)	(%)	(cm)
-1.0	25	10.0
-2.5	19	7.6
-9.0	12	4.8

练习 4.4.1　土壤从 0 cm 到 -20 cm 含水率为 2%,从 -20 cm 到 -40 cm 含水率为 7%。土壤水分特征曲线显示 $pF=2.0$(0 cm 到 -40 cm)时含水率为 17%。问两个土层中最少分别需要加多少水以保持土壤含水率为 17%(田间持水量)?

练习 4.4.2　两个饱和的土壤芯样放置于沙盒中,沙盒底部铺有一层细沙。基质势 Ψ 适用于两个土壤芯样。达到平衡后,两个土壤芯样的土壤含水量就确定了。重复这个程序以增加更多的负基质势(更大的吸力),同时准备一个装有高岭土黏土的沙盒,以及装有松散土样的模压装置。得到如下结果:

基质势 Ψ(cm)	单位体积含水率 θ(%)	
	土样 a	土样 b
-10^0	42	57
-10^1	39	55
-10^2	12	51
-10^3	5	47
$-10^{4.2}$	2	35
-10^5	1.5	25
-10^6	1	9

a. 分别画两个土样的土壤水分特征曲线。

b. 土样属于什么结构(有根据的猜测)?

c. 估算两种土壤类型的可种植土壤水量,假设适度的深潜水面以及根系深度 40 cm。

4.5　干湿作用:滞后现象

确定土壤水分特征曲线形状最简单的方法就是用饱和水土样,然后确定框 4.2 中所述的主要干燥边界曲线(或者是主要排水曲线)。实际上,土壤可能变干或是排尽,但经过一个干燥时期后土壤必然会变得湿润,如浸润和雨水渗透。如果我们使用干燥端来开始,然后在湿润的时候(经过充足的时间使曲线上的点都达到平衡)确定曲线的形状,我们可以得到低洼土壤的水分特征曲线,如图 4.9 所示。我们称其为主要湿润边界曲线(或主要吸入曲线)。如果在中间状态开始并烘干或浸湿土样,则会得到中间(干燥或湿润)扫描曲线,如图 4.9 所示。要注意的是曲线上以及曲线之间的所有点都在平衡状态(几天或几周后建立)。图 4.9 显示的平衡状态取决于前一状态及当前过程,或干燥或湿润。这种依赖历史物理系统的平衡状态称为滞后现象。

解释土壤水分特征曲线滞后现象最简单的方法大概就是"瓶颈效应"。墨水瓶容量大口径小。如图 4.10 显示的是土壤孔隙,或宽孔与小口的连接,形状与墨水瓶类似。水被不同的吸力固定在大大小小的孔隙中,图 4.6 中可清楚地看到。

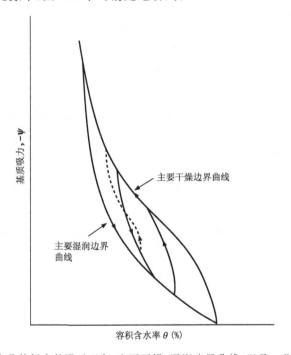

图 4.9　土壤水分特征中的滞后现象:主要干燥、湿润边界曲线,以及一些中间扫描曲线

当我们确定主要干燥曲线的时候,从饱水端开始,逐渐向干燥状态过渡,水分首先从较大孔隙中流失。然而,在墨水瓶形状的土壤孔隙中,水分在邻近的小孔隙中固定得更紧(吸力更大)。这证明水分是从大孔隙中流失的。只有当土壤中的水分进一步流失的时候,小孔隙才开始排水,大孔隙同时也在流失水分。我们选择另外一种方法,从干到湿的状态,当确定主要湿润边界曲线的时候,首先充满水分的是小孔隙,稍后,在湿润状态下,大孔隙才会充满水分。因此,土壤主要湿润边界曲线与土壤孔隙大小分布有关,且相同吸力下比主要干燥边界曲线所含水分少。这为土壤中墨水瓶形状的孔隙发生滞后现象提供了解释。

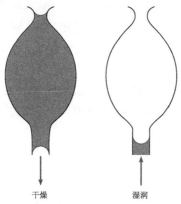

图 4.10　用瓶颈效应解释土壤水分特征中的滞后现象

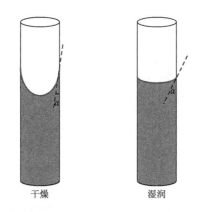

图 4.11　用"交会角"效应解释土壤水分特征的滞后现象

　　土壤水分特征的滞后现象还有其他解释。其中一个是交会角效应。如图 4.11 所示,土壤干燥时比湿润时孔隙中的交会角更小,空气或水界面更凹。孔隙越小、吸力越大,交会角越小或空气、水界面更凹。结论即干燥时的吸力比湿润时大,相同的单位体积含水率条件下,对比主要的干燥边界曲线和主要的湿润边界曲线的值与图 4.9 结论一致。

　　水文学中,在孔隙尺度的处理过程中会经常用到毛管压力滞后现象这个术语,它和土壤水分特征滞后现象是同义的:毛管压力 p_c,等于吸力$-\Psi$。同时,经常用湿润饱和度 s_w 代替单位体积含水率 θ。湿润饱和度 s_w 是饱和时孔隙率 n 的一部分,它同单位体积含水率 θ 以及孔隙率 n 的关系如下:

$$s_w = \frac{\theta}{n}(\times 100\%) \tag{4.8}$$

$$湿润饱和度 = \frac{单位体积含水率(-)}{孔隙率(-)}(\times 100\%)$$

　　当 $s_w = 1$ 时,单位体积含水率等于孔隙率;$s_w = 0.5$ 时相当于一般的孔隙体积充满水时的单位体积含水率。湿润饱和度又叫相对含水率。

　　土壤水分特征的滞后现象,或毛管压力滞后现象,可以解释为仅仅代表两个变量,如图 4.9 中所示,且遗漏至少一个重要的额外变量,这也对吸力和含水率之间的关系有显著影响。图 4.12 中,单位体积土壤的空气、水界面面积(a_{un})在以下研究中都有介绍,如哈桑尼和格雷

(1990),格雷和哈桑尼(1991a,b),赫尔德和西莉亚(2001),哈桑尼等(2002),等等。如瓶颈效应和交会角效应所述,空气、水界面面积在干燥(排出)和湿润(吸入)环境下是不同的。图4.9是一组边界曲线和中间扫描曲线,图4.12所示为由毛管压力 p_c、湿润饱和度 s_w、空气、水界面面积 a_{wn} 所确定的三维表面。Chen等(2007)证实这个三维表面是唯一的,且土壤水分特征中存在的滞后现象可以通过包含单位体积土壤空气、水界面面积的额外状态变量进行物理模拟。空气、水界面在捕捉土壤水病菌和病毒中扮演重要角色,如前文所述,避免潜在地下水被病菌病毒污染。

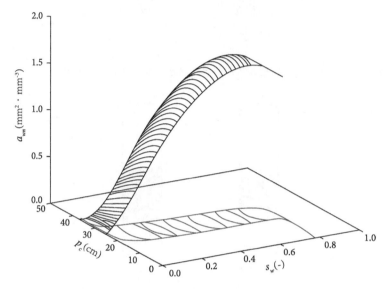

图4.12　单位体积土壤空气/水界面面积 a_{wn}、毛管压力 p_c、湿润饱和度
s_w 之间的独特关系(Held和Celia,2001之后)

4.6　非饱和水流

如前文所述,地下水(3.3节),我们将流体静力学平衡(无水流)延伸至穿过多孔介质的水流,体验摩擦力。在土壤水区域或非饱和区域,水流称为非饱和水流,水流经过孔隙充满水、水和空气混合物及空气(二相流)的多孔介质。

就地下水流来说,水流方向即较低机械能方向。因此,对非饱和水流来说,水流方向即负的总势能方向,总势能 h 可由重力势 z 和基质势 Ψ 算出。

量化非饱和水流,需要引入一个比例系数来说明土壤组成的区别(如土壤结构),方法同前文地下水(3.7节)。这个比例系数即非饱和渗透系数,在非饱和区域内等价于前文所述达西定律中的饱和水渗透系数 K(3.7节)。由于一些孔隙部分或全部被空气填满,非饱和渗透系数比饱和渗透系数要低。同时,非饱和水通过土壤基质的体积通量密度 q 比饱和水流通过相同的土壤基质单元的体积通量密度要低,因此非饱和区域体积通量密度和渗透系数的变量通常以 $cm \cdot d^{-1}$ 为单位(或更小的单位)。非饱和渗透系数是基质势 Ψ 的函数,记为 $K(\Psi)$。

图4.13所示为两种土壤:沙土和黏土。下降的非饱和渗透系数 $K(\Psi)$ 和增加的负基质势:非饱和渗透系数 $K(\Psi)$ 所在的纵坐标是对数坐标:增量显示差10倍,或略有不同:增量所

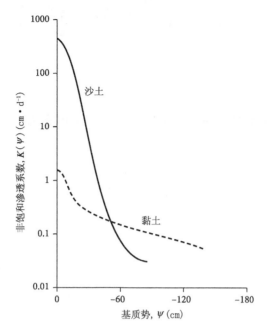

图 4.13　沙土和黏土的非饱和渗透系数 $K(\Psi)$ 是基质势 Ψ 的函数（Bouma,1977 中简化）。

示,沿纵坐标呈线性的 10 的指数（幂）变化。基质势 Ψ 沿横坐标呈线性,基质势等于 0 cm 表明水饱和。

　　因此,曲线和纵坐标的交集表示沙土和黏土的饱和渗透系数。同时可知沙土的饱和渗透系数大于黏土的（表 3.2）,并在图 4.13 中得到证实。然而,图 4.13 中示例的基质势比－51 cm 更多,黏土的非饱和渗透系数大于沙土。

　　与前文一致,美国物理学家埃德加・白金汉(1867－1940)将达西定律延伸至地下水流,在非饱和水环境下建立方程。类似于欧姆定律、傅里叶定律以及哈根-泊肃叶定律,非饱和流通过一个管道,但既不知道达西定律,也不承认饱和水流中毛管压力和水头之间的相似性(罗尔斯顿,2007),白金汉在 1970 年推导出以下公式,通常称为达西—白金汉公式:

$$q =- K(\Psi) \frac{\Delta h}{\Delta l} =- K(\Psi) \frac{\Delta(z + \Psi)}{\Delta l} \tag{4.9}$$

式中,q 为体积通量密度或单位流量(cm・d^{-1});Δh(cm)除以 Δl 即水流方向的水力梯度(一);$K(\Psi)$ 为非饱和渗透系数(cm・d^{-1});Δl 为水流方向距离(cm)。

　　对于水平方向的非饱和水流,其水流沿 x 方向,方程(4.9)变为

$$q_x =- K(\Psi) \frac{\Delta h}{\Delta x} =- K(\Psi) \frac{\Delta(z + \Psi)}{\Delta x} =- K(\Psi) \frac{\Delta z + \Delta \Psi}{\Delta x} \tag{4.10}$$

　　由于水平方向的非饱和水流 $\Delta z = 0$,方程(4.10)可写作:

$$q_x =- K(\Psi) \frac{\Delta \Psi}{\Delta x} \tag{4.11}$$

　　对于垂直方向的非饱和水流,其水流沿 z 方向,方程(4.9)变为

$$q_z =- K(\Psi) \frac{\Delta h}{\Delta z} =- K(\Psi) \frac{\Delta(z + \Psi)}{\Delta z} \tag{4.12}$$

　　使用偏微分方程来表达达西—白金汉公式(方程(4.9)),可写成二维或三维的:

$$q = -K(\Psi)\left(\frac{\partial h}{\partial x} + \frac{\partial h}{\partial y} + \frac{\partial h}{\partial z}\right) \tag{4.13}$$

非饱和流的连续方程表达如下(见本书后 M8):

$$\frac{\partial q_x}{\partial x} + \frac{\partial q_y}{\partial y} + \frac{\partial q_z}{\partial z} = -\frac{\partial \theta}{\partial t} \tag{4.14}$$

$\frac{\partial q_x}{\partial x}$、$\frac{\partial q_y}{\partial y}$、$\frac{\partial q_z}{\partial z}$ 分别表示体积通量密度每天在距离 x、y、z 上的变化;$\frac{\partial \theta}{\partial t}$ 表示体积含水率每天随时间增量的变化。

1931 年,美国土壤物理学家 Lorenzo A Richards(1904—1993)对比了达西—白金汉公式(q_x、q_y、q_z)和连续方程(方程(4.14)),给出以下非线性偏微分方程,成为理查德方程(见本书后 M8):

$$\frac{\partial}{\partial x}\left(K(\Psi)\frac{\partial h}{\partial x}\right) + \frac{\partial}{\partial y}\left(K(\Psi)\frac{\partial h}{\partial y}\right) + \frac{\partial}{\partial z}\left(K(\Psi)\frac{\partial h}{\partial z}\right) = \frac{\partial \theta}{\partial t} \tag{4.15}$$

方程(4.15)可以表达成其他形式(见本书后 M9),只对各项同性的有效(如 $K(\Psi)$ 由方向决定)。对于恒定流 $\frac{\partial \theta}{\partial t} = 0$,同时饱和水流条件下(地下水流)$K(\Psi)$ 可以由饱和水渗透系数 K 代替。对于恒定的地下水流($\frac{\partial \theta}{\partial t} = 0$;$K(\Psi)$ 变成 K),理查德方程(方程 4.15)简化为拉普拉斯方程(方程 3.115)。

$$\frac{\partial^2 h}{\partial x^2} + \frac{\partial^2 h}{\partial y^2} + \frac{\partial^2 h}{\partial z^2} = 0 \tag{4.16}$$

在水文学中,方程(4.13)至(4.16)通常用符号 ∇ 简化,∇ 代表三维空间梯度:

$$\nabla = \frac{\partial}{\partial x} + \frac{\partial}{\partial y} + \frac{\partial}{\partial z} \tag{4.17}$$

这种简化的表达更易书写、理解以及记忆很多方程。方程(4.13)至(4.16)用符号(∇)简化后写作:

达西 — 白金汉公式　　　　$q = -K(\Psi)\nabla h \tag{4.18}$

连续方程　　　　　　　　$\nabla q = -\frac{\partial \theta}{\partial t} \tag{4.19}$

理查德方程　　　　　　　$\nabla(K(\Psi)\nabla h) = \frac{\partial \theta}{\partial t} \tag{4.20}$

拉普拉斯方程　　　　　　$\nabla^2 h = 0 \tag{4.21}$

对于大多数的实践和目的,在处理非饱和水流流过土壤基质时都认为总势能 h 由重力势 z 以及基质势 Ψ 组成。然而,在很多特殊情况下,其他势也同样重要,如空气滞留在土壤中时的气动势,或是有来自覆盖土层的积土压力时的包络势。同时,渗透势有时是一个需要着重考虑的势。例如,在灌溉中,干燥土壤的额外水源。渗透作用是一个自然过程,使水从低溶液浓度的位置向高溶液浓度位置移动,试图消除浓度差。渗透势和基质势类似,也是负的。在干燥环境下,使水分进入土壤并减小机械能。

量化非饱和流(二维流),在许多情况下达西—白金汉公式(4.18)都可以满足要求。然而,该公式没有考虑界面上的作用力和能量,如空气、水界面。因此,当水流处于高度动态变化时,哈桑尼和格雷(1990)证实了达西—白金汉公式的一个推广形式与润湿相饱和基质势 s_w 以及土壤单位体积空气、水界面面积 a_{wn} 有关。然而,这个推广公式的运用需要对土壤水分空气介质进行深入的研究。

接下来 4.7—4.9 节将更深入地研究包气带水流问题,首先是上行流,其次是下行流,以及建立迄今为止出现的原理。同时,还将讨论平行于地表的土壤水流。

4.7　向上移动:毛细上升和蒸发

图 4.14 显示的是流体静力学平衡(无水流)条件下潜水面以上不同的势。该图与图 4.2 相同,但沙土和黏土的单位体积含水率添加到了右侧。注意流体静力学平衡(无水流)时不同潜水面以上高程的含水率差(见框 4.3),而且水并不一定遵循自然定律,从湿润地方流向干燥的地方! 当然,我们已经知道这里没有水流,图 4.14 中的总势由潜水面以上的高程决定。

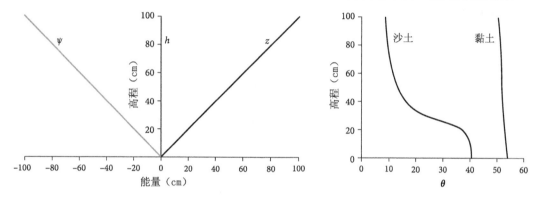

图 4.14　流体静力学平衡条件下(无水流),包气带中的总势 h、
重力势 z、基质势 Ψ,以及单位体积含水率 θ

需要注意的是,在潜水面以上的一个小区域,单位体积含水率达到最大值,意味着所有孔隙都是水饱和的。这是由于孔隙从下方的零压力地下水水平面通过毛管作用吸入水分(图 4.6),这个现象称为毛细上升。正因为如此,潜水面略靠上的区域孔隙都是饱和的,即使基质势 Ψ 是负的。由于毛管力,从潜水面吸收水分的区域叫做“毛管区”或毛管边缘。由于土壤中存在不同大小的孔隙,只有毛管边缘的底部是完全水饱和的。

毛管边缘的存在和气吸力有关,是使空气进入土壤的一个临界吸力,前文已经介绍过了(4.4 节)。对于一个特定的孔隙,当进气吸力 $-\Psi_{ae}$ 比现有的基质吸力 $-\Psi$ 大的时候,空气不会进入,同时孔隙中存在的水也不会排出。

在毛管边缘饱和部分的顶部,土壤的基质吸力等于潜水面略向上普遍存在的最大尺寸的孔隙进气吸力(因为最大的孔隙进气吸力最低),该孔隙的进气吸力可以通过(平衡)吸力 $-\Psi$ 确定,见方程(4.6)(4.3 节)。

根据方程(4.6)可以计算精筛分砂土毛管边缘饱和部分的高度,单位是 cm。毛管边缘的饱和部分与主要孔隙尺寸的细密结构沉积物有很大关联,例如黄土。黄土是一种良好分级、粉砂结构、风吹后沉淀的土壤,以前在冻结成冰的区域或其附近普遍存在。黏土的结构比黄土更细,但通常含有不同的孔隙尺寸。如果存在许多不同的孔隙尺寸,上面的部分,即毛管边缘的非饱和部分有时可能会比低处的部分厚,即毛管边缘的饱和部分。同时,土壤孔隙不是连续的,空气可能由于毛管上升过程的作用同时进入土壤中,因此,毛管区饱和部分的高度通常比计算值小。实际上当孔隙尺寸小且相对一致时,毛管边缘的饱和部分可以延伸至潜水面以上60 cm。通常,潜水面以上某些高度的土壤"有效饱和",说明除最大的孔隙外都充满了水。

理论上,进气吸力存在于相对干燥土壤的边界(框 4.2),如图 4.7 中沙土的例子所示,但实践中很难由水分特征曲线来确定进气吸力,原因是土壤中存在许多不同尺寸的孔隙及(或)土壤的异构特征。

在本章第一部分中,我们把包气带定义为潜水面以上地表面以下的区域,其土壤孔隙中可能同时含有水和空气。这个定义包含了毛管边缘的饱和部分作为包气带(渗流带)的一部分,且不是饱和带的一部分。由此可知,我们可以重新定义包气带(渗流带),即地表和潜水面之间比大气(基质势 $\Psi < 0$)中压力小的区域,且土壤孔隙通常不是水饱和的,除了毛管边缘的饱和部分以及暂时饱和的区域;例如,来自渗透水。

一些水文学家把毛管边缘的饱和部分排除在包气带以外,将其定义为饱和带的一部分,另外一些水文学家则把毛管边缘看做边界条件,将潜水面与包气带区别开来,不再具体定义。

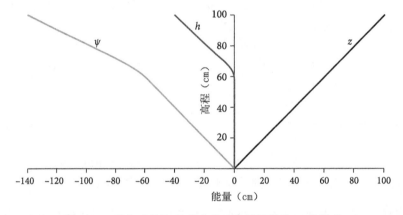

图 4.15　蒸发对总势 h,重力势 z 以及基质势 Ψ 的影响

图 4.15 所示为蒸发对基质势 Ψ 及总势 h 的影响。蒸发是由地表向大气流失的向上水流组成的,蒸发后土壤顶部会变干,因此地表的基质势变得更负。正是由于这个原因,土壤表面的总势比土壤中一定深度区域的总势要小,使得水分向低势的方向流动以试图满足气压的要求。

在毛管上升和蒸发的双重作用下,水分沿土壤表面的方向向上移动。伴随向上的水流,水中的盐分也随之转移。这可能造成土壤顶部及地表盐分的累积,这种现象在干燥气候地区更加显著。如果不采取对策,累积的盐分可能会对植物和庄稼的生长造成损害。可能的对策包括土壤灌溉和排水,以排除多余的盐分。

4.8　向下移动:渗透和渗流

渗透知识对研究地表退化过程十分重要,通过降水和地表水流侵蚀造成土壤颗粒分离(例如当部分雨水未渗透)或地表以下的土地退化过程如水位较高的地下水引发的滑坡与渗透和渗流都有关系。

在 3.5 节中下渗率 f 之间的差异(即穿过地形土壤表面的体积通量密度)和有效下渗速率

v_e 已经讨论过。在接下来重复的例子中,假设所有降水都渗透、所有的孔隙在渗透过程中都相互联系和参与,同时空气可以轻易地从土壤孔隙中逸出。每小时 2 mm 的降水(P),落到有效孔隙率 n_e 等于 0.4、单位体积含水量 θ 等于 0.3 的土壤上,所产生的水或湿润锋首先将达到 20 mm 的深度,通过 2 mm 除以$(0.4-0.3)$计算(公式(3.6))。然后,一部分水可能在重力和蒸发的作用下渗出,如图 4.15 所示。本例中下渗率 f 等于 2 mm·h^{-1},有效下渗速率 v_e 等于 20 mm·h^{-1}。再举一个有用的例子:土壤压实后孔隙率会由 0.35 减小到 0.29,在土壤顶部 100 mm范围,存储容量等于$(0.35-0.29)\times100$ mm=6 mm。

理查德方程(公式(4.20)),不管是确定渗透率、渗流量或是蒸发率,所有这些都是体积通量密度,不能轻易解决。因为方程左边的非饱和渗透系数 $K(\Psi)$ 以及总势 h,及右边的单位体积含水率 θ 都是相关的;这需要一些繁琐的试错法来解决。

因此,当降水强度(mm·h^{-1})超过渗透率(mm·h^{-1})时,开发了更简单的近似值分析(和理查德方程有物理及数学关系)来估计充分供水入渗、土壤表面积聚水分随时间变化的渗透率。对于非充分供水入渗,当没有积水发生以及所有降水都入渗时,渗透率(mm·h^{-1})简单地等于降水强度(mm·h^{-1})。

4.8.1 计算充分供水入渗

研究充分供水入渗,可以使用渗透计,最好是双环渗透计,以及马略特瓶,如图 4.16 所示。从单环渗透计出来的水不仅垂直入渗,也稍微向旁边入渗;对于双环渗透计,在外环和内环之间形成一个饱水区使得水分或多或少地从内环垂直入渗,即用于测量充分下渗率。

图 4.16 所示为确定充分下渗率随时间变化的实验装置主体部分。实验人员需要准备若干个装满水的瓶子,至少有一个马力欧特瓶要装满足够的水即充满水的最大高度,使瓶子的水平周长不变。图 4.16 所示的马略特瓶由法国物理学家 Edme Mariotte(1620—1684)命名,其设计经过多次变更,由 Mc Carthy(1934)首次报道。

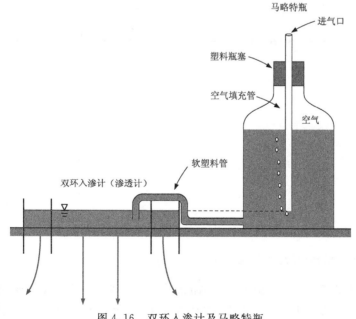

图 4.16 双环入渗计及马略特瓶

瓶子出口和内部入渗环之间的塑料软管,其末端需要放置在略高于地表的地方,最好要低于入渗环中的水面,一旦实验开始,软管中不得有空气进入(如果空气进入,从马略特瓶中的流出的水将停止,在下文中详细解释)。

如图 4.16 所示,该实验从环中充满水时开始,水面与较低的进气管口持平。这个步骤需要快速、小心,以便不影响环内土壤表面。对于入渗环内部,可以通过轻轻地提起马略特瓶的塑料瓶塞(进气口处)而轻松达成。在瓶子顶部打开的一瞬间,水将进入环内。等环内水位达到所需高度时,迅速盖上塑料瓶塞。此刻瓶子出口和内部的入渗环之间的塑料软管仍是充满水的。

在实验中,水从马略特瓶中流出,空气从进气口中进入,气泡上升至封闭瓶子顶端的空气中。

进气口,通常是一个标准尺寸的硬塑料管(内径 $\Phi=14$ mm),气泡可以轻松通过。在进气口的底端(低位)及内环的自由水面,水压等于气压。因此,在进气管的底部,水压等于零。

当水渗入土壤中,渗透计内环中的水位直线下降,导致马略特瓶中的水流入内环,直到内环中的水位再次与进气口的底端持平。通过这种方法,内环中可保持一个常定水头水位。

通过保留马略特瓶中水位的痕迹,可以确定某一段时间步长,如每分钟,从瓶中流走的水的体积(mL 或 m³)。用内环水平面积(m²)除以排水量(cm³/min),可以得到每个时间段的下渗率 f(cm/min,或转化成 mm·h^{-1})。

当马略特瓶中的水位达到底端进气管水位时,实验结束或是尽快准备好一个新的马略特瓶。

最后一个评论:入渗环内外的水保持相同水位,环内的水可以通过一个手提式的瓶子很容易倒出,或是通过另外的马略特瓶,使其底端进气管的高度与其他马略特瓶一致。

在上述实验中,通常采用圆形环,但任何形状都可以做,只要是面积是已知的——尤其是马略特瓶内部与水平面积的比例关系。

图 4.17 显示的是一个势能图例子,图上显示了积水下渗过程中随着高程(或土壤深度)的变化势能或压力水头发生的变化。以地表作为参考水位(零水位),积水下渗是具有恒定水头 (h_0)的表层水引起的。需要注意的是,积水下渗致使含水饱和度从土壤表层向下是减小的,从而土壤剖面上部是正水压。

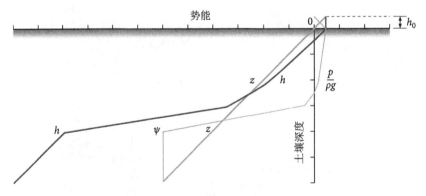

图 4.17 积水下渗中势能变化图

4.8.2 积水下渗的格林-安普特方程

澳大利亚科学家 W H Green 和 G A Ampt(1911)开发了一个积水下渗的物理近似模型。他们简化了近似阶梯状(图 4.18 中的蓝边)的湿润锋处(图 4.18 中的虚线)体积含水量随土壤深度的变化。

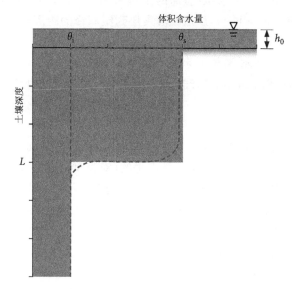

图 4.18　积水下渗过程中体积含水量 θ 随土壤深度瞬间变化视图,积水下渗
来自恒定水头为 h_0 的水层,该水层也适用 Green 和 Ampt 阶梯近似模型:$\theta_i =$ 初始土壤含水量;
$\theta_s =$ 饱和点的土壤含水量;$L =$ 湿润锋深度。

图 4.18 中,土壤中的初始体积含水量 θ_i 设为常数,积水下渗都是来自具有恒定水头 h_0 的水层。

在图 4.18 中,当我们以土壤表层作为基准水位或者设为零水位时($z = 0$),那么湿润锋的深度就已经达到一个深度 $z = L$,$L < 0$。由于湿润锋上面的土壤层是饱和的而下面的土壤仍有其初始含水量,这样湿润锋就存在一个高吸力梯度。Green 和 Ampt 把湿润锋下面的干燥土壤的基质势用 Ψ_f($\Psi_f < 0$)表示。下面是 Green 和 Ampt(1911)利用伯努利定律和达西定律的计算过程。

湿润锋的重力势 z 等于 L($L < 0$)。基质势 Ψ 等于 Ψ_f($\Psi_f < 0$)。因此湿润锋的总势等于 $L + \Psi_f$。

土壤表层的高程水头或重力势等于 0,土壤表层的压力水头 $p/(\rho g) = h_0$,因此土壤表层总势或压力水头 h 等于 $0 + h_0 = h_0$。

从土壤表层到湿润锋之间的多孔介质中会存在反渗透水流,水头偏差等于受水端总势减去供水端水头,用公式表示就是:$L + \Psi_f - h_0$。水流移动的距离可以定义成水流所在的位置减去供水位置,因此 $L - 0 = L$。达西定律中水力梯度 i 的下向流如图 4.18 的描述,等于($L + \Psi_f - h_0$)除以 L。水力梯度乘以饱和土壤导水率 K 可以得到下行体积通量密度 q 如下:

$$q = -K \frac{L + \Psi_f - h_0}{L} \quad (q < 0; \Psi_f < 0; L < 0; h_0 > 0) \tag{4.22}$$

其中:Ψ_f 表示旱层土壤下面湿润锋的基质势(m);h_0 表示土壤表层积水深(m);q 表示体积通量密度(m·d⁻¹);K 表示饱和土壤导水率(m·d⁻¹);L 表示湿润锋深度(m)。

在水文学里,下渗率 f 和从土壤表层到湿润锋的距离 L 一般都是正值,也可以用湿润锋土壤毛细管吸力水头 S_f($S_f = -\Psi_f$)代替湿润锋的基质势 Ψ_f,这样就可以推出积水下渗的格林-安普特方程:

$$f = K \frac{L + S_f + h_0}{L} \quad (f > 0; S_f > 0; L > 0; h_0 > 0) \tag{4.23}$$

其中：f 是下渗率（mm・h^{-1}），S_f 是湿润锋的土壤吸力水头（mm），h_0 是土壤表层的积水深（mm），K 是饱和导水率（mm・h^{-1}），L 是土壤表层到湿润锋的距离（mm）。

沙质土壤湿润锋土壤毛细管吸力水头 S_f 的值大约是 50 mm（10～254 mm），黏土是 316 mm（64～1565 mm）（Rawls 等，1983；Chow 等，1988）；括号中的数字是给定的 S_f 的标准偏差。

积水下渗的格林-安普特方程特别适用于渗透均匀、初始干燥和粗质土壤，并存在明显的湿润锋。虽然格林-安普特方程是由模型推导出来的（对模型做了一些简化），但它却对下渗过程提供了很重要的解释，这些都可以通过下渗实验来验证：例如采用双环渗透计。首先从方程 4.23 明显看出，随着下渗的继续，L 越来越大，这样就会产生水力梯度 i，那么下渗率 f 在下渗过程中会逐渐下降。其次，在之后相当长一段时间，L 会远远大于 S_f 和 h_0，水力梯度会逐渐减小最后到 1，这些会导致最终的入渗率等于饱和导水率 K（重力排水）。

图 4.19 显示了积水下渗过程中下渗率逐渐下降，这个可以通过下渗实验验证。该下渗率曲线一般出现在积水下渗过程中或积水后的暴雨过程中。当积水下渗持续足够长的时间时，最终下渗率将会等于饱和水力传导系数 K。

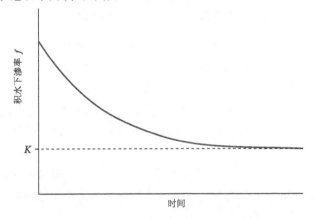

图 4.19　积水下渗过程中的下渗率曲线

4.8.3　下渗能力

图 4.20 显示了在持续降雨强度 i_r 的暴雨期间的下渗率 f。降雨开始时所有的雨水都会下渗，这时的下渗率 f 就等于降雨强度 i_r。此下渗率也会小于降落到的水能够下渗的最大速率，图 4.20 中的虚线表示的是最大下渗率。

然而，过一段时间，由于降雨的原因土壤表层存在一些填充物，膨胀的土壤或者一些细小的物质经过冲刷进入土壤空隙中（Beven，2004），那么土壤表层的空隙就会减少，这可能会导致土壤上面有几毫米的水成为饱和水然后开始积水，逐渐在土壤表层形成小池塘和水坑。积水形成后（在时间轴 t_p 处）下渗率就会下降，如图 4.20 所示，这时的下渗率就等于降雨在土壤表面的最大下渗速度。

在坡地表面，降雨强度（mm・h^{-1}）和积水后下降的下渗率（mm・h^{-1}）之差作为超渗径流

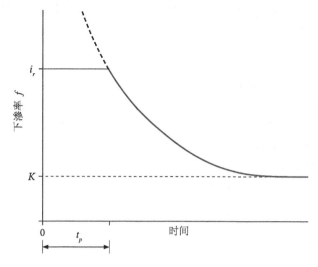

图 4.20　降雨强度恒定的暴雨期间的下渗率(t_p 为积水开始时间)

（mm · h^{-1}）从地表流过，这也就是霍顿坡面流（见下文）。

在水文学里，降落到土壤表层的降水能够下渗的最大速率称之为下渗能力。图 4.20 中递减的实线说明积水发生后下渗能力是下降的，图 4.20 中的虚线显示在积水发生之前下渗能力也是下降的。

图 4.21 是积水下渗期间不同时间段土壤水的分布图，图上显示湿润锋随着时间的变化缓慢向下移动。

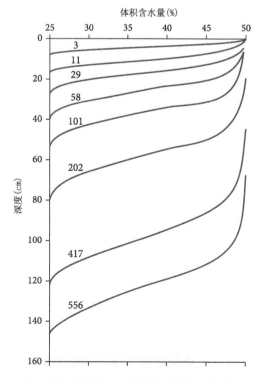

图 4.21　黏质土壤积水下渗过程中不同时间（小时）的土壤水分布图

雨停后,由于风的作用和(或)土壤表层附近的温差,以及蚯蚓和一些昆虫使得土壤的毛孔张开,渗透能力就开始恢复(Beven, 2004)。

> **练习 4.8.1**　实验过程中用一个双环渗透计测得平坦区域的水位是 20 mm。土壤的饱和导水率 K 是 20 mm·h^{-1},湿润锋的土壤吸力水头等于 60 mm。初始含水率 θ_i 是 20%,有效孔隙 n_e 等于 45%。
>
> 　a.当土壤表层下的湿润锋是 20、40、80、160、320、640 和 1280 mm 时,应用伯努利定律和达西定律确定下渗率(mm·h^{-1})和累积下渗(mm)。累积下渗(mm)是每平方单位(mm^2)地表的下渗到土壤中水的总体积(mm^3)。
>
> 　b.解释一下为什么下渗速率会随着时间减小。

4.8.4　积水下渗的霍顿方程

美国生态学家、土壤学家罗伯特·霍顿把积水下渗率随时间逐渐下降(图 4.19)描述成一个指数的下降,最后得到一个恒定的速率 f_c:

$$f_t = f_c + (f_0 - f_c)e^{-\alpha t} \tag{4.24}$$

其中:f_c 为最终下渗率(mm·h^{-1}),f_0 为时间 $t=0$ 时的下渗率(mm·h^{-1});f_t 为时间 t 时的下渗率(mm·h^{-1});e 为自然对数;α 为衰减系数(h^{-1});t 为时间(h)。

方程(4.24)(霍顿,1939)也可以改写成如下的方程:

$$f_t - f_c = (f_0 - f_c)e^{-\alpha t} \tag{4.25}$$

对于 $t+\Delta t$,我们可以写成(方程(4.25)中的 t 用 $t+\Delta t$ 代替;Δt 是常量):

$$f_{t+\Delta t} - f_c = (f_0 - f_c)e^{-\alpha(t+\Delta t)} = (f_0 - f_c)e^{-\alpha t}e^{-\alpha\Delta t} \tag{4.26}$$

从方程(4.25)我们已经知道,$(f_0 - f_c)e^{-\alpha t}$ 在方程(4.26)中等于 $f_t - f_c$;因此,我们也可以把方程(4.26)改写成如下方程:

$$f_{t+\Delta t} - f_c = (f_t - f_c)e^{-\alpha\Delta t} \tag{4.27}$$

或

$$\frac{f_{t+\Delta t} - f_c}{f_t - f_c} = e^{-\alpha\Delta t} \tag{4.28}$$

α 是衰减系数;如果 t 和 Δt 的单位是小时,那么 α 就是以每小时为单位。由于 α 和 Δt 是正值,$-\alpha\Delta t$ 就是负值,同时 $0 < e^{-\alpha\Delta t} < 1$。如果时间提前 $2\Delta t$,方程(4.25)改写成:

$$f_{t+2\Delta t} - f_c = (f_0 - f_c)e^{-\alpha(t+2\Delta t)} = (f_0 - f_c)e^{-\alpha t}e^{-2\alpha\Delta t} = (f_0 - f_c)e^{-\alpha t}(e^{-\alpha\Delta t})^2 \tag{4.29}$$

再次,我们利用 $(f_0 - f_c)e^{-\alpha t}$ 等于 $f_t - f_c$,以同样的方式重写已给出的方程:

$$\frac{f_{t+2\Delta t} - f_c}{f_t - f_c} = (e^{-\alpha\Delta t})^2 \tag{4.30}$$

也可以改写成下面的形式:

$$\frac{f_{t+3\Delta t} - f_c}{f_t - f_c} = (e^{-\alpha\Delta t})^3 \tag{4.31}$$

等等其他一些方程形式。

因此,每个时间步长 Δt,$f_t - f_c$ 都可以通过对初期值乘以 $f_t - f_c$ 的一个常数因子 $e^{-\alpha\Delta t}$(<1)得到。最终积水入渗率逐渐达到最小稳定入渗率 f_c,这个相当于前面提到的饱和水力

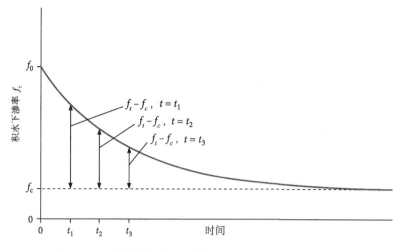

图 4.22　霍顿积水下渗率曲线(1939)：$t_3 - t_2 = t_2 - t_1 = \Delta t$

传导率 K(在格林-安普特的近似计算中用到)。上面的解释实际上是为了强调负指数曲线 $y = e^{-\alpha}$ 的特征，每一个步长之后 Δx 的一个新值 y 可以通过上一个值乘以常数因子 $e^{-\alpha \Delta t}$(<1) 得到。

如果 α 值很小，$\alpha \Delta t$ 的值会是很小的负值，那么常数因子 $e^{-\alpha \Delta t}$(<1) 就会比较大，其结果就是曲线下降得会比较平缓。反之，如果 α 的值比较大，那么 $-\alpha \Delta t$ 会是一个较大的负值，导致常数因子 $e^{-\alpha \Delta t}$(<1)很小，曲线就会急剧下降。图 4.23 显示的是两个不同 α 值对曲线的影响，其中 $\alpha_1 < \alpha_2$。

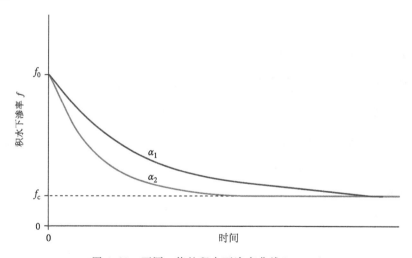

图 4.23　不同 α 值的积水下渗率曲线($\alpha_1 < \alpha_2$)

练习 4.8.2　地表积水渗透到土壤里，30 min 后渗透率 $f_t = 45$ mm・h^{-1}，60 min 后渗透率 $f_t = 25$ mm・h^{-1}。最终的渗透率 $f_c = 5$ mm・h^{-1}。用开始给出的积水下渗的霍顿方程 $f_t - f_c = (f_0 - f_c)e^{-\alpha}$ 确定 90、120、75 和 65 min 后的下渗率 f_t。

4.8.5 积水下渗的菲利普方程

澳大利亚的土壤物理学家约翰 R. 菲利普(1927—1999)曾经用数学方法描述积水下渗率平缓下降曲线(见图 4.19),计算公式如下(菲利普,1957):

$$f = \frac{1}{2}St^{-\frac{1}{2}} + K \tag{4.32}$$

式中,f 为入渗率(mm·min^{-1});S 为渗吸率(mm·min$^{-0.5}$);K 为饱和导水率系数(mm·min^{-1})。

对于渗吸率 S 在水文学中采用的单位不同,因此需要进行单位转换,$\frac{1}{\sqrt{60}}$mm·S$^{-0.5}$ = 1 mm·min$^{-0.5}$ = 0.1 cm·min$^{-0.5}$ = 0.1×$\sqrt{60}$ cm·h$^{-0.5}$

下渗主要受两个力的作用:毛细管力(框 4.1)和重力。孔隙通过毛细管作用吸水,干燥土壤(4.3 节)和较小孔隙(框 4.1)毛细管作用较为明显。小孔隙有可能还会阻止重力对渗吸的作用,这个现象在毛细管的边缘是很明显的,4.7 节对此进行了讨论。因此,如果在一个渗透实验中或降雨事件的初始阶段仍然会有相对干燥的土壤和地表积水,这些情况下毛细管作用是非常重要的。方程(4.32)中的渗吸率 S 是用来衡量一个多孔介质通过毛细作用吸收或解吸的能力(菲利普,1957),需要注意的是渗吸率的单位是时间长度的平方根。下渗开始时,当方程中的时间 t 还很小的时候,方程右边的第一项 $\frac{1}{2}St^{-\frac{1}{2}}$ 是很重要的。随着时间的推移,湿润锋向下移动方程中的时间 t 也在增加,这就导致方程右边第一项 $\frac{1}{2}St^{-\frac{1}{2}}$ 对计算结果的影响变得不那么重要了。正因为如此,渗吸率 S 可以在渗透的初期阶段确定,这主要是强调方程(4.32)中 $\frac{1}{2}St^{-\frac{1}{2}}$ 的作用(单位并不重要),本书中 S 的单位是 mm·min$^{-\frac{1}{2}}$。因此,渗吸率 S 可以在渗透的初期阶段确定,仅仅是强调后者(单位的选择其实并不重要),一个 per $\sqrt{\text{min}}$,单位(mm·min$^{-0.5}$)是本书中为 S 选择的合适单位。当积水渗透非常大时 $\frac{1}{2}St^{-\frac{1}{2}}$=0,就像前面描述的那样,下渗率 f 等于饱和导水率 K。

我们可以通过对方程(4.32)的积分得到累积入渗量 F(mm),添加到地表每平方毫米(mm^2)的土壤渗透中的总水量(mm^3),作为时间函数的方程:

$$F = St^{\frac{1}{2}} + Kt \tag{4.33}$$

图 4.24 显示了积水入渗率 f 随时间的变化曲线,图 4.25 显示的是累积入渗量 F(mm)随时间(分钟)的变化曲线;两个曲线都是通过对渗透试验的数据进行曲线拟合得出的。

方程(4.32)和方程(4.33)都可以通过渗透试验的数据来估计 S 和饱和导水率 K 的值。图解方法是找出一些渗透的实测值来确定 K 值,无论是图 4.24 中逐渐下降的下渗率 f 还是图 4.25 累积入渗量曲线中直线部分的斜率(ΔF 除以 Δt)即渗透的后期阶段。用这种方法估计(一个初始值)K 之后就可以通过图 4.24 查找 t=1(min)时的积水下渗率或者图 4.25 查找 t=1 时的累计下渗量 F,把 t=1 (min)代入方程(4.32)和(4.33)可以得到如下方程:

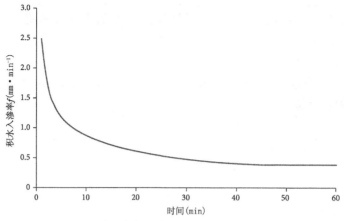

图 4.24　沙质土壤的积水入渗率 f 随时间的变化曲线

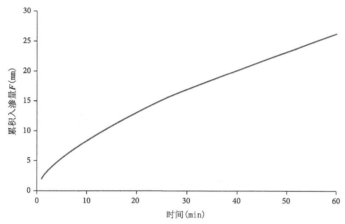

图 4.25　沙质土壤的累积入渗量 F 随时间的变化曲线

$t=1$ min 时，方程(4.32)写为：

$$f = \frac{1}{2}S + K \qquad\qquad (4.34)$$

$t=1$ min 时，方程(4.33)写为：

$$F = S + K \qquad\qquad (4.35)$$

利用已知的 K 和 F 的初始值，就可以通过上面的方程简单计算 S 的初始值。

之后通过插入在方程(4.32)或方程(4.33)中计算的 K 和 S 的初始值构造一个 f 或 F 的图形。比较计算结果图和实测入渗数据，然后采用电子表格程序尝试通过 K 和 S 的变化改善计算图和实测数据之间的对应关系；通过反复试验，选择能为实测数据和计算图之间提供最佳对应关系的 K 和 S。

练习 4.8.3　图 4.24 显示的是通过对沙质土壤做的入渗试验得到的积水入渗率 f（mm·min^{-1}）的拟合曲线。用积水下渗的菲利普方程完成以下练习：

a. 使用本书提到的方法估计 K（mm·min^{-1}）和 S（mm·min$^{-0.5}$）的初始值。

b. 采用数学方法通过 $t=1$ 和 60（min）的积水入渗率 f（mm·min^{-1}）求出 K（mm·min^{-1}）和 S（mm·min$^{-0.5}$）的初始值。

练习 4.8.4 图 4.25 显示的是通过对沙质土壤做的入渗试验得到的累积入渗量 F（mm）的拟合曲线。用积水下渗的菲利普方程完成以下练习：

a. 使用本文提到的方法估计 K（mm·min^{-1}）和 S（mm·min$^{-0.5}$）的初始值。

b. 采用数学方法通过 $t=1$ 和 60（min）的累积入渗 F（mm）求出 K（mm·min^{-1}）和 S（mm·min$^{-0.5}$）的初始值。

另一种估计渗吸率 S 的方法是采用土柱样本在实验室的横向渗透试验，如图 4.26 所示。因为在这样一个实验中横向水流主要由毛细管作用控制，方程（4.33）可以简化为：

$$F = S\sqrt{t} \qquad\qquad (4.36)$$

式中，S 是方程 4.33 中的横向入渗。

在实验结束的时间 t，从进水口到湿润锋 L 的距离是可以测量的，累积入渗量 F（mm）可以通过下面的公式得到：

$$F = L(\theta_s - \theta_i) \qquad\qquad (4.37)$$

式中，L 为从进水口到湿润锋的距离（mm）；θ_s 为饱和含水量；θ_i＝初始含水量。

由于 t 是实验结束的时间，而且 F 已知，那么 S 就可以通过方程（4.36）简单地估算出来。

练习 4.8.5 图 4.26 中显示的长土柱样本的初始体积含水率 θ_i 为 10%。在横向渗透试验过程中监测湿润锋的变化进展情况：2 小时后，湿润锋已前进 20 cm。试验结束后 24 小时，饱和体积含水量 θ_s 为 35%。

a. 计算渗吸率 S（mm·min$^{-0.5}$）。

b. 给出 6 小时和 24 小时后湿润锋的位置。

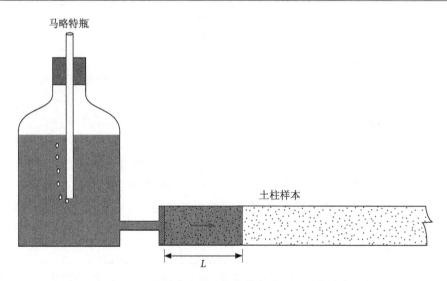

图 4.26 通过土柱样本在实验室的横向渗透试验估计渗吸率 S

实际上，渗吸率的值是由土壤湿润度（含水率）和土壤结构决定的；因此，渗吸率的测量范围可能会出现时间和短距离的一个大的变化。

应该强调的是，本书之所以对格林和安普特（1911）、霍顿（1939）和菲利普（1957）方程或模型进行了重点介绍,是因为这些模型或方程能够很好地反映渗透过程,而且这些模型(总是)模拟得和实际很接近,并对一些本书中被忽略的模型基本假设,方程推导,模型的应用、及一些性能和可靠性做了详细的论述。

4.8.6 降雨模拟器

除了双环渗透计和马略特瓶,其他可用方法之一就是测量积水入渗率,这种方法是间接的,是通过降雨模拟器实现的。图 4.27 显示的是一个小的便携式的降雨模拟器。降雨模拟的过程就是水容器里的水通过小孔到达水槽,孔是放置在水容器底部一个间距固定的塑料板上。用同样的原理也可以解释之前的马略特瓶,马略特瓶模拟降雨主要是让实验点的降雨强度是恒定的。

图 4.27 便携式降雨模拟器

降雨强度在马略特水容器由硬塑料进气管底部的高度确定:移动打开的进气管略微向上就增加降雨强度;向下移动就减少降雨强度。

先确定积水时间 t_p,然后通过湿润实验点收集的水流,它们的流动有固定时间间隔,例如每分钟,再用量筒来测量体积(cm^3)就是径流流速(地表径流)$cm^3 \cdot min^{-1}$。在马略特水容器中的水位差异(与已知体积)可以在同一时间间隔在透明水容器的外面测量,这样模拟的降雨强度的单位是 $cm^3 \cdot min^{-1}$。对于所有连续的时间间隔的情况,那么积水入渗率($cm^3 \cdot min^{-1}$)就可以简单地确定为降雨强度($cm^3 \cdot min^{-1}$)和径流速率(地表径流,$cm^3 \cdot min^{-1}$)之间的差异。用计算出来的入渗率除以试验点的过水断面面积(cm^2)就可以得出作为时间函数的积水入渗率 $cm \cdot min^{-1}$,也可以写成 $mm \cdot h^{-1}$。

当实验持续相当长时间,径流流速就会变成(合理的)常数,入渗率会逐渐下降,这就表明积水入渗率 f 已经达到其最小稳定入渗率 f_c 或饱和导水率传导 K。

与双环入渗仪相比较,降雨模拟器的使用是技术的进步,主要是因为这种模拟方法使得降雨添加到土壤里更加自然。然而,便携式降雨模拟器的缺点之一就是雨滴滴落的高度低,因此,下降达不到最大的下降速度和不能产生影响土壤表层的足够能量,而当实际降雨时,如果没有植被保护土壤表层时,降雨的速度和能量会对地表产生很大的影响。

4.8.7　下渗和侵蚀

真正的坡面降雨,受雨滴下降的影响土壤颗粒被分离,这一过程称为飞溅,这可能会导致一些本来净向下运动的土壤却沿着山坡滑动。导致净向下运动的土壤向下飞溅的距离要比向上飞溅的长,这个从图 4.28 可以很明显地看出。飞溅和飞溅冲蚀可能会影响土壤的表面特征,进而影响下渗过程。

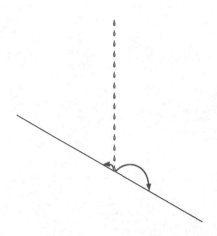

图 4.28　降落的雨滴在山坡上的飞溅

正如前面提到的,可以使用一个降雨模拟器来确定不同降雨强度产生积水的时间,当降雨强度较大时产生积水的时间就会相对较短。图 4.29 是图 4.20 的一个延伸,该图显示的是对于降雨强度不同的暴雨入渗率 f 和产生积水的时间 t_p 之间的关系。要注意的是,当降雨强度 i_r 仍低于表层土壤的饱和导水率 K 时,积水现象是不会发生的。图 4.29 中显示的曲线称为渗透轨迹曲线,它是连接暴雨积水时间 t_p 与不同降雨强度 i_r 的曲线。渗透轨迹曲线是一个很重要的曲线,侵蚀研究中积水时间也是一个很重要的参数,因为在山坡上积水会导致坡面流,这反过来又导致更进一步的土壤颗粒的分离和沿着坡面向下移动(由坡面流的侵蚀引起的)。

4.8.8　非积水渗透

当下渗能力超过降雨强度时,例如在植被比较好的区域,若入渗率 f 等于降雨强度 i_r,那么土壤表层就没有积水产生。图 4.30 显示了非积水渗透势图的一个例子,因此断面表层没有饱和水,而且断面上的水压(基质势)仍然是负值。后续的下渗过程就是浸透,是为了让下渗的水浸透成为地下水,这种情况在土壤表层的含水量大于田间持水量条件下才出现,存在于空气中的水分仍然会存在一些孔隙中。这显然不同于积水入渗,这会导致水饱和度和正的水压力接近土壤表面,从图 4.17 可以明显看到这种情况。

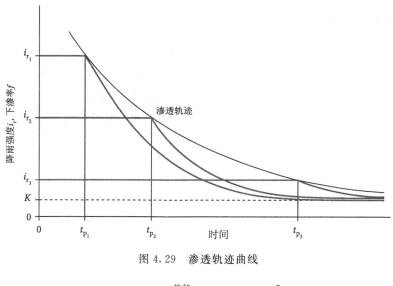

图 4.29 渗透轨迹曲线

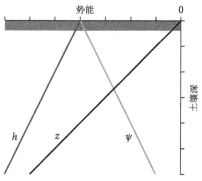

图 4.30 非积水下渗势能图

图 4.31 显示了非积水下渗期间不同时间计算的断面土壤水。积水下渗时的断面形状和图 4.21 是类似的,但是这样(如上文所述)土壤就不会饱和。另外如果下渗时间比较长,水力梯度将会下降到接近 1,渗透率等于不饱和导水率 $K(\Psi)$(达西—白金汉方程,水力梯度 ∇h 为 1),换句话说,会导致不饱和导水率 $K(\Psi)$ 等于降雨强度。

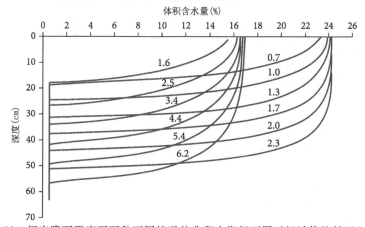

图 4.31 恒定降雨强度下两种不同情况的非积水期间不同时间计算的断面土壤水

4.8.9　零通量面的形成

当降雨停止时,渗透后的湿润区域继续向下移动,而上部土壤已经开始蒸发干燥。图4.32显示了一个势能图的例子,图中土壤水分向下渗透到 20 cm 以下,蒸发也超过 20 cm 的深度。因而在这个例子中,水分从 20 cm 深的地方向上和向下移动,这样就导致在 20 cm 深的地方无径流发生。用图 4.32 表示为地面以下 20 cm 深处周围土壤平坦、无水流的水平面情景。这样一个无流量或零通量的水平面称为零通量面。更确切地说,这是由于水分的离开才形成的发散的零通量面。

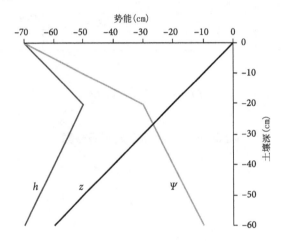

图 4.32　地表下 20 cm 以上蒸散发势图、20 cm 处发散的零通量面和 20 cm 以下的渗透

在温带地区,一个发散的零通量面通常是在春季当蒸发开始大于降雨量时逐渐形成。图4.33显示了由于春季和夏季土壤进一步变干导致发散的零通量面进一步向下移动,在秋季当降雨开始大于蒸发时,土壤表面变得潮湿,收敛零通量面逐渐形成。这个收敛的零通量面迅速向下移动到前期形成的发散零通量面。当它们相遇时,两个零通量面消失,因为在湿润的土壤剖面中所有的水分都已经向下流动,这是典型冬季排水。这种情况会一直持续到春季,当蒸发开始大于降雨时就会结束。

练习 4.8.6　图 E4.8.6 表示的是基质势 Ψ 是土壤深度的函数。

$\Psi < 0$ cm: $K(\Psi) = 248.6/(-\Psi)^{2.11}$,其中 $K(\Psi)$ 的单位是 cm $\cdot$ d^{-1},Ψ 的单位是 cm。

a. 根据土壤深度画出水头 h。

b. 地下水位在什么深度?

c. 零通量面在什么深度?

d. 确定地下水体积的通量密度。

e. 确定蒸发区域的水力梯度。

f. 采用 Ψ、$K(\Psi)$ 的均值 K 确定蒸发区的非饱和水力传导系数,这是蒸发区域最佳的计算方法。

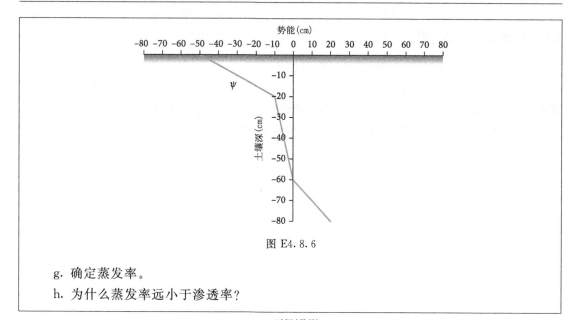

图 E4.8.6

g. 确定蒸发率。

h. 为什么蒸发率远小于渗透率?

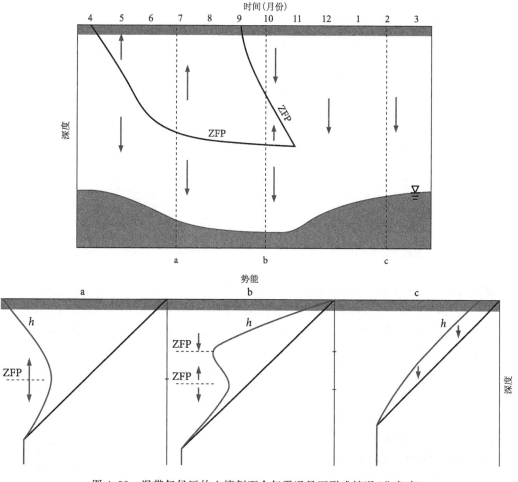

图 4.33 温带气候区的土壤剖面全年零通量面形成情况(北半球)

4.8.10　浸透和土壤分层

土壤包括一系列的层或土壤层,这些层是在土壤形成过程中引起的。土壤分层对土壤剖面的水分运动有明显的影响,尤其是当土壤层在水力传导率和主要孔隙尺寸明显不同时。当高传导率的粗纹理土壤层覆盖在低传导率的细纹理土壤层上面时,渗透能力(即水渗入土壤的最大速率)是由上面的粗纹理土壤层控制的。然而,当湿润锋到达细纹理土壤层时,渗透能力将由该层土壤控制和急剧下降。如果继续渗透,上层滞水面(3.4 节)可能会在粗质土壤以上的阻碍层形成,在倾斜地形可能会导致径流,地下土壤水的流向和地表径流(河道)的方向是平行的。

然而,一个细纹理土壤层上覆盖一个粗纹理土壤层也会导致渗透过程的停滞,这个问题在图 4.34 中可以明显看出。这个让人惊讶的效果是由于细纹理土壤层上层较小的孔隙持更大的土壤水分吸力。只有继续浸润从上层减少的吸力$-\Psi$,让它达到一个与粗纹理层以下(见方程 4.6)毛细管孔隙直径 Φ 相匹配的值,水流才可以进入这较低的土层。从图 4.34 可以明显看出当水流进入较低土壤层时,由于较少的土壤负基质势 Ψ 导致了吸水力的降低。更值得注意的是,图 4.34 显示了两层水分含量的不连续性,但基质势(水压头)是连续的(因为从物理意义上也应该这样)。

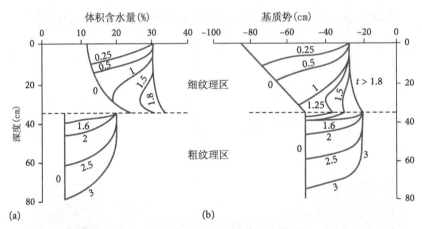

图 4.34　固定速率的水流应用于分层土壤时的体积含水量(a)和基质势(b)随着时间的变化曲线(h)

练习 4.8.7　图 E4.8.7 显示的是一个农田土壤的剖面图,这个剖面由 40 cm 的下层和 20 cm 的上层组成。排水管位于下层的底部,土壤表层的水位保持在 10 cm 以上。上层的土壤饱和导水率是下层土壤的 3/8 倍,选择下层的底部为基准面。

a. 在以毫米为单位的纸张上,用高程水头(重力势)、压头(基质势)和水头(总势)画一个势图。

b. 给三个需要的假设命名,以便绘制势图。

c. 如果较低层的饱和导水率等于 1.2 mm·min^{-1},那么排水系统的体积通量密度(mm·min^{-1})是多少?

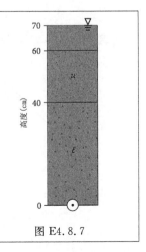

图 E4.8.7

渗透通过细纹理土层覆盖在粗纹理土层上面,这样就会在粗纹理层的狭长区域产生湿润带,例如,因为在现实中粗纹理层毛细管孔隙的直径 Φ 不是常数,而是各处不一样,或者仅仅是因为土层不均匀——这种类型的水流称为指流,是优先流的一种,这是下一节要研究的主题。

4.9　优先流

到目前为止,本书已经研究过基质流,就是水流通过土壤基质,这个用理查德方程可以计算。有一个既定事实就是,土壤中的营养物质、微量金属、肥料的病原体、农药和其他在农业生产中使用的化学物质到达潜水面的速度和浓度比用理查德方程或其解析近似值预测得更快、更高。这是因为大部分水流都是通过垂直优先路径,如裂缝、根孔或虫洞,有效地避免土壤基质的浸润和渗透(补给地下水)。优先路径通常只存在于一小部分土壤中,这样就导致这一小部分的土壤参与大部分的渗流,降低了土壤吸附和降解污染物的潜力,土壤孔隙中固体/水和空气/水的交界面也会阻碍长期滞留的致病细菌和病毒(这样一个杀灭致病的细菌和病毒的有效方法曾在第 4 章的引言中提到过)。除了垂直方向的优先路径,土壤水可以绕过基质管流,地下水流可以通过平行于地表的自然管道形成一种快速壤中流(例如水流通过鼹鼠或田鼠的洞穴,或其他人工排水管时)。

一般情况下,通过优先路径的土壤水(和它的溶质,溶解在水中的物质)称为优先流。至少有三种主要类型的优先流是可以区分开来的:大孔隙流(包括管流和流经干裂缝隙的水流),指流(由于土壤的异质性,空气的滞留和/或疏水性)和漏斗流。

4.9.1　大孔隙流

尽管水流可以很随意(Beven and Germann, 1982)地在基质流和大孔隙流之间流动,但是两个孔隙尺寸的范围是可以很明显区分出的。

孔隙的直径小于或等于 30 μm,相关的土壤基质(结构孔隙度),土壤水的毛细管和基质流发生的孔隙均是微孔。

大孔就是孔的直径大于 30 μm 及其周围相关的土壤团聚体的孔隙(多孔隙结构),排水主要通过重力,和大孔隙流。大孔隙可能是由于生物活性(根通道,虫洞,鼹鼠和田鼠洞穴),也可能是由于地质力量(地下水土流失,土壤收缩和开裂,压裂),或是农业生产的影响结果(犁地,钻孔或钻井)。

土壤团是土壤颗粒如土块、土屑、方形土块或有棱角的土块的聚体。

---

30 μm＝30×10^{-6}m＝0.003 cm,就是相当于 100 cm 的土壤基质吸力－Ψ(方程(4.6))或者 2 的 pF 值(方程(4.3)),这个值近似于田间持水量。

大孔隙流初始的一个重要临界值是土壤基质的下渗能力:只要没达到基质的下渗能力,降雨就会渗透到基质,但是一旦达到渗透能力,地表就会发生积水同时也会开始大孔隙下渗

(Van Schaik 等,2007)。

土壤管道(鼹鼠和田鼠洞穴,人工排水管)是一种特殊类型的大孔隙,它们在一个方向上是连续和持久的,并且平行于地面。在湿润条件下,天然土壤管道(鼹鼠和田鼠洞穴)可以快速地输送流向平行于地表的水。在干旱条件下,天然土壤管道位于地表附近(高于地下水面),管道的含水量很小或者几乎没有。

类似于从细纹理层渗透到粗纹理层是可以到达的(图4.34),如果在上面的细纹理层存在一个临界吸力阈值,相应的粗纹理层下面毛细管直径为 Φ 的话,那么水只能进入粗纹理层下面:如果土壤基质吸力的临界阈值与天然土壤管道直径有关的话,那么水流只能进入土壤管道。因此,作为天然土壤管道的直径 ϕ(鼹鼠或田鼠洞穴)大约是 $1\sim 2$ cm,基质吸力阈值 $-\Psi$ 必须几乎为零(方程(4.6)中:$\Phi=1$ 至 2 cm,得出 $-\Psi=0.3$ 至 0.15 cm),这就意味着周围的基质必须接近饱和。同样,人工排水管道(例如用于灌溉农田的排水管)当土壤基质接近饱和或水位上升到排水管的高度时,排水管就会对渗透产生影响。

我们刚刚讨论的影响渗透的理论也适用于把土壤基质的渗透能力作为重要阈值的大孔隙流的起始阶段:水洼地表造成接近饱和的土壤基质的含水量略低于陆地表面,这是大孔隙开始从附近土壤基质接收水分的前提。

图4.35显示的是可能发生管流的两种方式。

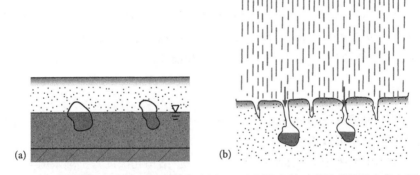

图4.35　发生管流的两种不同方案示意图:(a)在湿润条件下当阻碍层以上的上层滞水面形成时;(b)在干燥条件下当管道直接从打开的干缩裂缝接收降雨时

图4.35a显示的情况是管道补给水来自上层地下水,这个水体是在阻碍层上面形成的。这些都是前面讨论过的问题,土壤管道补给水来自管道附近饱和的土壤基质(尽管这里的土壤基质只有一部分是完全饱和的)。

图4.35b显示的是另一种情况,即在干燥条件下管流的形成。在土壤中容易出现季节性的收缩膨胀(黏质土壤),干旱条件下或融雪(冻结期后)会引起干缩裂缝打开;如果干缩裂缝够深并与管道连接,一个由降雨产生的、快速的短路径流通过收缩裂缝和管道形成下坡流。

举一个例子,卢森堡古兰特斯坦默尔盖普泥灰岩森林覆盖的土壤是由一个30 cm(厚的亚黏土)纹理土层上覆盖一个阻碍黏土层。阻碍层以上的表层土壤包含许多鼹鼠洞穴,这些洞穴在一个实测为120 m长的下坡方向是相互连接的,而支持这个短路径水流的就是在一年的大部分时间里干缩裂缝是开口的,并和这些天然管道连接在一起(Hendriks,1990;1993);暴雨期间森林中靠近河流的下坡水会从管子的缝间隙溢出,而且可以看到通过管道的潜流通常是湍流和冲蚀,这些可以进一步提高其短流。同样,在英国牛津的黏质土壤中通过人工排水管的地下径流对暴风雨的响应夏季比冬季更敏感,也可能是因为夏季土壤干旱易裂(Robinson and Beven,1983)。黏土的收缩和膨胀是一个季节现象,而且收缩经常会造成裂缝,裂缝又形成大孔隙,这就是之前观察到的裂缝和大孔隙出现在相同位置。

基质流和大孔隙流的相对重要性取决于降雨的强度和持续时间、基质的渗透能力、空隙的形状和连通性,以及湿润区域的前期降雨(前期含水量),但也可能与景观和植被的地形位置有关。作为后者的一个例子,在卢森堡古兰特的森林斯坦默尔盖普泥灰岩的表层土壤中 Cammeraat and Kooijman (2009)观察到基质流在山脊的干燥区域占地下径流的主导地位,山脊上的植被主要是山毛榉树,而在倾斜的山坡上比较湿润的洼地中地下径流以管流为主,其上面的植被主要是角树。

4.9.2　指流

指流可以定义为不稳定流,主要是土壤中特定地点的水流受到较高"阻力"的结果。浸润和渗透过程中,湿润锋可能停滞在一定的位置,例如从细纹理到粗纹理的过渡层,在 4.8 节的最后讨论过了(图 4.34)。一般情况下,在特定位置由于较高"阻力"产生的水流流入而引起的持续湿润会使这些地方的基质吸力下降(基质势不再是负值)。或者,简单地说就是造成这些地方的水压力增加。水压力超过临界值时,水流在这个位置就会恢复。当然如果在某个地方水压力没有超过临界值,那水流就会继续停滞不前。因为这一切,湿润的指形区域开始在某些地方形成,这些地方的水流也恢复了:随着持续湿润,指流开始形成并发展成垂直的流动路径,如图 4.36 所示。指形区域的宽度通常是不同的,但是一般都在 5~15 cm 范围内(最大 20 cm)。图 4.36 显示土壤剖面的顶部比剖面较低的位置指流多,这是对许多土壤中的指流进行连续观察得出的结果。

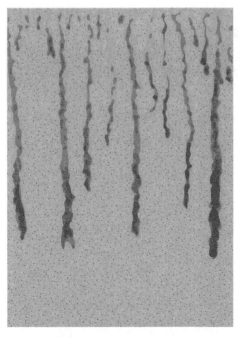

图 4.36　指流(康奈尔大学 2002 年修改)

　　因为有些指形区域没有足够的水来维持指流的发展,所以随着土壤剖面深度的增加指流的数量是减少的。另一方面,如果流入指形区域的水大于该区域的饱和导水率的话,指流就开始变宽,如果持续变宽,指流就会消失。虽然指流已经消失,当环境再一次适宜指流形成时,在相同的地点会再产生新的指流。

　　大多数条件下指流都可以形成。如前面所讨论的,由于土壤的不均匀性,指流不仅会发生在从细纹理层到粗纹理层的过渡层,而且由于土壤内非均质性,导致湿润锋的不稳定最后可能也转化为指流。

　　然而,指流产生的另一种方式是由于空气的滞留。当一个湿润锋捕获并压缩空气处于土壤剖面下部时就会发生指流。当湿润锋锋前的空气压力达到一个足够高的值时,空气就会破裂然后渗透到水里,并从饱和层表面脱离。这样就会使空气压力立即减小和湿润锋处水流的增加;在空气爆发期间水流处于高动态状态,造成湿润锋的不稳定和指流的形成(Wang 等,1998)。

　　如果你给家里的植物浇水,在忽略它们很长一段时间后,你会发现浇灌的水不渗入土壤,但是仍在土壤表面或绕过基质填充一些小裂缝,这样就达不到你要的效果,水直接流到花盆的底部了。这是一个斥水性的例子,它可以被定义为土壤的抗渗透能力。当一种物质在很大程度上不溶于水时,它就被称为斥水性;当它溶于水时,就被称为亲水性。物质的斥水性不是一成不变的,而是会随着时间的变化而变化(还记得你原来的雨披吗?)。

　　土壤斥水性是由长链有机化合物也称为脂类物质引起的,多半是脂肪酸和特定的蜡,它们主要来自日常生活或腐烂的植物或土壤颗粒表层微生物的积累,或土壤颗粒之间的填充物:斥水性也可能是由快速蒸发和有机物质的变化引起的,其中一些凝结成土壤剖面了(Doerr 等,2000)。

　　斥水性会引起指流是因为斥水性阻止或妨碍水流向下,并引导水流进入指流路径。自 20世纪 80 年代末以来,越来越多的研究发现斥水性发生在各种土壤和不同土地利用以及气候条件下。土壤含水量起着重要的作用,如土壤干燥时斥水性是最明显的(比如我们开始举的例子)。

4.9.3　漏斗流

　　图 4.37 提供了一个漏斗流的例子。非饱和水流的渗透率低,图 4.37 中倾斜的物体可能是一块大石头,石头的材料是较细的纹理或较粗的纹理。

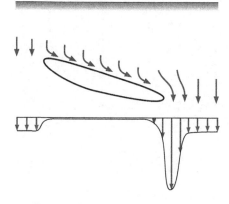

图 4.37　漏斗流(康奈尔大学 2002 年对此进行修改)

　　如果倾斜的物体是一个大石头或更精细的纹理层,如黏土晶状体,它右侧漏斗流不是很明显,主要是在这里水流都集中到一个垂直的优先路径上。

　　我们知道非饱和水流不易进入粗纹理层,因为这需要更大的压力,将水分从小毛孔送到大毛孔里(就像前面所解释的)。因此,当图 4.37 中的物体主要由粗糙的土壤组成,那么低的非饱和渗透率会在它的右侧引起漏斗流。

　　然而,当不饱和渗透率高时,水的入流界面将会变得足够大来增加水压使得水流进入粗纹理层,致使漏斗流立即停止。

4.9.4　基本原理

　　虽然大多数的优先流路径都发生在土壤剖面顶部 1 m 以内,但现在已经发现一些也会延伸到 10 m 的深度。正如在本节开始描述的,优先流可加快雨水、营养物、微量元素、肥料的病原体和农药等进入地下水里。这使得优先流的研究成为一个重要的研究课题。

　　优先流是有一定规律的。因此,重点是要对不饱和区的运输过程进行更详细的了解,这就需要在持续研究的基础上进行更多的研究。当前,许多研究人员正在努力将优先流纳入入渗和渗流模型。练习 4.9 为当前读者提供了一个非常重要的起点,但是构建一个有效的概念模型还会存在一些基本问题,尽管如此还是要试着认真掌握这次的练习。

练习 4.9　图 E4.9 是一个表示两个领域的多域模型的示意图:一个基质流领域(m)和一个优势流领域(p)。

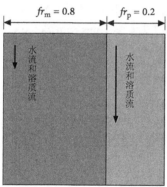

图 E4.9　表示两个区域的多域模型的示意图:一个基质流区域(m)和一个优先流区域(p)

　　我们需要一些简单的假设来回答下面的问题,假设初始土壤是彻底干燥的、水力梯度为 1 和阶梯状湿润锋的稳定下行流、领域之间没有相互作用、除去所有过剩的水,这些都是由于基质域的渗透能力被超过引起的,如果以上假设成立,那么水就会立即流入优先流领域。表 E4.9 为两个领域提供了必需的资料。

　　a. 计算小时降雨量为 3 mm 的降雨过 1 h 后两个区域的湿润锋深度;

　　b. 计算小时降雨量为 6 mm 的降雨过 1 h 后两个区域的湿润锋深度;

　　c. 计算优先流区域 1 h 的降雨深在 1 h 内达到这个区域的 $K(\mathrm{mm \cdot h^{-1}})$ 值时产生的水量(mm);计算 1 h 的下渗深度。现在用两个区域的平均特性来定义一个区域。

　　d. 给出这个区域的 K 和 n_e 的特征,和前面解决问题(a、b 和 c)的方式一样。

表E4.9 两个区域的数据

基质流区域	优先流区域
$fr_m = 0.8$	$fr_p = 0.2$
$n_{em} = 0.5$	$n_{ep} = 0.4$
$K_m = 3$ mm	$K_p = 100$ mm·h^{-1}
fr = 流域土壤覆盖率(-)	
n_e = 有效孔隙度比(-)	
K = 饱和导水率(mm·h^{-1})	

但是现在用的是一个区域的平均特性。因此:

e. 计算小时降雨量为 3 mm 的降雨过 1 h 后两个区域的湿润锋深度。

f. 计算小时降雨量为 6 mm 的降雨过 1 h 后两个区域的湿润锋深度。

g. 计算 1 h 的渗透深度产生的水量(mm),在这 1 h 内这些水量可以达到该区域的饱和导水率 K(mm·h^{-1})。

h. 通过对 e、f 和 g(均匀下渗)与 a、b 和 c(优先流下渗)的比较,你得出的结论是什么?这些都是来自 2008 年 1 月乌特勒支大学 Loes van Schaik 组织的关于优先流的教师研讨班内容。

　　练习 4.9 提供了一个关于强降雨条件下优先流对渗透深度影响的例子。

　　作者希望本章可以作为第 3 章地下水的逻辑后续内容,能够很清楚地描述土壤水的存储和流动的基本概念,并为感兴趣的读者提供有用的信息,作为进一步研究物理水文和壤中流的起点。

小结

· 非饱和区域(＝通气层＝包气带)的总(水)势(＝土壤水势＝水力势)h 等于重力势 z 和基质势 Ψ 的和:$h=z+\Psi$。对于饱和区域,总势完全等同于"水头":重力势等同于高程水头,基质势等同于压力水头。需要注意的是基质势是有负号的压力水头。

· 吸力$-\Psi$(cm)是基质势的绝对值,因此基质势是没有负号的。所以低吸力意味着基质势略微呈现负压,而高吸力就意味着基质势为很强的负压。土壤水中是用厘米(cm)来表示水势的单位,因而总势 h、重力势 z 和基质势 Ψ 的单位都是厘米。为了避免出现太多高吸力(很强的负基质势),引进一个变量 pF,它是吸力$-\Psi$ 的对数(以 10 为底的),单位也是厘米:$pF=\lg(-\Psi)$。吸力是一个统一的概念,是指所有(类型)固体土壤颗粒吸附水的作用力,不用去考虑作用力的性质,也不用去考虑是土壤颗粒之间的毛细管力吸附的水分还是土壤颗粒周围的薄膜吸附的。

• 本书中,已经知道如何处理单位重量(N)的能量(J),这个会产生一个长度单位($J \cdot N^{-1} = N \cdot m \cdot N^{-1} = m$; $1 \text{ cm} = 10^{-2} \text{ m}$)。另一个常用的单位是单位体积的能量(J),这个会产生一个压力单位($J \cdot m^3 = N \cdot mm^{-3} = N \cdot m^{-2} = Pa$)。另外还有一个常用的单位是单位质量的能量($J \cdot kg^{-1}$)。

• 由于非饱和区的总势 h 是不能直接测量的,可以用实测的基质势 Ψ 来代替,而且总势也是从基质势推算出来的。基质势 Ψ 使用土壤湿度计来测量的,土壤湿度计包括一个 5 cm 高渗透杯(石膏或陶瓷)或较小的下面充满水的管子(参见图 4.5);在管道的顶部,水压力用压力计测量(压力测量装置)。渗透杯表面的水压力(C)等于压力计水平面的水压(M)和 C 与 M 之间的水柱施加的压力之和。还可以进行如下的修改:$\Psi_C = \Psi_M + \Delta z$(单位是 cm,$\Delta z = M$ 的高度减去 C 的高度)。

• 致病细菌和病毒长期滞留在土壤孔隙中的固体和水及空气和水的界面上,加上这些界面的作用力,使得细菌和病毒变得没有活力。因此,不饱和带可以阻止致病菌和病毒进入地下水(饱和带),并提供了防止地下水污染的第一道防线。

• 土壤体积含水率 θ 也可以定义为土壤中充满水孔隙的体积分数($0 < \theta < 1$)或体积百分比($0 < \theta < 100\%$)。小孔隙的吸力比大孔隙稍微大点:当水进入干燥的土壤(土壤含水率较低),较小的孔隙会先吸入水分(高吸力段),只有在土壤变得相当湿润时较大孔隙才开始吸入水分(低吸力段)。当水分从湿润土壤(高含水量土壤)中流失时,较大的孔隙会首先排空水分(低吸力段),只有当土壤的较小孔隙变得很干燥时,高吸力处的水分才开始流失。

• 土壤水分特征(土壤持水性曲线;pF 曲线)是吸力和体积之间的关系,吸力通常在纵轴上,体积含水量 θ 通常在横轴上。土壤水分特征曲线上的所有点表示的是吸力和含水量之间的平衡关系。图 4.7 显示的是沙土和黏土的土壤水分特征。

• 当饱和土壤的水分开始流出时,吸力的临界值必须超过空气进入最大孔隙时受的作用力,这样才能使水分从孔隙中释放出来。这个临界吸力称为进气口吸力$-\Psi_{ae}$($-\Psi_{ae} > 0$ cm),并且土壤水分特征曲线右边的垂线长度是可见的。实际上由于土壤中通常有很多不同大小的孔隙,因此很难通过土壤水分特征曲线确定土壤进气口吸力的大小。

• 凋萎点的定义是土壤变干致使植物开始死亡时的水分含量(体积含水量);接下来植物再也不能从土壤中吸取水分,因为剩余很少的土壤水由于受到太大的吸力而滞留在土壤中。实际上,无论是田间持水量还是凋萎点,都和特定的 pF 值有关:田间持水量通常取 $pF = 2$ 时的含水量,而枯萎点的含水量取 $pF = 4.2$ 的值。

• 对植物来说,可用的土壤水分体积百分比等于田间持水量的($pF = 2.0$)体积含水量(%)减去凋萎点($pF = 4.2$)的体积含水量(%)。当地下水位接近地表时,田间持水量最好采用 $pF = 1.7$ 时的体积含水量,当水位位置在深处时,田间持水量最好采用 $pF = 2.3$ 时的体积含水量。对植物来说可用的土壤水的体积百分比可以解释为水量,是按厘米测量的,如果根区的深度是 100 cm 该水量就会被土壤滞留,如果根区深度是 40 cm,那么计算结果就必须乘以 0.4。

• 图 4.9 显示了滞后对土壤水分特征曲线的影响。滞后现象是一种依赖于物理系统发展的平衡态。图 4.9 显示了主要的干燥边界曲线(或主要排水曲线)和主要湿润边界曲线(或主要吸入曲线),以及一些中间扫描曲线。再次强调,要注意所有的点和曲线之间的平衡位置。

• 滞后的土壤水分特性用"墨水瓶"效应或者"接触角度"的影响来解释,但最好的解释是土壤水分特性的滞后是因为只显示了两个变量,如图 4.9 所示,并且少了一个很重要的附加变量:每个(单个)体积土壤中空气/水之间的界面面积(α_{un})。图 4.12 显示了吸力和含水量之间独特的关系,是用毛细管压力 p_c(=吸力)来决定三维立体面,即湿润器饱和度 s_w(这与含水量有关),和空气/水的界面面积 α_{un}。

· 按照自然规律水不会从较湿润的区域流到较干燥区域。水流的机械能会沿着流向减小,因此,对于非饱和水流,水会向着总势 h 是负值的方向流动。根据达西定律,达西—白金汉方程,非饱和区的计算是:$q = -K(\Psi)\frac{\Delta h}{\Delta l}$,其中 $K(\Psi)$ 是非饱和导水率,可以根据基质势 Ψ 或体积含水量 θ 来计算。对于高动态水流,Hassanizadeh 和 Gray(1990)提出采用达西—白金汉方程的一种扩展形式,方程在基质势和湿润期的饱和度 s_w 以及每立方土壤中空气/水的界面面积 α_{un} 之间建立关系:这种扩展方程的使用需要对土壤-水-空气中间的媒介进行深入研究。

· 组合达西—白金汉方程和连续性方程可以得出一个非线性偏微分方程,即理查德方程,方程可以写成不同的形式(参见 M9)。

· 地下水位上方的一个小区域的体积含水量达到最大值,这表示所有的孔隙都是饱和的。这是由于孔隙通过毛细管作用从零压的地下水位以下吸上来,这就是毛细的上升现象。正因为如此,尽管基质势 Ψ 小于零,但是略高于地下水位的毛细管也是饱和的。这个区域是通过毛细管作用力从潜水层吸收水分,因此被称为"毛细管区"或毛细管边缘区。毛细管边缘区的存在与进气口的吸力有关,这个吸力是空气进入土壤中所受作用力的临界值。

· 毛细管边缘区饱和部分的顶部,土壤基质势吸力等于略高于地下水位的最大优势孔隙进气口吸力(最大孔隙进气口的吸力是最小的);这样一个孔隙进气口的吸力可以简单定义为(平衡)吸力-Ψ,由方程(4.6)(4.3 节中)计算得出。在实际应用中,如果孔隙相对较小而且比较均匀,毛细管边缘饱和部分可以延伸到地下水位的 60 cm 以上。通常情况下,对于地下水位上面一定高度土壤的有效饱和意味着几乎所有最大的孔隙都充满了水。

· 当降雨强度(mm·h^{-1})大于下渗率(mm·h^{-1})时积水下渗就会发生。非积水下渗就是没有积水而且所有的降雨都下渗了,非积水下渗率(mm·h^{-1})等于降雨强度(mm·h^{-1})。

· 图 4.17 显示的是积水下渗势图,下渗率(体积通量密度)随着土壤表层积水时间的变化而变化。从环的底部,土壤水流向下流向总势 h 更负的区域。

· 当积水下渗持续进行时,湿润锋的深度就会增加同时下渗率会逐渐下降:相当长一段时间之后,水力梯度就会降到 1,致使最终的下渗率 f(mm·h^{-1})等于土壤饱和导水率 K(mm·h^{-1})——后者称为重力排水。

· 当非积水下渗持续进行时,水力梯度将会下降到 1,这会使下渗率等于土壤非饱和导水率 $K(\Psi)$,或者,换句话说就是土壤非饱和导水率 $K(\Psi)$ 等于降雨强度。

· 降雨开始时,当所有的雨水都可以下渗,下渗率 f 不是最大值,但是等于降雨强度 i_r。一段时间后,土壤表面气孔减少,可能导致土壤上面几毫米变成饱和水然后就开始形成积水,这样就在土壤表面形成了小的池塘和水洼。积水发生后(在 t_p 处),如图 4.20 所示下渗率将会下降;下渗率等于土壤表面降雨下渗的最大速率,最大下渗率成为下渗能力。同样,渗流能力是水通过土壤渗流的最大速率。

· 在坡地表面,积水之后降雨强度(mm·h^{-1})和下降的下渗率之间的差会在地表溢出,即超渗坡面流,也可以称为荷顿氏坡面流。

・为了阻止盐分在土壤表层和地表的积累,灌溉时必须附有能够排除多余盐分的排水系统。

・渗透计中一个马略特瓶的应用会得到一个恒定的水头 h_0,另一个瓶子的应用得到一个恒定的水流 Q。后者的原理也可以用于通过降雨模拟器得到恒定的降雨强度。

・吸水率 S 是衡量一个多孔介质通过毛细作用吸收或解吸液体的能力,在积水下渗开始时也是很重要的,当土壤仍是相对干燥时:吸水率的单位是长度时间的平方根,例如 $mm \cdot min^{-0.5}$。

・累积入渗量 $F(mm)$ 是单位面积(mm^2)的地表通过下渗添加到土壤中水的总体积(mm^3)。曲线显示在下渗后期当积水下渗等于饱和水力传导率时随着时间的变化累积下渗就会变成线性的。

・对于降雨强度 i_r 不同的暴雨来说,渗透轨迹是一个连接时间与积水 t_p 曲线:在侵蚀研究中,渗透轨迹是一个重要曲线,积水时间是一个重要参数。

・零通量面(ZFP)是一个在无流量或零通量的非饱和区的水平面。当土壤水流远离零通量面(向上和向下),它就是一个发散的零通量面。当土壤水流流向零通量面(向上和向下)时,它就是一个收敛的零通量面。图 4.33 显示了全年温带气候区土壤剖面水流的运动与零通量面的形成过程。

・土壤层是由天然土壤形成过程所引起的分层。土壤分层对通过土壤剖面移动的水分有明显的影响,尤其当土壤层在水力传导率和主要孔隙尺寸明显不同时。无论是粗纹理层上面覆盖一层细纹理还是细纹理层上面覆盖一层粗纹理层(图 4.34)都会导致渗流过程的停滞。

・表层流是土壤表层中水流的流向平行于地表的河流(河道)方向。

・优先流是土壤水(和它的溶质,溶解在水中的物质)流经优势路径如裂纹、根孔或虫洞。优先流直接绕过土壤基质和更多制约水流的障碍,这在更大程度上是自然规律而不是偶然情况。优先流的路径通常只占土壤的一小部分,这就使得一小部分的土壤参与大部分的水流。

・优先流可以分为三个主要的类型:大孔隙流(包括管流和干裂缝隙流)、指流(由于土壤异质性、空气滞留和/或拒水性)和漏斗流(4.9 节)。

5　地表水

引言

　　地表水是在陆地表面上的水,无论是在地表存储(1.3 节),还是流入小溪与河流,或是坡面径流都是地表水。理解地表径流要比理解壤中流容易得多。然而,径流的基本原理可以对稳定的地下水流和壤中流的后续流量进行最合理的解释,也就是它们的基本原理都是一样的。这就是为什么讨论完了地下水和土壤水之后再讨论地表水。我们已经在第 3 章和第 4 章建立了一些概念,比如伯努利定律(能量守恒)同样适用于地表水。然而,由于地表水的流速比较快,因此动能是很重要的任意点的湍流流速变化都没有规律,这就导致地表径流比稳定的流过沉积物的地下径流更复杂,这样的地下径流可以简单地认为是层流,就是水流流入的平行层之间没有干扰物(3.7 节)。湍流和层流的特点都是流动而不仅仅是水。英国工程师和物理学家奥斯鲍恩·雷诺(1842—1912)在 1883 年通过一个无量纲数对这些特性进行了描述,这个无量纲数用他的名字命名,叫雷诺数(Re)。

$$Re = \frac{vL\rho}{\mu} \tag{5.1}$$

式中,v 为水流流速($\mathrm{m \cdot s^{-1}}$);ρ 为流体的密度($\mathrm{kg \cdot m^{-3}}$);μ 为黏性系数($\mathrm{kg \cdot m^{-1} \cdot s^{-1}}$);$L$ 为特征长度(m)。

　　图 5.1 显示的是一个明渠的梯形断面。明渠中,渠道的水力半径通常是用于衡量方程(5.1)中的特征长度 L (m)。求解明渠的水力半径 R_h (m)的方程如下:

$$R_h = \frac{A}{P_w} \tag{5.2}$$

式中,A 为断面的水流面积($\mathrm{m^2}$),P_w 为湿周(m)。

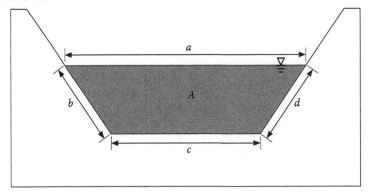

图 5.1　一个明渠的梯形断面:A 为垂直于水流方向的断面水流面积($\mathrm{m^2}$);
湿周 P_w 为与水直接接触并垂直于水流流向的断面 $= b + c + d$ (m)

一般来说,对于雷诺数小于 500 的明渠层流和大于 2000(CHO－TNO 1986)的湍流,在这些值之间,不能明确区分出水流是这种还是另一种。值得注意的是,刚才提到的 500 和 2000 的雷诺值是不太精确的,因为从层流过渡到湍流都会受上游条件和前期水流的影响,反之亦然。此外,对于不同类型的流量(例如,明渠流或管流),不同雷诺数的临界值(Re)都是适用的,在某种程度上要对雷诺数不同的临界值进行解释会用到水文学和流体动力学。

地表水另一个常用的定义是稳定流,但当地表水的流速不随时间变化($\frac{\partial v}{\partial t} = 0$),或在湍流情况下,统计参数(水流速度的均值和标准差)不随时间变化(Van Rijn,1994)时会出现稳定流:如果这些条件都没有满足,那么就是不稳定流。另外,还有一个常用的定义就是均匀流,当地表水的流速在流向上是恒定的($\frac{\partial v}{\partial x} = 0$)(Van Rijn,1994)或者一个有稳定断面的明渠流,当水流的高度在所有的断面都保持不变时($\frac{\partial H}{\partial x} = 0$)会出现均匀流;如果这些条件不能满足就是非均匀流。许多明渠和自由水面河道中的均匀流、稳定流的基本水力学方程在本书的最后 M10 中给出了。接下来这一节(5.1 节)要讨论的径流是稳定流。

研究地表水还是很重要的。尽管在山区和低洼地区,过多的地表水(洪水)可能是一个大问题,但是水过少、水短缺也是个问题。太多地表水的积存可能会感染一些与水有关的疾病如:疟疾是由寄生虫引起通过雌性虐蚊传播的疾病;登革热(失血性)和黄热病由埃及伊蚊传播的病毒性疾病;血吸虫病(又称裂体血吸虫)是由淡水蜗牛携带的寄生虫引起的疾病。水太少也会有很多问题,水少会导致水质不好。此外由于水少,水几乎全被处在上游的国家引走了,处在下游的国家地表水就会很少,可能会引起邻国之间的政治动荡或冲突。前面提到的所有问题都对健康和经济造成不良影响,因此要想达到最好、持续的、和平的方式管理水资源,深入了解整个水系统(大气水、地下水、土壤水、地表水)是很有必要的。

5.1　再论伯努利定律

我们可以使用伯努利定律来确定水的机械能:由于地下水流速一般是缓慢的,因此早期我们可以不考虑地下水流和基质流的动能项(3.3 节和 4.1 节)。然而由于地表水的流速一般都是快速的,我们不能忽视伯努利定律中这一类型水流的动能项 $\frac{1}{2}mv^2$:

$$\frac{1}{2}mv^2 + mgz + pV = 常数 \tag{5.3}$$

除以体积 V(m³)后,利用水密度 ρ(kg・m⁻³)和重力加速度 g(N・kg⁻¹或 m・s⁻²),左边除以重力(N),前面的(3.3 节)可以得到:

$$\frac{v^2}{2g} + z + \frac{p}{\rho g} = 常数 \tag{5.4}$$

对于地表水,方程(5.4)中第一项,每单位重量的动能(J・N⁻¹或者 m)是不能忽略的:第一项 $\frac{v^2}{2g}$ 称为速度水头(m)。

5.1.1　皮托管

图 5.2 显示了一个皮托管,这是由法籍意大利水力工程师亨利・皮托(1695—1771)发明

的:水流可以进入较低的管口,图 5.2 中的水流方向是从左到右。通过这种方式,皮托管将地表水流的动能转化为速度头 h_v 的压力头(框 5.1):

$$h_v = \frac{v^2}{2g} \tag{5.5}$$

式中,h_v 为 速度头(m);v 为 沿流线的水流速度(m·s^{-1});g 为重力加速度(m·s^{-2})。

通过测量皮托管中的 h_v,我们可以确定图 5.2 中沿流线的水流速度如下:

$$v = \sqrt{2gh_v} \tag{5.6}$$

因此,例如当速度头 $h_v = 2.5$cm($g = 9.8$ m·s^{-2}),那么沿流线的水流速度 v 等于 0.7 m·s^{-1}。利用皮托管的测量很精确,但是适用的情况是 v 必须大于 0.2 m·s^{-1}(Van Rijn,1994)或 $h_v > 2$ mm。

图 5.2 和图 3.4 非常相似,它们显示的是地下水能量项在压强计屏幕的位置。皮托管可以测出进水处地表水的总压头 h_{total},从而可以将速度头 h_v 合并在一起,这些都是水流的动能或其他能量产生的。

框 5.1　皮托管

如果流动距离很短的话,摩擦能量损失可能被忽略。对于图 5.2 中 1～2 的短槽型断面或河段,我们可以写出如下的伯努利方程:

$$\frac{v_1^2}{2g} + \frac{p_1}{\rho g} + z_1 = \frac{v_2^2}{2g} + \frac{p_2}{\rho g} + z_2 \tag{B5.1.1}$$

当 $z_1 = z_2$,$v_2 = 0$,$\frac{p_2}{\rho g} = \frac{p_1}{\rho g} + h_v$ 时,方程 B5.1.1 可以简化如下:

$$\frac{v_1^2}{2g} = h_v \tag{B5.1.2}$$

v_1 是 v 沿流线的水流速度,因此:

$$h_v = \frac{v^2}{2g} \tag{B5.1.3}$$

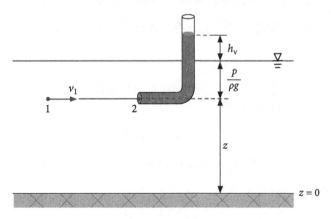

图 5.2　皮托管

总压头 h_{total} 计算公式如下：

$$h_{total} = z + \frac{p}{\rho g} + \frac{v^2}{2g} \tag{5.7}$$

其中，h_{total} 是总水头(m)，z 是高程水头(m)，p 是压力水头(m)，v 是流速水头(m)。

一般采用组合皮托管来测量水流速度；图 5.3 就是一个组合皮托管。组合皮托管管口正对着水流方向用来测量总水头 h_{total}，皮托管水平部分两侧的垂直管口用来测量两侧的液压水头 h。总水头 h_{total} 减去液压水头 h 得到速度水头 h_v，根据上面的公式就可以确定水流速度。

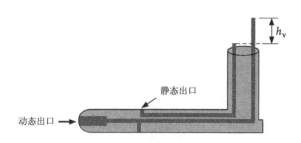

图 5.3　一个组合皮托管(出目 Van Rijn，1994)

5.1.2　堤坝中有一个较低出口的人工湖

图 5.4 显示的是一个蓄满水的水库(例如，这就是一个人工湖)，湖里面的水通过堤坝中一个较低的出口流出。通过堤坝出口的水流速 v 与堤坝出口中心线以上水的高度 H 的平方根相关。

$$v = \sqrt{2gH} \tag{5.8}$$

v 为通过出口的水流流速(m·s^{-1})；H 为堤坝出口中心线以上水的高度(m)。

这个方程是由意大利物理学家和数学家托里拆利通过实验得到的，公式(5.8)的推导过程在框 5.2 中。方程(5.8)中的 H 是固体颗粒在真空中下落的高度(见框 5.3)。

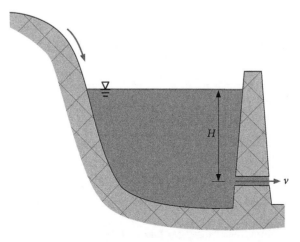

图 5.4　堤坝中有一个较低出口并蓄满水的人工湖

框 5.2　托里拆利实验

图 B5.2 显示的是托里拆利在 1643 年做的实验。水位要保持恒定。由于不考虑摩擦的能量损失,我们可以把层流 1~2 的伯努利定律写成如下的形式:

$$\frac{v_1^2}{2g} + \frac{p_1}{\rho g} + z_1 = \frac{v_2^2}{2g} + \frac{p_2}{\rho g} + z_2 \tag{B5.2.1}$$

v_1 是水面处的水流流速(位置 1),比 v_2 小得多,v_2 是水库出口处的水流流速(位置 2),这是由于水的表面面积远大于底部出口断面面积。因此,我们可以假定 $v_1 = 0$。

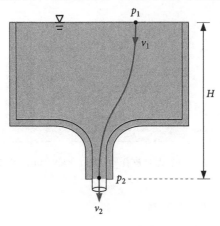

图 B5.2　底部开口的蓄满水的水库

水面(位置 1)的压力等于空气压力,出水口(位置 2)的压力和水面的压力一样:其实由于这两个位置之间的海拔差异可以忽略,因此它们之间大气压力的差异也很小。因此,位置 1 和位置 2 的水压 p_1 和 p_2 都可以假定为零:$p_1 = p_2 = 0$,而且当 $z_1 = H$ 和 $z_2 = 0$ 时,方程 B5.2.1 可以简化为:

$$H = \frac{v_2^2}{2g} \tag{B5.2.2}$$

或

$$v = \sqrt{2gH} \tag{B5.2.3}$$

式中,v 为出口处的水流速度($\mathrm{m \cdot s^{-1}}$),H 为水面高程(m)。

框 5.3　真空中的落体运动

图 B5.3 显示了真空中下落物体的速度($\mathrm{m \cdot s^{-1}}$)随时间(s)的增加;或者换句话说,如果我们忽略摩擦造成的能量损失,物体下落的速度就是增加的。

$t = 0$ 秒时,物体开始下落的速度是 0($\mathrm{m \cdot s^{-1}}$)。为了计算方便,我们把重力加速度 g 设为 10 $\mathrm{m \cdot s^{-2}}$。这就表示每一秒,下落物体的速度都会增加 10 $\mathrm{m \cdot s^{-1}}$。因此,$t = 1\,\mathrm{s}$,$v = 10\,\mathrm{m \cdot s^{-1}}$;$t = 2\,\mathrm{s}$,$v = 20\,\mathrm{m \cdot s^{-1}}$;这个就是图 B5.3 中显示的,方程形式:

$$v = gt \quad 或 \quad t = \frac{v}{g} \tag{B5.3.1}$$

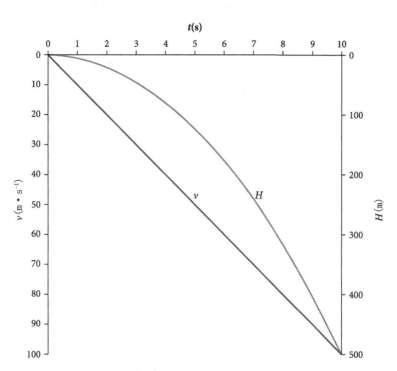

图 B5.3　真空中下落物体的 t(s)，v(m·s^{-1}) 和 H(m)

　　一个物体在第一个 10 s 下落多远？为了回答这个问题，我们可以简单确定这 10 s 内的平均速度，然后乘以秒数(10 s)。$t=0$ 时物体下落的起始速度等于 0 m·s^{-1}，第一个 10 s 内物体下落的平均速度就简单定位 $t=10$ s 时速度的一半。因此 t 秒后物体下落的距离计算公式为：

$$H = \frac{1}{2}vt \qquad (B5.3.2)$$

式中，H 为 t 秒后物体下落的距离(m)；v 为 t 秒后物体的下落速度(m·s^{-1})。
组合方程 B5.3.1 和 B5.3.2 给出：

$$H = \frac{v^2}{2g} \quad 或 \quad v = \sqrt{2gH} \qquad (B5.3.3)$$

　　如果乘以通过大坝出口的水流速度 v，这个出口是垂直于水流流向，如果我们把出口面积、因子 $\sqrt{2g}$ 和水流通过出口损失的摩擦能量"常数"C 合并的话，就可以得到一个堤坝中有个较低出口的人工湖的 $Q-H$ 的关系：

$$Q = C\sqrt{H} \qquad (5.9)$$

式中，Q 为通过堤坝出口的流量(m^3·s^{-1})；C 为"常数"(m$^{2.5}$·s^{-1})。

　　"常数"C 在引号中，是因为如果 v 和 H 的值较大的话，堤坝出口处的摩擦能量损失也会比较高：在实践中，这一点也是解释得通的。

堤坝出口中心线以上的水库库容 S（m³）可以近似写成方程：

$$S = AH \tag{5.10}$$

式中，S 为堤坝出口中心线以上的水库库容（m³）；A 为水库的水平面面积（m²）。

我们可以根据方程（5.9）和（5.10）建立水库蓄量 S（m³）和出库流量 Q（m³·s⁻¹）之间的联系，然后给出堤坝中有出口的人工湖的 $S-Q$ 之间的关系：

$$S = \frac{Q^2}{\alpha} \tag{5.11}$$

式中，α 为"常数"（m³·s⁻²）。

或者是一般形式（后面我们也会用到这个方程）：

$$S = \frac{Q^n}{\alpha} \tag{5.12}$$

对于堤坝出口较低的人工湖，$n=2$；注意，水库的水平面积 A 随着深度（H 减少时 A 也减少）的增加并不是不变的，而且一个小人工湖的 $\alpha = C^2/A$ 也要进行相应的调整。然而，对于一个水平的大型人工湖，水平面积 A 随深度的变化相对较小。

人工湖的用途有很多，如用于灌溉、河流排放的调节、通过人工湖的缓冲能力减轻上游排水的压力、水力发电，也可用于开发一些水上旅游景点等等。

5.1.3 水中的涟漪

无论何时，若你把一块石头扔进一条天然河流中，都可以研究导致水面涟漪运动的原因！也有部分涟漪是从石头的落点向上游移动的，水面波的传播速度 v_W 是由石头对水的影响大于水的流速 v 时产生的（如果不是这样，涟漪就无法移动到上游）——我们称这种类型的水流为亚临界流（图 5.5a）。然而，也可以看到涟漪全部流向下游，这是因为水的流速 v 大于水面波的传播速度 v_W，这种类型的水流被称为超临界流（图 5.5c）。当水流速度 v 和水面波的传播速度 v_W 相等时，水的流速称为临界流：理论上，我们是可以观察到流向上游的部分涟漪仍然停留在起始点（图 5.5b）。

下面建立的关系是计算水面波的传播速度（有时称为表面波速）v_W（框 5.4）的：

$$v_W = \sqrt{gH} \tag{5.13}$$

v_W 是水面波的传播速度（m·s⁻¹）。

要注意的是，对于水面波的传播速度在无其他系数的情况下会低于 2 的平方根，这在方程（5.6）、（5.8）、B5.2.3 和 B5.3.3 中很常见。方程（5.13）也可以用来确定海啸的传播速度（日本的港湾波），这是一个大海或海洋中的波浪靠近岸边，它们通常是由水下地震或火山喷发及沿海滑坡引起的（框 5.5）。

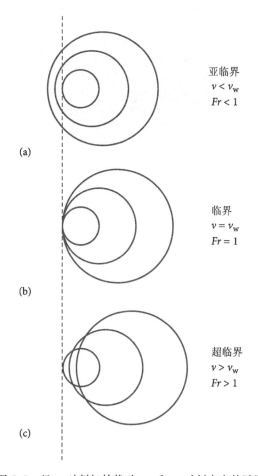

图 5.5　经 t_0 时刻初始扰动，t_1 和 t_2 时刻水中的涟漪

框 5.4　水面波的传播速度

　　图 B5.4a 中水面波的传播速度 v_w，观察者随着水面波移动看到一个反方向的速度 v_w，如图 B5.4b 所示：

　　从连续性考虑，就得出下面的结果：

$$Q'(\mathrm{m^2 \cdot s^{-1}}) = 常数 \Rightarrow Q'_1 = Q'_2 \tag{B5.4.1}$$

断面 1：

$$Q'_1 = (v_w + \Delta v_w)H \tag{B5.4.2}$$

断面 2：

$$Q'_2 = v_w(H + \Delta H) \tag{B5.4.3}$$

将方程 B5.4.2 和方程 B5.4.3 代入方程 B5.4.1 可以得到：

$$(v_w + \Delta v_w)H = v_w(H + \Delta H) \tag{B5.4.4}$$

方程还可以写成：

$$\Delta v_w = \frac{v_w \Delta H}{H} \tag{B5.4.5}$$

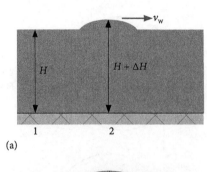

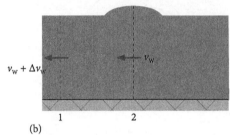

图 B5.4 水面波的传播

如果水流的距离较短,可以假定摩擦产生的能量损失忽略不计,应用伯努利定律得到:

$$\frac{(v_w + \Delta v_w)^2}{2g} + H = \frac{v_w^2}{2g} + H + \Delta H \tag{B5.4.6}$$

$(\Delta v_w)^2$ 忽略不计,重新整理一下方程可得:

$$v_w \Delta v_w = g \Delta H \tag{B5.4.7}$$

将方程 B5.4.5 带入方程 B5.4.7 可以得出:

$$v_w = \sqrt{gH} \tag{B5.4.8}$$

框 5.5 海啸的传播速度

图 5.5 显示的是海洋中海啸的断面。结合连续性方程和伯努利定律(能量方程),可以根据框 5.4 推导出方程:

$$v_w = \sqrt{gH} \tag{B5.5}$$

式中, v_w 为海啸的传播速度(m·s^{-1}), H 为海水深(m)。

这个关系也适用于一个海啸的情况。实际上,方程 B5.5 也适用于表面波,当水深 H 小于海啸波浪长 L_w 的 5％时才适用。海啸的波浪长度都是数百千米,而其在深水中的振幅 a_w 小于 1 m,这就是海啸通常不会引起人们注意的原因。

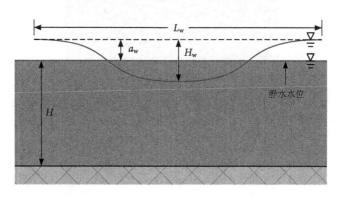

图 B5.5　海洋中海啸断面（a_w 为波浪振幅；H 为水深；H_w 为浪高；L_w 为波浪长度）

　　如果我们假设海水深 H 是 4.5 km＝4500 m，很明显从上述信息可以把海啸归类为表面波，是广阔的海洋表面的涟漪，可以用方程 B5.5 来确定它的传播速度。利用这些数据资料进行一个简单的计算后我们就会得到海啸的传播速度 $v_w = \sqrt{9.8 \times 4500} = 210$ m·s^{-1} ≈ 750 km·h^{-1}，这就是喷气式飞机的速度。

　　海啸是指包括海底水体运动的海浪，因此它完全不同于由风力引起的海浪，后者只能在海面或接近海面处有影响。在海啸到来之际，在海浪前面通常会形成一个海槽，这就是形成较大海啸的原因，大海不同寻常的退潮是海啸即将来临的预警信号。当海啸接近海岸时，海水的深度 H 和传播速度 v_w 减小。然而，由于摩擦的增加，它在海岸线的波浪高 H_w 可能会达到几十米的高度，但是由于巨大水体的运动（再一次海啸的运动包括海底水体的运动），海啸对沿海地区会造成破坏性的影响。

　　水流的速度 v 和水面波浪的传播速度 v_w 的比值称为弗劳德数（Fr），这是英国工程师和海军建筑师威廉·弗劳德（1810—1879）得出的：

$$Fr = \frac{v}{v_w} = \frac{v}{\sqrt{gH}} \qquad (5.14)$$

　　总之，当 $v > v_w$ 或者方程（5.14）中的 $Fr > 1$ 时，水面波浪是不能逆着水流方向传播的，同时水流是：

- 亚临界水流，当 $v < v_w$ 或者 $Fr < 1$ 时
- 临界水流，当 $v = v_w$ 或者 $Fr = 1$ 时
- 超临界水流，当 $v > v_w$ 或者 $Fr > 1$ 时

　　图 5.6 显示的是当打开水龙头时一个厨房水槽底部的照片，显示了日常生活中超临界到亚临界水流的过渡：在水流的边缘地带（水跃）过渡就会加速，流量是影响过渡的关键因素。

　　后面的章节告诉我们可以好好利用临界水流量，因为只有这么高的水深 H 和总能量 h_{total} 才能以独特的方式相关。

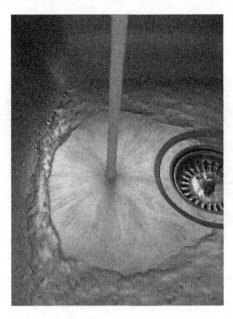

图 5.6　打开水龙头时一个厨房水槽底部的照片,显示了湍流中从超临界呈放射状的向亚临界过渡;
在水流边缘(水跃),水流对这两者之间变化的影响是很重要的

5.1.4　断面比能

图 5.7 显示了明渠流中的水流流速和水面高程的分布。然而,实际上这种分布通常会受到粗糙的河床、杂草、障碍物、湍流的流动等的干扰。由于河道中的水流速度通常都不是恒定的,我们采用的平均流速等于流量 Q($\mathrm{m}^3 \cdot \mathrm{s}^{-1}$)除以垂直于水流方向的断面面积。这样对于垂直于水流方向的河道断面我们就可以把方程(5.7)(伯努利定律)改写为:

$$h_{total} = \frac{Q^2}{2gA^2} + \frac{p}{\rho g} + z \qquad (5.15)$$

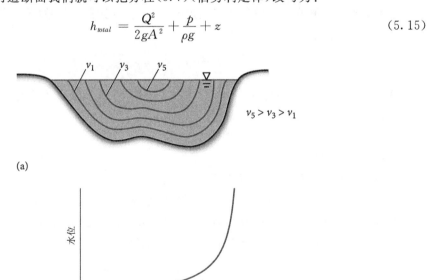

图 5.7　明渠流中的水流流速和水面高程的理论分布:(a)横断面,(b)纵切面

式中，Q 为流量($m^3 \cdot s^{-1}$)；A 为断面面积(m^2)。

以河床作为参考标准，引入单位能量 h_e 作为相对于河底流动水流的每单位重量的能量（$J \cdot N^{-1} = m$），也可以改写方程(5.15)为：

$$h_e = \frac{Q^2}{2gA^2} + H \tag{5.16}$$

式中，h_e 为比能(m)，即相对于河底流动水流的每单位重量的能量；H 为水面高程(m)。

定义单位流量 q_w($m^2 \cdot s^{-1}$)为河流中每单位宽度 w(m)河道的流量 Q($m^3 \cdot s^{-1}$)，这样就可以用 q_w 代替方程 5.16 中的 Q，用 H 代替 A：

$$h_e = \frac{q_w^2}{2gH^2} + H \tag{5.17}$$

式中，q_w 为单位流量($m^2 \cdot s^{-1}$)＝每单位宽度 w 河道的流量。

图 5.8 是一个比能图，是比能 h_e 与水位 H 的关系图，$0.5 m^2 \cdot s^{-1}$ 的单位流量 q_w 由方程(5.17)计算，图 5.8 中的曲线显示两种水位，对于每个比能 h_e 有两种水位 H，只有最小的比能 h_e 对应一个水位(h_e, H)。图 5.2 已经显示为了如果让水流动，总水头 h_{total} 必须大于水面高程 H 或 $h_e > H$，这就解释了为什么图 5.8 中的曲线是位于 1∶1 线的下方（从逻辑上讲是位于 $H = 0$ 的线上方）。

图 5.9 和图 5.8 一样，只不过水面高程 H 在横坐标轴上，单位能量 h_e 在纵坐标轴上。h_e 与 H 的变化比 dh_e/dH 等于图 5.9 中曲线的切线斜率。极小值，即曲线的切线是水平的而且切线的斜率等于零（见 C2.7），如下所示：

$$\frac{dh_e}{dH} = 0 \tag{5.18}$$

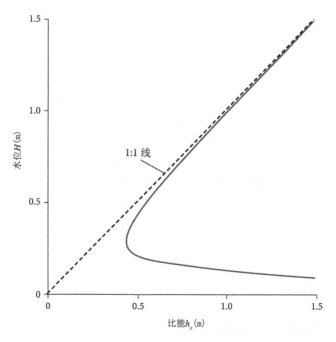

图 5.8　$0.5\ m^2 \cdot s^{-1}$ 的单位流量 q_w 的比能

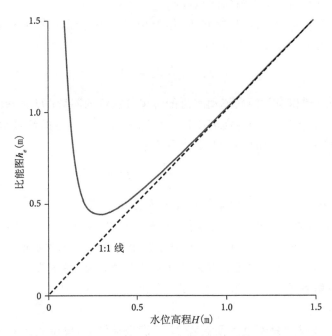

图 5.9　$0.5\ \mathrm{m}^2 \cdot \mathrm{s}^{-1}$ 的单位流量的水面高程 H 对应的单位能量 h_e

方程(5.17)(伯努利定律)的微分方程是：

$$\frac{\mathrm{d}h_e}{\mathrm{d}H} = \left(\frac{q_w^2}{2g}\right)(-2H^{-3}) + 1 \tag{5.19}$$

将方程(5.19)代入方程(5.18)可得：

$$q_w = H\sqrt{gH} \tag{5.20}$$

由于 $v = q_w/H$，方程(5.20)也可以写成下面的形式：

$$v = \sqrt{gH} \tag{5.21}$$

　　因此，当单位能量 h_e 是最小值时，水流速度 v 等于 $\sqrt{gH}$，因为我们已经从方程(5.13)和框 5.4 知道这是水面波纹的传播速度 v_w。这就意味着，只有在这个最低的单位能量 $h_{e,\min}$ 处，这是图 5.8 中唯一的位置，它与水面高程的单一值 H 是对应的，没有其他可供选择的水面高程 H，我们已经了解了临界流（$v = v_w$ 或者 $Fr = 1$），它是亚临界流和超临界流之间的过渡流，反之亦然。现在我们可以推断出图 5.8 中哪些部分是描述亚临界流和超临界流的。

　　图 5.8 的单位能量曲线的上部区域（接近 1：1 线），水面高程相对较大而且 h_e 和 H 之间的差异很小，因此流速水头 h_v 和水流速度 v 都很小，这里的水能主要是由与水面高程 H 相关的压力能量组成的。

　　单位能量曲线的下面部分（靠近横坐标轴，$H = 0$），水面高程 H 很低而且 h_e 和 H 之间有很大差异，因此流速水头 h_v 和水流速度 v 相对很大，水的能量主要是由和水流速度 v 相关的动能组成。

　　因此，在图 5.8 的单位能量曲线的上部，一定会有亚临界流（$v < v_w$ 或者 $Fr < 1$），同样地，图 5.8 的单位能量曲线的下部会有超临界流（$v > v_w$ 或者 $Fr > 1$）。

　　方程(5.20)和方程(5.21)只适用于临界流，因此，当单位流量 q_w 等于临界单位流量 q_c

$(m^2 \cdot s^{-1})$时,同时水面高程 H 等于临界水面高程 H_c(m)和水流速度 v 等于临界水流速度 v_c $(m \cdot s^{-1})$时适用。因此,方程应该写成如下形式:

$$q_c = H_c^{\frac{3}{2}} \sqrt{g} \qquad (5.22)$$

和

$$v_c = \sqrt{gH_c} \qquad (5.23)$$

式中, q_c 为临界单位流量$(m^2 \cdot s^{-1})$; H_c 为临界水面高程(m); v_c 为临界水流速度$(m \cdot s^{-1})$。

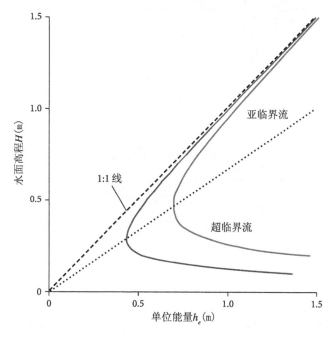

图 5.10 两种单位流量 0.5(左边)和 1.0(右边)$m^2 \cdot s^{-1}$ 的单位能量图:最小的单位能量,
就是不同的单位流量 q_w(方程 5.24)临界流量出现的地方,会由下部的虚线给出。

将方程(5.22)代入方程(5.17)(伯努利定律),如果 $h_e = h_{e,min}$, $q_w = q_c$ 和 $H = H_c$ 就可以得到方程:

$$h_{e,min} = \frac{3}{2}H_c \quad 或 \quad H_c = \frac{2}{3}h_{e,min} \qquad (5.24)$$

式中, $h_{e,min}$ 为最小比能(m)。

因此,当临界流出现时,水面高度 H(m)等于单位能量 h_e 的三分之二。

图 5.10 是图 5.8 的一个延伸,包括一个 1.0 m 单位流量的单位能量图。对于不同的单位流量,单位能量图都是相似的,而且越高的单位流量的单位能量图越靠右边(当坐标轴的选择与图 5.8 和图 5.10 一致时)。对于不同的单位流量 q_w 临界流量出现时,(h_e, H)的位置可由方程(5.24)计算出并在图 5.10 中显示,即图中较低的虚线。

5.1.5 陡降处的临界流

当水流经过一个很缓的斜坡时,我们可以假设或者测试水流是亚临界(在水里扔一块石头就可以!),如图 5.11 一样会发生水跌,水流就会加速然后变成超临界流。因此,在陡降处水流

图 5.11　法国达弗吕索罗斯河上的一条急流:在倾斜处水流是临界流,
因为水流要在此处快速地从亚临界流变为超临界流

是临界流,因为水流要在此处快速地从亚临界流变为超临界流。由于陡降处的水流是临界流,对河水流量 Q（$\mathrm{m}^3 \cdot \mathrm{s}^{-1}$）做一个粗略的估算还是可行的:估算陡降处的水面高程 H_c（m）并用方程(5.23)计算出临界流流速 v_c（$\mathrm{m} \cdot \mathrm{s}^{-1}$）;然后估算倾斜处（$A = w_c H_c$）垂直于水流流向的断面过流面积 A（m^2）,再用这个面积 A 乘以 v_c 就能得到河流流量 Q（$\mathrm{m}^3 \cdot \mathrm{s}^{-1}$）。因此,倾斜处临界流 $Q-H$ 的关系如下:

$$Q = w_c H_c \sqrt{g H_c} \tag{5.25}$$

式中,w_c 为河道宽(m)。

练习 5.1.1　如果我们可以估算图 5.11 中陡降处的水量,该地方河道深 70 cm,宽 10 cm,那就确定出索罗斯河的流量。

练习 5.1.2　文丘里效应就是当一个不可压缩的流体流经一段直径较小的管子时压力水头的降低,如图 E5.1.2 中所示。这个效应是根据意大利物理学家 Giovanni Battista Venturi（1746—1822）的名字命名的。

忽略摩擦损失并计算通过管子的流量 Q（$\mathrm{m}^3 \cdot \mathrm{s}^{-1}$）,它是下降的压力水头 $\dfrac{p_1}{\rho g} - \dfrac{p_2}{\rho g}$ 和管子横断面面积 A_1 和 A_2（m^2）的函数。

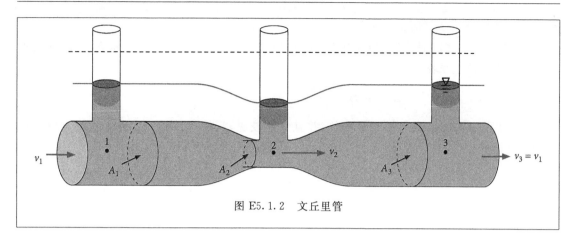

图 E5.1.2   文丘里管

5.1.6   河床内水跌

前面提到的通过视觉观察水流来估算水量是一个相当粗糙的方法,因为准确估算从高处流下的水流表面的临界水面高程 H_c 是很难的,就如图 5.11 中显示的。若要对流量进行更精确的估计,必须找到流量 $Q(\mathrm{m^3 \cdot s^{-1}})$ 和上游快速水流的水面高程 H_1 之间的关系,这里水流流速相对较慢、水较深,而且这里的水深可以进行更准确的测量。

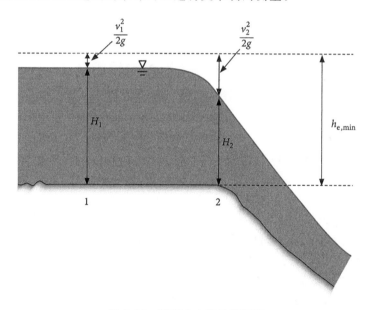

图 5.12   河床内水跌的侧面图

采用伯努利定律(能量方程)和早期建立的临界水面高程 H_c(m)等于最小单位能量 $h_{e,\mathrm{min}}$ 三分之二的关系(方程 5.24),可以推出这样一个关系。

图 5.12 显示的是河道底部河床内的一个水跌侧面图。如果发生水跌时上游的距离很短,就可以假定河床是水平的,并且摩擦的能量损失小到可以忽略不计。那么图 5.12 中的 1~2 段可以写出伯努利方程:

$$\frac{v_1^2}{2g} + H_1 = \frac{v_2^2}{2g} + H_2 \tag{5.26}$$

式中，H_1 为河床内水跌时上游水位(m)。

对于图 5.12，当临界流发生时(方程(5.24))水位 H (m)和最小单位能量 $h_{e,\min}$ 之间的关系可以用下面的方程表示：

$$H_2 = H_c = \frac{2}{3} h_{e,\min} = \frac{2}{3}\left(H_1 + \frac{v_1^2}{2g}\right) \tag{5.27}$$

由于水跌上游的水流是相对缓慢的，并且水深较深，我们可以假定水流为亚临界流并且 v_1 很小可以忽略($v_1 = 0$)，方程(5.26)和(5.27)可以简化为：

$$H_1 = \frac{v_2^2}{2g} + H_2 \tag{5.28}$$

和

$$H_2 = \frac{2}{3} H_1 \tag{5.29}$$

将方程(5.29)代入方程(5.28)就可以得出水流速度 v_2 和上游实测水位 H_1 之间的关系：

$$H_1 = \frac{3v_2^2}{2g} \tag{5.30}$$

或

$$v_2 = \sqrt{\frac{2}{3} g H_1} \tag{5.31}$$

此外，

$$Q = v_2 w_c H_2 \tag{5.32}$$

式中，w_c 为临界流发生时的水面宽(m)。

将方程(5.31)代入方程(5.32)并运用方程(5.29)可以得出：

$$Q = w_c H_2 \sqrt{\frac{2}{3} g H_1} = w_c \frac{2}{3} H_1 \sqrt{\frac{2}{3} g H} \tag{5.33}$$

对于河床内发生的水跌，可以重新推导出 $Q - H$ 的关系：

$$Q = \left(\frac{8}{27} g\right)^{\frac{1}{2}} w_c H_1^{\frac{3}{2}} \tag{5.34}$$

采用方程(5.34)，我们可以通过测量河床内水跌上游的水位 H_1 估算流量 Q；从图 5.12 可以明显看出 H_1 是水跌(作为基准水位或 $z = 0$)顶部以上的上游水位。

在下面的章节，我们将看到方程(5.34)同样也适用于大坝上的水流或矩形堰水流(一个人工的、长方形的、固定建筑物)，也可以修改方程(5.34)来估算来自河床内其他很多人工的固定建筑物上游的流量，建筑物可以是 V 形堰或引水槽等。

5.1.7　人工湖的溢流

图 5.13 就是一个蓄满水的人工湖，而且有水从坝顶溢出。大坝顶部的水流速度与上游水位高度 H_1 (m)和大坝顶部的参考标准有关，以同样的方式河床内水跌的流速可以用方程 5.31 计算，因此：

$$v_2 = \sqrt{\frac{2}{3} g H_1} \tag{5.35}$$

和这个方程相比，方程(5.8)计算的是人工湖大坝中较低出口的水流速度。

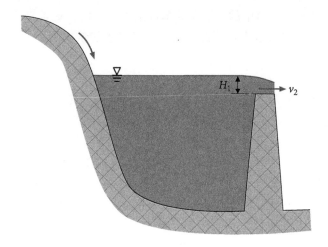

图 5.13 溢流的水库

由于坝顶的上游水位 H_1 相当于河床内超过天然台阶的上游水位 H_1,正如我们刚才提出的,可以结合方程(5.35)和方程(5.32),方程(5.36)是方程(5.32)的重复:

$$Q = v_2 w_c H_2 \qquad (5.36)$$

式中,w_c 为临界流发生时的水面宽(m)。

从方程(5.29)可以得到溢流人工湖的 $Q-H$ 的关系:

$$Q = CH_1^{\frac{3}{2}} \qquad (5.37)$$

式中,H_1 以坝顶上游的水位(m)为基准水位或 $z=0$ 为基准水位。

对于一个大坝有较低出口的人工湖来说,比较方程(5.37)和方程(5.9)可知:方程(5.37)中 C 等于 $w_c \sqrt{\dfrac{8}{27}g}$。

对于坝顶水位以上的水库蓄量 $S\,(\mathrm{m^3})$,我们可以得到:

$$S = AH_1 \qquad (5.38)$$

式中,S 为坝顶水位以上的水库蓄量(m³);A 为水库的水面面积(m²)。

我们可以结合方程(5.37)和(5.38)建立坝顶水平面以上的水库蓄水量 $S\,(\mathrm{m^3})$ 和出库流量 $Q\,(\mathrm{m^3 \cdot s^{-1}})$ 给出溢流人工湖 $S-Q$ 的关系方程:

$$S = \frac{Q^{\frac{2}{3}}}{\alpha} \qquad (5.39)$$

或一般形式:

$$S = \frac{Q^n}{\alpha} \qquad (5.40)$$

溢流人工湖:$n = \dfrac{2}{3}$

对于坝体内出水口较低的人工湖来说,方程(5.40)和方程(5.12)是类似的,虽然对于不同的 n 和 α 值应该插入相关的蓄量 $S\,(\mathrm{m^3})$ 和从这个蓄量出流的流量 $Q\,(\mathrm{m^3 \cdot s^{-1}})$。需要注意的是,方程(5.39)和(5.40)中的 S 表示坝顶水平面以上的水库蓄量(m³),同时方程(5.11)和(5.12)中 S 表示大坝出口中心线以上水库蓄量;而且通过方程(5.9)、(5.11)和(5.12)推导出的方程(5.37)、(5.39)和(5.40)中的 C 和 α 的单位是不一样的。更重要的是,可以通过对 C 和 α 的值进行调整来解释水流流过大坝顶部时会因摩擦产生能量损失。

5.1.8　堰流

图 5.14 显示的是一个人工堰,它是一个使即将溢流的水留在小溪或河道中的固定建筑物,在这里水流量的大小也是一个重要因素。更具体地说,图 5.14 显示的是一个矩形堰的上游和侧面视图,矩形堰的切口用一个铝盘堵住(或其他材料),其位置垂直于水流方向,这样就强迫水流必须通过矩形出口。水流在边缘或表面变成临界流的地方称为堰顶。如图 5.14 所示,当沿着水流方向的堰顶长度小于 2 mm 时,这个堰就称为薄壁堰;当堰有一个水平或接近水平的堰顶,而且这个堰顶在沿水流方向足够长可以支撑溢出的水流时,这个堰称为宽顶堰。

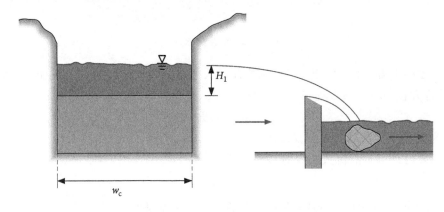

图 5.14　一个矩形堰的上游和侧面视图

方程(5.34)同样适用于矩形堰的 $Q-H$ 之间的关系,对于不同的堰顶宽 w_c 可以写出如下方程:

$$Q = C w_c H_1^{\frac{3}{2}} \tag{5.41}$$

式中,H_1 为堰顶水位上游的水面高程(m)(堰顶高程作为基准面或 $z=0$ 作为基准面)。

现在 H_1 应该可以代表堰顶上面的水位高度(m),因此堰顶高程可以作为水位的参考标准或用 $z=0$ 作为参考标准。由于水流面积的缩小和堰边缘的摩擦而损失的能量导致 C 可能需要适当调整(减小)。

图 5.15 显示了一个 V 形三角堰的上游和侧视图,V 字形堰的缺口用一个铝盘堵住(或其他材料),其位置垂直于水流方向,这样就强迫水流必须通过该缺口。堰内垂直于水流方向的横断面面积 A 和 V 型角度 θ 大小的关系如下:

$$A = H_2^2 \tan\left(\frac{\theta}{2}\right) \tag{5.42}$$

式中,A 为垂直于水流流向的横断面面积(m²);H_2 为堰顶上面的临界水位(m)。

计算时采用这个横断面面积 A,按照同样的逻辑计算河床内发生的水跌,那么就可以用 H_1 替代 H_2(方程 5.29),随着 V 型堰中 V 型角度 θ 的不同 $Q-H$ 的关系式为:

$$Q = C \tan\left(\frac{\theta}{2}\right) H_1^{\frac{5}{2}} \tag{5.43}$$

式中,H_1 为堰顶上面的水位(m)(堰顶高程或 $z=0$ 作为参考水位)。

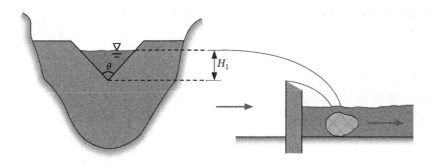

图 5.15 V 型三角堰的上游图和侧视图

C 值(类似于矩形堰)可能由于水流面积的缩小和堰边缘的摩擦而损失的能量需要进行适当调整(减小)。

一个很实用的小建议就是一直在(V 型缺口)堰的下游放置一块较大的石头防止水流降落对大坝等一些建筑造成破坏。

> **练习 5.1.3** 验证一下(方程(5.43))上面提到的 V 型堰中 $Q-H$ 的关系是正确的。

5.1.9 水槽中水流

图 5.16 显示的是另外一个人工的固定建筑物,它迫使在小溪或河流中的水流变成临界流:一个水槽。由于水槽的临界流和堰的临界流是不同的,它不能通过重力的影响而形成临界流,而是水流通过狭窄的建筑物时产生的。水槽的狭窄部分(瓶颈)是通过提高通道底部或收缩通道的两侧形成的,或两者皆有。图 5.16 显示了狭道水位下降或类似于文丘里效应中压头的形成(参考练习 5.1.2):这样就会导致:首先发生超临界流然后当水流减速变为亚临界流时会发生水跃。水跃(见图 5.6)是由超临界流引起的(河床、堰及水槽等的水跃都会产生超临界

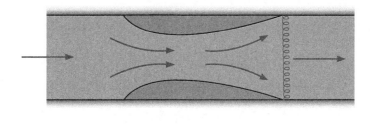

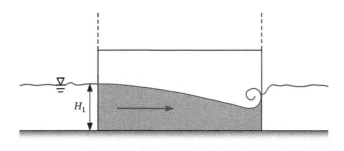

图 5.16 水槽的顶部图和侧视图

流),由于下游的水流速较慢,这样就会导致水流席卷而上,波浪也会被打碎而且有些重新回到上游,但是上游的水还会一直落下来。换句话说:在水跃发生处,动能爆发性地转化为湍流和势能。

和堰堤相比,水槽的一个优点就是可以在很大程度上清洗自己。河床负载的粒子流(沙子、石头)沿着河床滚动、冲刷或跳跃(跳跃式前进);粒子流(黏土、淤泥)的悬移质(漂浮在水上)悬浮在河床上面。尤其是河床的负载物,但是也有一部分是悬浮物,这些都有可能积聚在堰堤的上游,堰顶下面。举一个例子,砂岩区域的特点就是河床负载物的高输移,导致短时间内使堰堤旁边形成很多堆积物。这些堆积物会影响 $Q-H$ 之间的关系,因此必须定期把这些堆积物清理掉(这是个很辛苦的工作);而维持一个水槽的正常运行是不需要做这些的。但是在堰上修建水槽的缺点就是使建筑设施本身会更复杂。

水槽有几种类型,矩形驻波水槽(图 5.16)可能是最简单的类型,如测量水槽狭道上游的水位可能与得到 $Q-H$ 关系的方程(5.37)计算的排水量直接相关。对于矩形驻波水槽的 $Q-H$ 的关系如下:

$$Q = CH_1^{\frac{3}{2}} \tag{5.44}$$

式中, H_1 为水槽狭窄处上游的水位(m)。

在实践过程中,进行了大量的实验研究,对于不同情况下不同类型的水槽得出了许许多多的经验公式,及 $Q-H$ 关系的通用公式:

$$Q = CH_1^n \tag{5.45}$$

因子 C 可能包括河道宽度、不同水槽的宽度或其他关键变量。方程(5.45)中的指数 n 指的是巴歇尔水槽不同宽度的狭道。Ralph L. Parshall(1881—1959)博士 1921 年在科罗拉多大学的水文学实验室里研究出并校准了一个水槽的 n 值,这个值在 1.5 上下,对于其他类型的水槽这个值也是适用的。

结论

我们在本节广泛应用伯努利定律,需要注意的是, $Q-H$ 关系式中 H 的推导过程总是带有一个指数 $\frac{1}{2}$ 或 $\frac{1}{2}$ 的倍数($\frac{3}{2}$ 或 $\frac{5}{2}$),当然,与速度水头相关的指数在地表水水流种中有着重要的作用。这个观察结果明确区分了地表径流方程和壤中流方程,其中达西定律、达西—白金汉、拉普拉斯和理查德方程中的指数 Δh 都是整数,1 或者 2,而且从来没有 $\frac{1}{2}$ 或 $\frac{1}{2}$ 的倍数。如果想了解更多的堰和水槽的应用于评价,可以参考 Bos(1989)。

5.2　水位、流速和流量的测量

有许多方法来确定河流或小溪的水位、流速和流量。在这里,我们将讨论几种测量方法。

5.2.1　水位

具备一些河流或小溪的水位对降雨的响应或某些区域洪水敏感性反应的相关知识是很重要的。因此,水位测量是很重要的一步,首先可以得到一个水位的记录,其次我们可以建立一条小溪或河流特定位置的流量 Q 与稍微上游一点的水位 H 之间的联系，如我们在前面章节所见。$Q-H$ 之间的关系也可以称为(关系反过来)水位－流量关系。

　　现在测量水位的方法有很多种，低成本的方法就是在河床通道旁边安装一个钢筋设备，并通过测量水流淹没钢筋设备的高度简单确定水位高度。

　　一个稍微复杂的测量水位的方法就是用水位尺，将一个有刻度的尺子放在小溪或河流中，如图 5.17 所示。

　　因为需要持续记录水位，因此必须有一个水位记录仪：图 5.18 显示的是一个记录仪，包括一个浮标和一个平衡物，两者是用缆绳或金属条连接到一起并可以通过滑轮上下移动。图表水位记录仪中，一个图表附在缓慢旋转的滚筒上，当水位变化时滑轮就会移动，带动记录表上的笔上下移动，就会把水位随时间的变化都记录在表上。图表根据滚筒的回转周期，记录着水位每天、每周或每月的变化。如今纸质图表记录通常都有数据备份，或者完全由编码器与数据记录器取代，来记录滑轮移动(轴的旋转)和水位变化(见图 5.18)。

图 5.17　水位计

　　现在，用得越来越多的是压力传感器(压力感应器)：将一个压力传感器降低放置进一个有开口使水可以流入的管道中，再将它们整体放进河床底部来测量总压力(水压＋大气压)；而将另一个传感器放置在水面上来测量大气压。总压力和大气压之差就是水压，它与水位 H 呈线性关系；在 4.2 节也介绍过一个类似的装置，那是用来测量地下水水头的压强计。

　　在发达国家，纸质图表记录仪已经过时了。例如，英国环境局(EA)采用压力传感器和编码器通过数据记录器来记录水位的数字代码，而且这些数据是通过电话或用得越来越多的基于遥测网络的 GSM 或 GPRS 传输的。

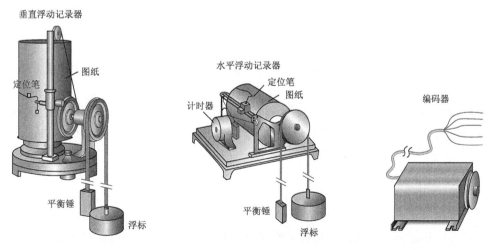

图 5.18　水位记录仪：纸质图表记录器(来源：Gregory and Walling，1973)和编码器

GSM＝全球移动通信系统；GPRS＝通用分组无线业务

连续测量水位的一个较好的办法就是安装一个静水井装置，水位记录站通过进水口与小溪或河流连接，如图 5.19 所示。这个装置的优点是可以减弱由于湍流引起的波动。图 5.19 显示是一个带有编码器的自计水位测井，当然压力传感器同样能用这样的装置。

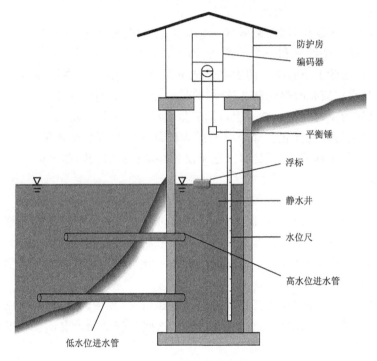

图 5.19　自计水位测井装置

5.2.2　水流速度

5.1 节已经用皮托管（图 5.2）和组合皮托管（图 5.3）对测量沿流线的水流速度进行了介绍。

比较经济的测量河流水面流速的方法就是使用浮标，在水面上放一个有浮力的物体；水流速度就可以通过浮标漂过设定的距离和所用的时间来简单确定水流速度。很多物体都可以作为浮标：一个苹果（当然不是你的苹果电脑）或一个橘子都可以。要注意的是，一定确保用作测量水流速度的物体不应该太轻或浮力太大；精确的测量最好是浮动物体在漂浮的时候要有一部分浸在水里，而不是全部漂浮在水面上。还有一种比较好的方法就是多次重复测量，得到可行的平均值以获得流速的最佳估计值。有趣的是，意大利的博学家列奥纳多·达·芬奇（1452—1519）用浮标测量流过河道断面的流速分布，用里程计测量距离，通过有节奏的声音测量时间（Chow 等，1988）。要注意的是，浮标测量的是水流表面的流速。一般说来，如图 5.7b 中所示的水流的平均流速约等于水面流速的 85％。

用于确定水流中不同位置和深度水流速度的一个很著名的仪器是奥特型流速计,是以艾伯特·奥特的名字命名的,他在 1875 年开发出这种流速计。可能只是一个简单确定水流速度的电子设备,它可以记录流速计螺旋桨在设定的时间间隔内旋转次数;然后流速可以简单地通过制造商提供的校准方程确定水流速度,这个校准方程将水流速度与旋转次数联系起来。

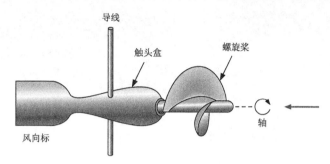

图 5.20　奥特型流速计

水流分布的平均流速,如图 5.7b 所示,可以通过测量不同深度的流速然后取平均得出。但是如果只能有一个流速计在垂直面上测量的话,那就让流速计的高度在水面高度(高度的测量是从河道的底部向上)40%的位置,这样可以提供平均流速的最佳估计值。如果垂直面可以放置两个测量仪器,标准的做法就是确定水面高度的 20%和 80%出的水流速度然后再取它们的平均值。如果垂直面上放置三个测量仪器,那么它们最好分别在水面高度(从下往上测量)20%、40%和 80%的位置。下面这个方程应该可以确定水流的平均流速:

$$\bar{v} = \frac{v_{0.2H} + 2v_{0.4H} + v_{0.8H}}{4} \qquad (5.46)$$

式中,$\bar{v}$ 为平均水流速度($\mathrm{m \cdot s^{-1}}$), $v_{0.4H} = 0.4H$ 或者水面高度 H 40%处的水流速度($\mathrm{m \cdot s^{-1}}$)。

另一个在水流的不同位置和深度确定水流速度的著名仪器是电磁流速仪,它现在应用得越来越普遍。这个流速仪通过在围绕传感器的水体内生成一个磁场来测量水流速度,其中水作为电导体。水的流速和传感器电极测的电压成正比,而水流分布的平均流速,如图 5.7b 所示,完全可以用与上文所提奥特型流速计计算平均流速相同的方法来确定。

其他值得一提的测量水流速度的仪器就是声学多普勒流速剖面仪(ADCPs),如图 5.21 所示。声学多普勒流速剖面仪是一个声波定位仪 Sonar(Sound navigation and rangingr 的首字母缩写,其意为:声波导航和测距系统),可以用于生成一系列水深处水流速度的记录。

5.2.3　流量

由于河道两侧的水流速度会减缓,河流的平均水流速度大约是河道中央水面流速(例如,用浮标测量的流速)的 60%~70%。小溪或河流的平均流速($\mathrm{m \cdot s^{-1}}$)乘以垂直于水流的横断面面积($\mathrm{m^2}$)就能得出流量($\mathrm{m^3 \cdot s^{-1}}$)的估算值。

5.2.4　体积测流法

按溪流可被收集到一个大容器内的标准来选择或设置一条溪流的断面,溪流的小流量(小于 $10\ \mathrm{L \cdot s^{-1}}$)可以通过体积测流法测出,即通过简单测量一定时间段后容器内收集到的水量

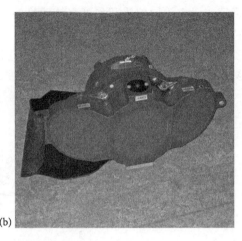

(a)　　　　　　　　　　　　(b)

图 5.21　声学多普勒流速剖面仪

声学多普勒流速剖面仪以奥地利物理学家克里斯汀·A·多普勒(1803—1853)命名。它利用所谓的多普勒效应,或多普勒频移,通过声波来确定水的流速。在相对于声学多普勒流速剖面仪中央轴倾斜的方向定位了许多离散光束,这些离散光束也彼此倾斜,(a)为向上或向下收听模式的声学多普勒流速剖面仪,可以提供横向流速的分量信息;(b)为侧听模式的声学多普勒流速剖面仪,可以提供垂向流速的分量信息。

来确定流量。建议重复测量三到五次,得到可信度较高的平均值,以获得最佳流量估计;对于小流量的测量,体积测流法是一个比较精确的方法。

5.2.5　流速—面积法

如果采用 Ott-type 或电磁流速计测量水流速度,那么一条小溪或河流的流量就可以用速度—面积法确定。这种方法的原理就是通过将流过断面上各子面积的部分流量求和得到整个过水断面上的流量。图 5.22 显示了在垂直于水流的断面上设置了间距相等的流速测量的一个例子,流速计分别放在 0.2H 与 0.8H 水深处(H 为垂线最大水深)。

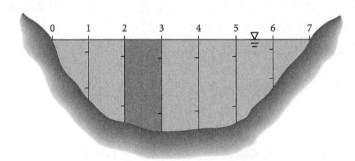

图 5.22　流速—面积法测流量:垂直于水流流向的上游断面视图

例如,流量 Q_{23}($m^3 \cdot s^{-1}$)是垂线 2 和 3 之间的部分流量,其计算公式如下:

$$Q_{23} = \left(\frac{\bar{v}_2 + \bar{v}_3}{2}\right)\left(\frac{H_2 + H_3}{2}\right)(w_3 - w_2) \tag{5.47}$$

式中,$\bar{v}_2$ 为垂线 2 处的平均流速($m \cdot s^{-1}$);H_2 为垂线 2 处的水深(m),w_3 为左岸和垂线 3 之

间的宽度(m)。

因此,过水断面(总)流量 Q (m³·s⁻¹)的计算公式可以写成如下形式:

$$Q = \sum_{i=1}^{n} \left(\frac{\overline{v}_{i-1} + \overline{v}_i}{2}\right)\left(\frac{H_{i-1} + H_i}{2}\right)(w_i - w_{i-1}) \tag{5.48}$$

式中,n 为两岸之间的分段数。

5.2.6　图解法

图 5.23 显示的是如何用图解法来确定流量 Q。如图 5.23a 所示,对于所有垂线,在毫米纸上画出流速 v(m·s⁻¹)与水深 H (m)的关系线;接续上面的例子,这个关系线应该是根据 $0.2H$ 和 $0.8H$ 水深处的流速画出的。然后简单地数出毫米方格数(或编一个表格计算程序来做),确定出关系线左边的面积(m²·s⁻¹)。实际上这个面积就是流过某垂线的单宽流量 q_w(m²·s⁻¹)。用同样的方法,来确定流过每根垂线的单宽流量。

接下来绘制一个断面俯视图,如图 5.23b 所示,图中刚才确定的单宽流量 q_w (m²·s⁻¹)大小可用箭头线的长度来表示;箭头线的起始位置要刚好在测流断面处,箭头所指方向为水流方向。连接箭头末端的点画出离岸不同距离 w 处的单宽流量 q_w (m²·s⁻¹)曲线,并确定曲线左边的面积,如图 5.23b 所示。这个面积就等于河流或小溪过水断面流量 Q (m³·s⁻¹)。

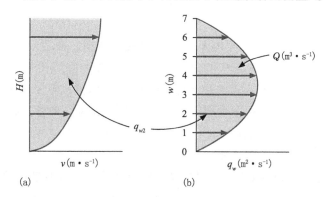

图 5.23　图解测流法:(a)垂线 2 的侧视图;(b)垂直于水流方向的断面俯视图

练习 5.2.1　一条小溪,垂直于水流方向的过水断面宽度为 80 cm。表 E5.2.1 给出的数据是距离岸边 20 cm、40 cm 和 60 cm 的三根垂线上的水流速度,每根垂线上分别测量了 $0.2H$、$0.4H$、$0.8H$ 及 H 处的水流速度(从下往上测量,H 为垂线最大水深)。

表 E5.2.1　小溪上距离岸边 20 cm、40 cm 与 60 cm 处流速 v(cm·s⁻¹)与水深 H(cm)

	20 cm	40 cm	60 cm
H	15	23	17
$0.8H$ 外的流速 v	18	26	20
$0.4H$ 外的流速 v	13	20	15
$0.2H$ 外的流速 v	8	14	10

用流速－面积法确定这个小溪的流量,单位是升每秒(L·s⁻¹)。

练习 5.2.2　确定练习 5.2.1 中小溪的流量,单位是升每秒($L \cdot s^{-1}$),但是这次用的方法是图解法。

5.2.7　盐液稀释测流法

在山区的一些河流中,由于湍流、高流速、岩石或河道有些地方水很浅,使奥特型流速计的操作比较困难,在这种情况下,流速-面积或者图解法也不能用。然而,盐液稀释测流法为山区流速不稳定的河流提供了一个非常合适的流量估算方法,流量由流入的含氯化钠(食盐;生理盐水)水流的稀释程度决定。盐液稀释有两种基本的操作方法:恒速注入和段塞注入。

采用恒速注入法,盐溶液通过恒定速度或流量添加到河流中;此方法适用于确定山区较小的河流的流量,流量小于 $100~L \cdot s^{-1}(0.1~m^3 \cdot s^{-1})$。

对大流量情况,确定流量大小就变得非常困难,另外,永远都不要低估水流的力量,需要确保测量人的人身安全。盐液稀释测流法中一个相对安全的方法就是段塞注入法(杯注法),即一段塞或一杯盐溶液在某个时刻一次性全部倒入河流中,这种方法最适用于流量大约为 10 ($m^3 \cdot s^{-1}$)的情况。

5.2.8　恒速注入

图 5.24 是恒速注入盐溶液估算流量的河流俯视示意图。盐溶液以恒定速率或流量 Q_i ($L \cdot s^{-1}$)通过马利奥特瓶注入河流中(图 4.16)。瓶里的盐浓度 C_i ($mg \cdot L^{-1}$)必须高于上游来水中的盐浓度 C_u ($mg \cdot L^{-1}$)。恒速注入前,将荧光色的染料(例如,荧光素钠或罗丹明)从马略特瓶注入位置加入到水流中,这样便可直观观测到实验过程中注入盐溶液与水流完全融合的下游具体位置。盐溶液均匀注入水中后,可以在下游的某个位置取水样来确定水中盐溶液的浓度 C_d ($mg \cdot L^{-1}$)。注入点上游的输盐率($mg \cdot s^{-1}$)等于河流的流量 Q ($L \cdot s^{-1}$)乘以上游来水中的盐浓度 C_u ($mg \cdot L^{-1}$)。同样,从马略特瓶注入的盐溶液的输盐率($mg \cdot s^{-1}$)等于持续速率 Q_i ($mg \cdot L^{-1}$)乘以马略特瓶的盐溶液浓度 C_i ($mg \cdot L^{-1}$)。在盐溶液和水完全混合的下游,输盐率($mg \cdot s^{-1}$)等于总流量 $Q + Q_i$ ($L \cdot s^{-1}$)乘以样本的盐浓度 C_d ($mg \cdot L^{-1}$)。

一个简单的质量平衡或化学混合模型告诉我们,注入点上游的输盐率($mg \cdot s^{-1}$)和注入点的输盐率($mg \cdot s^{-1}$)加起来一定会等于在下游某个点的输盐率($mg \cdot s^{-1}$)(如果在测点位置以上没有向下或向上的渗漏的话)。我们可以把恒速注入的河流的盐溶液用质量平衡或化学混合模型写出如下的公式:

$$QC_u + Q_iC_i = (Q + Q_i)C_d \tag{5.49}$$

式中,Q 为测量河段的流量($L \cdot s^{-1}$);C_u 为上游来水中盐浓度($mg \cdot L^{-1}$);C_d 为下游的盐水浓度($mg \cdot L^{-1}$);Q_i 为盐溶液的注入速率($L \cdot s^{-1}$);C_i 为注入水中的盐溶液的浓度($mg \cdot L^{-1}$)。

方程(5.49)也可以改写成如下形式:

$$Q = Q_i \frac{C_i - C_d}{C_d - C_u} \tag{5.50}$$

由于 $C_i \gg C_d$ 和 $C_d \gg C_u$,因此方程(5.50)可以简化为:

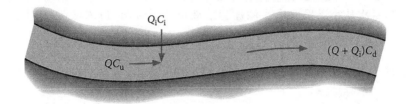

图 5.24　在恒速注入盐溶液过程中估算河流流量的简化俯视图

$$Q = Q_i \frac{C_i}{C_d} \tag{5.51}$$

需要注意的是，C_i/C_d 是马略特瓶里的盐溶液和河流的水混合后在下游的稀释系数。从理论上讲，测量 Q_i、C_i 和 C_d 的数值之后，由于利用 Q_i 可以很简单地确定出马略特瓶里下降的水位，因此可以根据方程 5.51 得出流量 Q。

在实践中，C_i 和 C_d 的浓度是不确定的，因为它们是需要采样和实验室分析的，而不像电导率或 EC（3.13 节，框 3.4）在下游某个位置用一个电导率的测量装置就可以测量，而且操作装置简单、快捷。电导率或 EC（$\mu\text{S} \cdot \text{cm}^{-1}$）是用来测量水的导电能力，因此，测量的是水中离子浓度或总溶解固体（TDS）。当设备在注入实验过程中保持平衡时，在下游测得的 EC 就会是常数。要解释如何从常数 EC 的数值（以及 Q_i 值）确定流量 Q，首先需要引入一个新的概念——相对浓度 C_r，这是一个假想的测量浓度，为了使用方便，用它取代了真实的溶液浓度，不过重要的是这样仍然没有违背上面介绍过的稀释系数。

为应用方便，将马略特瓶的盐溶液浓度设置成一个相对值 1。方程（5.51）可以改下成如下形式：

$$Q = Q_i \frac{C_i}{C_d} = Q_i \frac{C_{ri}}{C_{rd}} = Q_i \frac{1}{C_{rd}} \tag{5.52}$$

式中，C_{ri} 为马略特瓶的盐溶液浓度，设为 1；C_{rd} 为下游测点位置的相对浓度。

在方程（5.52）中，C_{rd} 是下游测点位置的相对浓度，在这个位置我们测出均衡、不变的 EC 值。由于 EC 和盐浓度 C，也就是 EC 和相对盐浓度 C_r 是线性关系，下游测点位置的 C_{rd} 可以通过一个 $EC-C_r$ 的校准方程确定；框 5.6 解释了如何建立盐溶液测量的线性关系（恒速注入和段塞注入）。通过校准方程把均衡的、不变的 EC 值转换成 C_{rd} 值，对方程 5.22 中的 Q_i 进行插值就可以得到测量河段的流量 Q（$\text{L} \cdot \text{s}^{-1}$）。

框 5.6　确定盐溶液稀释方法中 $EC-C_r$ 的校准方程

使用两个容器，一个大的（大于 20 L）和一个小的，这两个容器都是干净的。把容积为 20 L 的容器装满从小溪里取的水，然后在容器里加 2～3 kg 精盐（因为 20 L 水里加 2～3 kg 的盐是最合适的）。搅拌均匀，把盐和水彻底混合。此时将大容器内盐溶液的相对浓度 C_r 设定为 1。

用移液管从大容器中取出 5 mL 盐溶液，然后从小溪里取出 250 mL 水，把这 5 mL 溶液稀释一下。将稀释后的盐溶液倒入小容器内。由于盐浓度太高，会损坏掉测量 EC 的快速操作设备，因此不要在小容器内测量 EC。再从小溪里取 250 mL 水加到小容器内。现在可以用 EC 测量仪器测量 EC 值。小容器里的相对浓度 C_r 等于 5 mL/（2×250 mL）＝10^{-2}。

按照这种方式,每次从小溪里取出水添加到溶液里再混合均匀;像这样,从小溪里再取 250 mL 水加进去并搅拌之后,测量 $C_r = 5\ \text{mL}/(3 \times 250\ \text{mL}) = 0.6 \times 10^{-2}$ 时的 EC 值,以此类推,直到已经从小溪里取出 3000 mL 的水加进小容器里;此时 $C_r = 5\ \text{mL}/3000\ \text{mL} = 0.16 \times 10^{-2}$。

从小容器里取出 250 mL 的溶液,把小容器里的溶液倒掉并用小溪里的水清洗它,再把清洗的水倒掉用小溪里的水再清洗一次,把取出来的 250 mL 溶液倒进小容器里,再一次从小溪里取 250 mL 水加进去。测量新溶液中的 EC 值,现在 $C_r = 0.0016/2 = 0.83 \times 10^{-3}$。再从小溪里取 250 mL 水加进溶液里,测量新溶液的 EC 值,这时 $C_r = 0.0016/3 = 0.5 \times 10^{-3}$,一直继续下去。

在 $EC - C_r$(电子表格)分布图上绘出所有的点(C_r 在纵轴上),并确定线性回归方程,这就是 $EC - C_r$ 的校准方程。

观察回归线和数据点的拟合程度并(或)确定相关系数的平方(R^2);直线应该拟合很好,并且(或)R^2 接近 1。

练习 5.2.3 河流流量是由恒流为 $0.1\ \text{L} \cdot \text{s}^{-1}$ 的马略特瓶恒速注入盐溶液来确定的。下游完全混合后,不变、均衡的 EC 等于 $765\ \mu\text{S} \cdot \text{cm}^{-1}$。$EC - C_r$ 的校准方程(框 5.6)确定如下:$C_r = 6.486 \times 10^{-6} EC - 2.871 \times 10^{-3}$(EC 的单位是 $\mu\text{S} \cdot \text{cm}^{-1}$;$R^2 = 0.998$)。确定河流的流量 Q,单位是 $\text{L} \cdot \text{s}^{-1}$。

5.2.9 段塞注入

段塞注入(杯注入),就是一个段塞或大口杯里的盐溶液瞬间全部倒进河流里;就如上面讨论过恒速注入时的问题,添加进去的盐溶液的浓度必须高于河流的基准浓度 C_b($\text{mg} \cdot \text{L}^{-1}$)。由段塞引起的海水波通过河道传递到下游。图 5.25 显示了在下游测点处完全混合后的海水波的传递。C_d 曲线下面的阴影是区域面积 A,不过只包括基准浓度 C_b 上面的区域,可以用数学公式写成如下形式:

$$A = \int_{t_1}^{t_2} (C_d - C_b)\ \text{d}t \tag{5.53}$$

式中,t_1 和 t_2 是海水波传递的起始和结束时间;C_b 是河流中盐溶液浓度的基准浓度($\text{mg} \cdot \text{L}^{-1}$)。

图 5.25 中阴影区域的面积 A 由单位 $\text{mg} \cdot \text{L}^{-1}$(纵轴)乘以 s(横轴)得到,因此单位是 $\text{mg} \cdot \text{L}^{-1} \cdot \text{s}$。理论上,如果我们知道通过段塞注入添加到河流中盐的质量 M(mg),我们就可以利用下面的公式确定测量河流的流量 Q($\text{L} \cdot \text{s}^{-1}$):

$$Q = \frac{M}{A} = \frac{C_i V}{A} \tag{5.54}$$

式中,M 为段塞注入的盐的质量(mg);C_i 为盐溶液的浓度($\text{mg} \cdot \text{L}^{-1}$);$V$ 为段塞注入盐溶液的体积(L)。

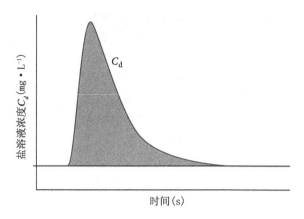

图 5.25   在河流中注入盐溶液后,下游测点位置盐溶液浓度 C_d 随时间的变化

由于 EC 测量对各方面的要求非常少,实践中 EC($\mu S \cdot cm^{-1}$)测量是在完全混合(不是 $C_d - C_b$)的下游测量点进行的。另外,我们必须利用盐溶液的相对浓度 C_r,且设定段塞注入的盐浓度为 1,并用 $EC - C_r$ 的校准方程确定测量河段的流量 Q($L \cdot s^{-1}$)。这样做之后,方程(5.53)和(5.54)需要改写成如下形式:

$$A' = \int_{t_1}^{t_2} (C_{rd} - C_{rb}) \, \mathrm{d}t \tag{5.55}$$

式中,C_{rd} 为下游测量点的相对盐浓度;C_{rb} 为河流的相对基准盐浓度。

$$Q = \frac{C_n V}{A'} = \frac{1V}{A'} = \frac{V}{\int_{t_1}^{t_2} (C_{rd} - C_{rb}) \, \mathrm{d}t} \tag{5.56}$$

式中,C_{ri} 为段塞注入后的相对盐浓度,设定为 1。

通过 $EC - C_r$ 校准方程,随时间变化 EC 可能是 C_{rb},也可能是 C_{rd},这样就得到区域面积 A' 值(可以在一个电子表格程序中确定),进而计算得到测量河段的流量 Q($L \cdot s^{-1}$)。

段塞注入法也被称为离子波法和积分法,离子波指的是海水波,积分指的是 $C_{(r)d} - C_{(r)b}$ 对时间的积分。

> **练习 5.2.4**   将 18.5 L 盐溶液瞬间全部倒进一条河流里。EC 可以在完全混合的下游测点位置进行监测,而且可以用 $EC - C_r$ 校准方程把 EC 值转换成 C_r 值。利用一个电子表格程序,面积 $A' = \int_{t_1}^{t_2} (C_{rd} - C_{rb}) \, \mathrm{d}t$ 可以用 C_r 值确定为 0.405,单位是"$mg \cdot s \cdot L^{-1}$"。
>
> 确定河流的流量 Q,单位是 $L \cdot s^{-1}$。

5.2.10   EC—流线(演算法)

EC 测量设备是一个小型的、操作简便快捷的棒状仪器,用于测量电导率或 EC($\mu S \cdot cm^{-1}$)。在一条或多条河流纵剖面选择很多测点来测量 EC,并把利用这种方式得到的 EC 数据画在河流纵剖面的示图或地图上,画出的图就是 EC —流线。例如,这个流线可以为一些含

有高浓度不同化学成分的地下水向上渗流提供有用的信息。

图 5.26 显示的是编号为数字 1 和 2 的两条河流交汇，随后形成一条编号是数字 3 的河流俯视图；当我们知道其中一个支流（支流 1、2 或 3）的流量时，测量所有支流的 EC 就可以计算出其他两条支流的流量。这样做，会使汇合支流的 EC 有明显差异。例如，流过植被的支流和其他流过硝酸盐含量较高土壤的支流。为了获得可信的测量结果，下游支流的 EC 应该在上游支流来水完全混合的位置测量。该方法包括建立两个质量平衡方程，一个是水量（连续方程），另外一个是由 EC 表示的总固体溶解方程（化学混合模型）：

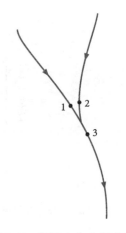

$$Q_1 + Q_2 = Q_3 \qquad (5.57)$$

$$Q_1 EC_1 + Q_2 EC_2 = Q_3 EC_3 \qquad (5.58)$$

由于 EC（EC_1、EC_2 和 EC_3）值的测量是 EC 演算的一部分，因此知道了一个支流的流量（Q_1、Q_2 或 Q_3）就意味着有两个

图 5.26　河流 1 和 2，汇合后组成河流 3 的俯视图

包含两个未知量的方程（5.57）和（5.58），这两个未知量可以通过数学方法求解，如框 5.7 所示。

框 5.7　包含两个未知量的两个方程的求解

如果在这个例子中利用方程（5.57）和（5.58）；两个未知量就是 Q_2 和 Q_3。

此例中的已知变量是：$Q_1 = a$，$EC_1 = b$，$EC_2 = c$ 和 $EC_3 = d$。

通过方程（5.57），可以得出 $Q_3 = Q_2 + a$。

用上面的公式代替方程（5.58）中的 Q_3，并插入已知变量。

这样就可以得到一个只包含一个未知量 Q_2 的方程：

$$ab + cQ_2 = d(a + Q_2) \Rightarrow ab + cQ_2 = ad + dQ_2 \Rightarrow ab - ad = dQ_2 - cQ_2 \Rightarrow$$

$$ab - ad = Q_2(d - c) \Rightarrow Q_2 = \frac{ab - ad}{d - c} \Rightarrow Q_2 = \frac{a(b - d)}{d - c}$$

从上面的表达式 $Q_3 = Q_2 + a$，可以得出：

$$Q_3 = \frac{a(b - d)}{d - c} + a \Rightarrow Q_3 = \frac{a(b - d)}{d - c} + \frac{a(d - c)}{d - c} \Rightarrow$$

$$Q_3 = \frac{ab - ad + ad - ac}{d - c} \Rightarrow Q_3 = \frac{ab - ac}{d - c} \Rightarrow Q_3 = \frac{a(b - c)}{d - c}$$

因此，

$$Q_1 = a \Rightarrow Q_2 = \frac{a(b - d)}{d - c} \text{ 和 } Q_3 = \frac{a(b - c)}{d - c}$$

练习 5.2.5　在一条河流中，在两个上游支流位置 1 和 2 和下游位置 3 测量电导率（EC），如图 5.26 所示。EC 与河流中盐溶液浓度（mg·L^{-1}）呈线性关系。在位置 3，流量 Q_3 是可以测量的。

$EC_1 = 1200\ \mu S \cdot cm^{-1}$；$EC_2 = 500\ \mu S \cdot cm^{-1}$；$EC_3 = 900\ \mu S \cdot cm^{-1}$；$Q_3 = 17.5\ L \cdot s^{-1}$。

确定河流中位置 1 和 2 的流量。

如果不使用 EC ,也可以用一个保守离子的浓度 $C(\mathrm{mg \cdot L^{-1}})$,保守离子就是通过流域内不会发生反应的离子,例如氯化物(Cl^-)。那么方程5.58就可以改为:

$$Q_1 C_1 + Q_2 C_2 = Q_3 C_3 \tag{5.59}$$

与上面描述的导电率类似,方程(5.57)和(5.59)可用于扩展流量数据,目前主要是采样以后测量一个河流支流里保守离子的浓度。

练习 5.2.6 巴拉湾是位于印度尼西亚爪哇岛伊仁火山口的一条河流。图 E5.2.6.1 显示的是淡水河卡里萨特(河流 1)和酸性非常强的河流卡利帕希特(苦河;河流 2)在巴拉湾河附近交汇。卡利帕希特(河流 2)的发源地位于伊仁火山口湖上一个人工的、渗漏的旧坝下面。淡水和酸性水混合后继续沿着流线流向下游的卡利普蒂河(白河;河流 3)。再往下游,卡利格当(河流 4)也会汇入卡利普蒂河(河流 3)。由此产生的水流(河流 5)通过一个瀑布离开伊仁火山口;到了下游,酸性水被用于灌溉稻田(Bogaard 和 Hendriks,2001;Löhr 等,2004;Löhr,2005)。

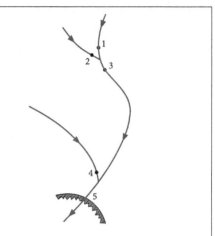

图 E5.2.6.1　印度尼西亚爪哇岛 Ijen 火山口
Blawan 河附近河网俯视图

流速可以用奥特型测流计测量(见图 E5.2.6.2),卡里萨特(河流 1)的流量 Q_1 可以用流速—面积法确定,总计为 2.9 $\mathrm{m^3 \cdot s^{-1}}$。

图 E5.2.6.2

表 E5.2.6　印度尼西亚爪哇岛伊仁火山口巴拉湾河附近样本中氯化物(Cl^-)的浓度,单位是 $\mathrm{mg \cdot L^{-1}}$

卡利萨特(河流 1)	110
卡利帕希特(河流 2)	995
卡利普蒂(河流 3)	222
卡利格当(河流 4)	86
瀑布(河流 5)	191

确定瀑布(河流 5)的流量。

5.2.11　水位—流量关系

河床内人工的、固定的建筑物,比如堰和水槽(5.1节),必须符合一些条件,如上游河段一定长度的直线河道有利于施工建设。此外,水位测量必须在距离堰顶最高水位两三倍的距离处进行,这样就可以避免堰顶上面水流的水位下降产生的影响。在实际应用中,经常是规定的条件不能完全满足,并且由于在实践应用中,$Q - H$ 曲线可能会与理论上推导出的方程有所不同。因此,通过利用上面提到的一种或多种测量方法在不同的水位测量流量来校准水位—流量关系,是一个相对较好的方法。

图 5.27 显示的是河流 $Q - H$ 的测量数据。用一个水位计来测量堰堤上游的水位 H(cm),用刚才讨论的其中一种方法来测量流量 Q(L·s^{-1})。图 5.27 显示的水位测量点是没有修正过的,也就是说在流量等于零的测量点,沿着水位计的最高水位 H_0 还没有确定。对于流过堰堤的水流,水位 H_0 由堰顶高程确定,并有可能由土地测量数据来确定水位 H_0。不过,零流量对应的最高水位 H_0 也可以通过目测 $Q - H$ 数据点来估计,在图 5.27 中,H_0 取 30 cm 似乎是一个最佳估计值。需要注意的是,估计值的有效性可以通过拟合后的趋势线来检验,该趋势线经过坐标为(Q ,$H - H_0$)的数据点,如图 5.28 所示。

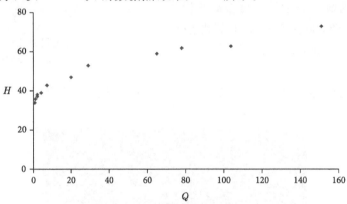

图 5.27 河流 $Q - H$ 的测量数据

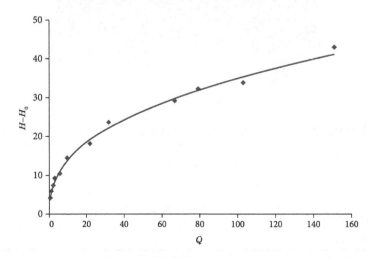

图 5.28　河流的 $Q - H$ 关系线

当用图 5.27 中的水位减去 $H_0 = 30$ cm 后,我们就可以利用 $H - H_0$(cm)关系估算的数据点,作为堰顶以上水位,建立 $Q - H$ 的关系。图 5.28 显示的是一个幂函数趋势线,该趋势线已通过(Q, $H - H_0$)数据点拟合过(采用电子表格程序)。

从图 5.28 中趋势线的曲率可以看到,当流量达到零时会出现 $H - H_0 = 0$,因此 $H_0 = 30$ cm 是一个很好的估计值;另外,幂函数作为趋势线生成的曲线与实测的 $Q - H$ 数据拟合得很好。数学上,图 5.28 所示的幂函数可以写成:

$$Q = a(H - H_0)^b \tag{5.60}$$

$$
\begin{aligned}
\lg Q &= \lg(a(H - H_0)^b) \\
&= \lg a + \lg(H - H_0)^b \\
&= \lg a + b\lg(H - H_0)
\end{aligned}
$$

用对数形式重写方程(5.60)后,方程(5.60)中 a 和 b 的值就很容易求出:

$$\lg Q = \lg a + b\lg(H - H_0) \tag{5.61}$$

如图 5.29 所示,($\lg(H - H_0)$, $\lg Q$)数据在图表中绘制成了一条直线($y =$ 截距$+$斜率$\times x$),$\lg Q$ 为纵坐标,$\lg(H - H_0)$ 为横坐标;然后我们很容易就可以看出 $\lg a$ 是截距(当 $\lg(H - H_0)$ $= 0$ 时),b 是拟合直线的斜率。

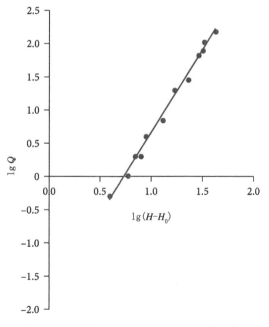

图 5.29　河流 $\lg Q - \lg(H - H_0)$ 的关系线

在英国,声学多普勒流速剖面仪(ADCPs)目前被环境局(EA)广泛应用,用于远程站点的现场测量,以及收集流量数据来验证英国和威尔士的一些长期观测站点的水位—流量关系,同时还被大学和其他一些机构用于科研目的。

$$b = \frac{\Delta \lg Q}{\Delta \lg (H - H_0)}$$

练习 5.2.7　表 E5.2.7 是 2007 和 2008 年测量的水位和流量值。水位 H（cm）是用水位计在堰堤的上游测量，流量 Q（L·s^{-1}）使用 5.2 节描述的一种或多种方法测量。在 2007/2008 年冬季，水位计的位置进行了重新定位。图 E5.2.7 显示的是 2007 和 2008 年测量的 $Q-H$ 数据点和趋势线。

表 E5.2.7　2007 和 2008 年测量的水位和流量值

时间	H（cm）	Q（L·s^{-1}）
2007 年 1 月 15 日	43	29.0
2007 年 3 月 14 日	33	7.0
2007 年 4 月 23 日	29	4.0
2007 年 6 月 5 日	26	1.0
2007 年 9 月 23 日	63	151.0
2007 年 10 月 22 日	52	78.0
2008 年 4 月 12 日	59	65.0
2008 年 6 月 30 日	34	0.5
2008 年 7 月 5 日	37	2.0
2008 年 8 月 12 日	38	2.0
2008 年 9 月 2 日	63	103.5
2008 年 10 月 8 日	47	20.0

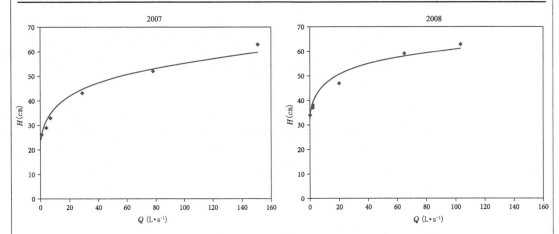

图 E5.2.7　2007 和 2008 年测量的 $Q-H$ 数据点和趋势线

a. 估算 2007 和 2008 年的 H_0。

b. 绘出 $Q-H$ 对数关系图。

c. 用流量 Q（L·s^{-1}）和水位 H（cm）确定方程 $Q = a(H - H_0)^b$ 中的系数 a 和 b。

d. 用流量 Q（m^3·s^{-1}）和水位 H（m）确定方程 $Q = a(H - H_0)^b$ 中的系数 a 和 b。

$Q-H$ 水位流量关系曲线对滞后现象是很敏感的,平衡状态现象依赖于物理系统的发展史(4.5节)。$Q-H$ 水位流量关系曲线滞后是源于这样的事实:流量 Q 的变化既与水流速度的变化有关,又与垂直于水流流向的过水断面面积的变化有关。水流内的植被存在也是很重要的,例如,当暴风雨来临时,植被是直立的,就会阻碍水流流动,但当风暴结束时植被会被夷为平地,这时候就有助于水流的流动。

因此,如果有足够多的数据资料可用,建议大家分别构建上升水位和下降水位的率定曲线。换句话说,就是一个涨水段流量过程线和一个退水段流量过程线,这是一个以时间为函数的流量变化曲线(或水位变化),这是下一节讨论的主题。

5.3　流量过程线分析

河流的流量主要是由河流流域或流域盆地的降水产生的,这些地理范围的降水都会流入河流(1.3节)。

水道降水直接落在河流里,不过,降落在河流附近的降水也可能迅速流到河道里,主要通过快速的表层流(管流)或坡面流(4.8和4.9节),或由于降水引起的山脚下水位的暂时抬升流到河道(5.5节)。一条河流的流量(或部分流量;$m^3 \cdot s^{-1}$)是由水流快速流入产生的,这部分水流称为快速流;源于这些快速过程的流量(m^3),称之为快速流流量。

无降水期间,许多河流,尤其是在湿润地区持续有水流流入;河流里的水是通过这些过程补充,如持续的地下水或早期的降水事件产生的水流经土壤基质的缓慢表层流入。河流的流量(或部分流量;$m^3 \cdot s^{-1}$)是由水流缓慢流入河道引起的,对这个过程最好的定义是缓流,但是通常被称为基流;与之相关的流量(m^3)称为基流流量。

一年四季有水流通过的河流称为常年性河流,一条河流只有在降雨、融雪期间或降雨、融雪不久之后才有水流流过的话就称之为季节性河流;因此季节性河流没有基流,只有快速流。处于这两个极端河流之间的称为间歇性河流,这些河流在一年中的湿润期会有水流。这里给

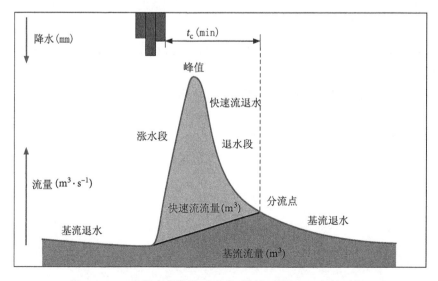

图 5.30　一次降水的流量过程线(横轴:时间;t_c＝汇流时间)

出的定义并不是绝对适合所有的河流,因为有的河流会随着时间发生变化,但是大部分河流都可以根据这个条件划分。

图 5.30 显示的是一个流量过程线,一个流量随时间变化的曲线图,还有一个降雨过程以及一些描述流量曲线的水文学术语。表 5.1 给出了这些术语的解释。

表 5.1　描述流量过程线的一些术语

基流	流量(或部分流量)($m^3 \cdot s^{-1}$)是由对河流缓慢供水过程造成的(也可以称为滞后径流)
基流退水	流量过程线中基流流量逐渐下降部分
基流流量	慢速流入河流过程产生的流量(m^3)
退水段	流量过程线中流量不断减小部分(流量过程线达到峰值以后)
拐点	通过假设退水曲线可以建模为代表快速流和基流的线性水库流量来确定的分流点(见正文)
峰值	一次降水事件中的最大流量($m^3 \cdot s^{-1}$)
快速流	一条河流的流量(或部分流量)($m^3 \cdot s^{-1}$);是水流快速流入河道造成的(也称为直接流或地表径流)
快速流退水	流量过程线中快速流逐渐下降部分
快速流流量	快速流入河道过程产生的流量(m^3)
退水曲线	流量逐渐减小的一个曲线(流量过程线达到峰值以后)
涨水段	流量过程线中流量不断增大部分(流量过程线达到峰值以前)
分流点	退水曲线上分割基流退水和快速流退水的点
汇流时间	地表水(或其他汇聚到河道的快速流)从流域最远距离到达出口所需要的时间(min)

5.3.1　退水曲线分析

图 5.31 显示的是干涸河道暴雨后的流量过程线,这是一个处于(半)干旱气候经常干涸的河床(基流=0 $m^3 \cdot s^{-1}$),除了暴雨期间或暴雨后不久,其余时间都是干涸的。

一条季节性河流的退水曲线从概念上可以理解为一个快速水流蓄水的出流。退水曲线在数学上可以描述成从流量过程线峰值开始减小的指数方程,与霍顿方程中积水下渗随时间的变化类似(4.8 节):

$$Q_t = Q_0 e^{-at} \tag{5.62}$$

式中,Q_t 为发生退水($m^3 \cdot s^{-1}$)后 t 时刻的流量;Q_0 为退水开始时($t=0$)的流量($m^3 \cdot s^{-1}$);e 为自然对数;α 为退水常数(d^{-1});t 为时间(d)。

通过与 4.8 节类比,方程(5.62)可以改写成(Δt 很小而且是常数):

$$Q_{t+\Delta t} = Q_0 e^{-a(t+\Delta t)} = Q_0 e^{-at} e^{-a\Delta t} = Q_t e^{-a\Delta t} \tag{5.63}$$

$$Q_{t+2\Delta t} = Q_0 e^{-a(t+2\Delta t)} = Q_0 e^{-at} e^{-2a\Delta t} = Q_0 e^{-at} (e^{-a\Delta t}) = Q_t (e^{-a\Delta t})^2 \tag{5.64}$$

$$Q_{t+3\Delta t} = Q_0 e^{-a(t+3\Delta t)} = Q_0 e^{-at} e^{-3a\Delta t} = Q_0 e^{-at} (e^{-a\Delta t}) = Q_t (e^{-a\Delta t})^3 \tag{5.65}$$

$$\ln Q_t = \ln(Q_0 e^{-at})$$
$$= \ln Q_0 + \ln e^{-at}$$
$$= -\alpha t + \ln Q_0$$

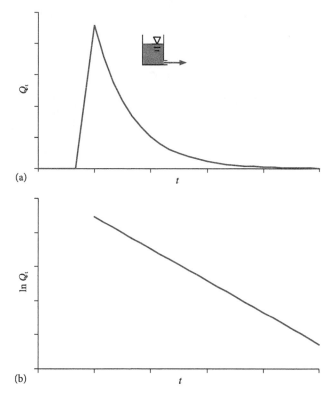

图 5.31　季节性河流一次降水的流量曲线：(a)与时间 t 对应是流量 Q_t；(b)与时间 t 对应的是 $\ln Q_t$

$$\Rightarrow \ln Q_t = -at + \ln Q_0 \Rightarrow$$
$$y = 斜率 \times x + 截距$$
$$y = \ln Q_t，斜率 = -\alpha，x = t\ 和截距 = \ln Q_0$$

积水下渗霍顿方程(4.8节，方程 4.24～4.31)中的衰减常数 α 和上述方程(α 和 Δt 是正值：$0 < e^{-\alpha\Delta t} < 1$；也可参考练习 4.8.2)中的退水常数 α 的意义是相似的。因此，如果退水常数 α 值很大，那么退水曲线就急剧下降并且蓄水池很快就会枯竭；如果退水常数 α 值很小，退水曲线会显示缓慢下降并且蓄水池枯竭是缓慢的；α 的范围从深层地下水的 0.001 d^{-1}(De Zeeuw，1973)到坡面流的 0.003 d^{-1}(Bonell 等，1984)。

方程(5.62)可以改写成半对数的形式：

$$\ln Q_t = -\alpha t + \ln Q_0 \qquad (5.66)$$

方程(5.66)计算出的结果可以绘成一条直线，纵坐标轴是 $\ln Q_t$，横坐标轴是时间 t；利用 α 值可以简单确定图 5.31 中直线斜率的绝对值或正值($\Delta\ln Q_t/\Delta t$)。

图 5.32 显示是一条常年性河流的流量过程线；例如，在湿润的气候环境下河流的流量由快速流和基流两部分组成。

图 5.32 中流量过程线的退水曲线在概念上可以理解为快速水流蓄水和基流贮蓄的流出量，并且快速水流蓄水在每单位时间上的流出量更大。在分流点处已经没有快速流，从那以后只有来自基流贮蓄的流出量。当流出量主要源于快速水流蓄水时，洪峰过后退水曲线的第一

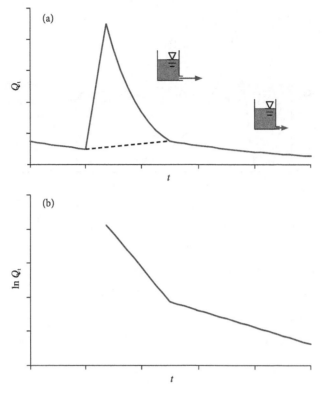

图 5.32　常年性河流一次降水事件的流量过程线：(a)根据斜率拐点法（见正文）
绘出的基流分割线，纵坐标是流量 Q_t，横坐标是时间 t；(b)纵坐标为 $\ln Q_t$，横坐标为 t

部分可以简单的理解为只有快速水流蓄水的流出量。

因此，退水曲线在数学上可以描述成一个快速水流蓄水的指数递减方程和分离点后基流
贮蓄的指数递减方程。尽管快速水流蓄水和基流贮蓄的退水常数 α 是不同的数值，但是退水
曲线的两部分都可以用上面的方程(5.62)~(5.66)来计算。需要注意的是，图 5.32 中的快速
水流蓄水在其底部有一个比基流贮蓄大一些的孔；孔的大小和摩擦力都包含在退水常数 α 内，
将 α 设为最大值这样快速水流蓄水内的水就会迅速流完。

从快速水流蓄水和基流贮蓄流出的水流与从坝中出口较低的人工湖中流出的水流概念类
似(5.1 节)。不过，至少对于基流贮蓄，方程(5.12)中的 n 等于 1(不是 2)，这个我们会在 5.4
节了解到。

5.3.2　过程线分割

把流量过程线分为快速流和基流的方法很多：所有方法的共同点就是它们都不可避免地
存在独断性。不过重要的是，分析过程线时应坚持采用一种方法，否则比较结果的时候就失去
了依据。

对于所有的方法，流量曲线下面、基流分割线(参见图 5.30 和图 5.32)或曲线上面的面积
是降水过程中快速流的体积(m³)，而分割线或曲线下面的面积为基流体积(m³)。过程线的分
割有很多种方法：图 5.33 给出了三种图解法。

恒定流量法是假定降水过程中基流是不变的，并等于降水开始时的排水水位。这种方法

最大的缺点是一个新降水事件的开始会导致水流的水位回不到那个初始的位置了。

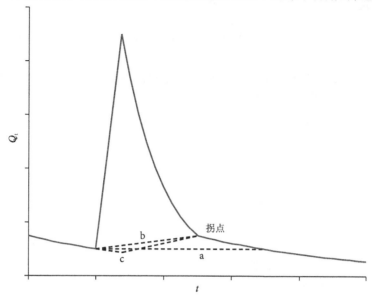

图 5.33 三种分割过程线的方法：(a)恒定流量法；(b)恒定斜率拐点法；(c)凹曲线拐点法
方法。(b)和(c)利用拐点作为分割点

恒定斜率拐点法是假定基流中存在一个对降水的立即响应，并连接退水曲线带有拐点的涨水段的起始点。图 5.32a 显示的是采用恒定斜率拐点法得到的基流分割线：拐点的位置和一个时间点有关，在这个时间点 $\ln Q_t$ 对应时间 t（图 5.32b）的半对数斜率是变化的。在比较卢森堡（Hendriks，1990）的考依波阶沙质泥灰岩中的小水流或植被覆盖流域的流量过程线时，该方法已被该书作者广泛应用：因为我们发现在一个退水曲线上通常不止一个拐点，它是通过利用最低流量的拐点作为选择拐点来区分基流和快速流的。

凹曲线拐点法是假定流量过程线涨水段的基流持续减小，并且预计在降水事件之前，流量过程线峰值的正下方，早先的基流退水不断减小：这种方法获得的最小值是与退水曲线上的（最低）拐点相关的。

5.3.3　地表水文学中的长度单位

与降水（深度）和蒸发类似，河流的流量也可以用一个长度单位表示；比如毫米。以立方米（m^3）为单位的流量可以通过除以以平方米（m^2）为单位的流域总面积（1.4 节），很简单地转换成米（m）；当然，这个结果乘以 $1000\ mm \cdot m^{-1}$ 就可以得出以毫米为单位的结果。无论是整个流域还是只有部分流域发生产流都应该除以整个流域的总面积；这是因为当将降水或蒸发从体积单位转换到长度单位时都是利用相同的流域总面积，反之亦然。重要的是，流量的单位用 $mm \cdot h^{-1}$ 表示的话就不是水流的速度了（可能乍一看还是），但流量单位用 $m^3 \cdot h^{-1}$ 表示的话，流速的计算就是总的流域面积（m^2）除以产流面积然后乘以 $1000\ mm \cdot m^{-1}$。有时候一些水文文献中流量的单位用 $L \cdot (s \cdot km^2)^{-1}$ 表示，意思是升每秒（$L \cdot s^{-1}$）和每单位流域面积，流域面积的单位是 km^2：

$$1\ L \cdot (s \cdot km^2)^{-1} = 3.6 \times 10^{-3}\ mm \cdot h^{-1}$$

5.3.4 径流系数

一条河流的径流系数可以简单地用流量除以降雨量(降水深度),单位都是毫米,然后再乘以 100 就可以转化为百分比。"径流系数"中的"径流"应当作河流的流量(体积),"径流"的另外一个用途就是地面径流的代名词。我们应该把年径流系数和暴雨净流系数区分开,"暴雨"是水文学中的一般术语,作为降水事件的代名词。

…全球陆地总降水的 36% 以径流的形式流入海洋。其中快速流占 11%,滞后径流占剩余 25% 的降水(Ward 和 Robinson 2000;滞后径流就是基流)。

或

一般情况下,卢森堡考依波阶区域林下年降雨量的 30% 最终变成径流,快速流占 20%～30% 之间(Bonell 等,1984)。

与前面一致,年径流系数定义为总流量(mm 或 m³)占年降雨量(mm 或 m³)的百分比,但是暴雨径流系数就定义为快速流(mm 或 m³)占暴雨降雨量(mm 或 m³)的百分比。因此,在上面的例子中全球年径流系数等于 36%,暴雨径流系数等于 11%,卢森堡考依波阶区域的年径流系数等于 30%,暴雨径流系数在 20% 和 30% 之间。

通常在暴雨流量过程线图中,流量和降雨量采用的是不同的单位(例如,m³·s⁻¹ 对应 mm·h⁻¹),因此,它们的坐标轴的比例是不同的(如图 5.30)。这个图给大家的第一印象就是暴雨过程中的水流主要是快速流,这可能是一个误导! 由于拦截蓄水和蒸发以及地表和地下蓄水量一般比较大,因此,通常暴雨径流系数是相当小的。然而,当一个小的黏土流域前期降水已经使土壤湿润,或降水落到冻土上或雪融化时,就会出现很高的暴雨径流系数。为了有一个正确的理解,图 5.34 给出了暴雨径流系数为 30% 的快速流 Q_q 的过程线,(仅此一次)降水和快速流用的是刻度相同的坐标轴(mm·h⁻¹)。

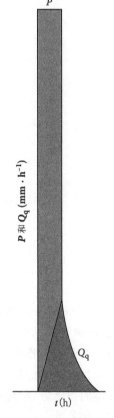

图 5.34 暴雨径流系数为 30% 的快速流 Q_q 的过程线,降水 P 和快速流 Q_q 使用刻度相同的坐标轴

练习 5.3.1 卢森堡哈勒附近的 Tollbaach 流域,流域面积近 2 km²。图 E5.3.1 显示的是一个历时半小时的降水事件的流量过程线,纵坐标轴上的流量单位是 L·s⁻¹。横坐标轴上的时间单位是 h。在图 E5.3.1 上部,降雨强度的单位是 mm·h⁻¹。河道约占整个流域面积的 1%。

  a. 确定降雨深(mm)。

  b. 确定降雨量(m³)。

  c. 确定 Tollbaach 流域基流(L·s⁻¹)。

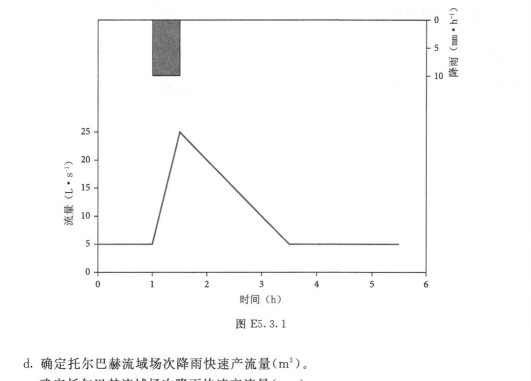

图 E5.3.1

d. 确定托尔巴赫流域场次降雨快速产流量(m^3)。

e. 确定托尔巴赫流域场次降雨快速产流量(mm)。

f. 确定场次降雨径流系数。

g. 什么过程促成了场次降雨快速产流?

练习 5.3.2 在卢森堡康斯多夫市附近,有一个 10 km^2 的集水流域,某次降雨 25 mm,由于拦截和蒸发形成的场次降雨损失为 5 mm。此次降雨过程中,在河流两旁有坡面流产生,其中,2％的降雨直接进入河道成为河道流量;大部分降雨渗入砂质土壤,不会很快贡献给河道流量:4000 m^3 的水在流域出口处离开;3/4 的水形成基流。

a. 百分之多少的降雨变成快速径流?

b. 产生了多少坡面流(mm)?

c. 产生了多少坡面流(m^3)?

5.4 概念性降雨径流模型

概念性降雨径流模型是一个用简单的物理概念或原理来模拟降雨径流关系的模型。模型必须是对现实的简化,概念模型可能更是如此,因为它需要精炼出一个简单的物理概念;因此,把模型或方法引入本节作为构建块或初始模块,用以建立一个更大更好的模型。本节介绍的概念包括水流时程、线性水库、指数水库;有关迭加原理的应用问题(3.15 节)也会再次介绍。降雨径流模型中的径流应视为河道流量或径流量。

5.4.1 时间—区域模型

快速径流可以用时间—区域模型来模拟。时间—区域模型是指一个集水流域山坡上的降水转化为坡面流,进入河道,顺河网演进至出口断面。图 5.35 为一个按等流时线划分为五个区域的流域,等流时线上各点水流汇流至流域出口断面的时间相等。为了简单起见,在以后的讨论中,我们都设定每条等流时线的间隔时间为 1 小时。距离流域出口断面最近的第一时间区域内的快速径流在一个小时后到达流域出口断面,第二时间区域内的快速径流在二个小时后到到达流域出口断面,以此类推。整个流域形成快速径流所需要的时间被称为汇流时间(图 5.30 和表 5.1)。因此,在图 5.35 所示的举例中,汇流时间为五个小时。

在 1851 年,爱尔兰地表径流专家托马斯·马尔文尼创建了一个大家广泛认可的方法,即用流域降雨强度 I 的方程来预测此集水流域的快速径流 Q_q:

$$Q_q = cAI \tag{5.67}$$

式中,Q_q 为快速径流($m^3 \cdot s^{-1}$);c 为径流系数(小数);A 为流域面积(m^2);I 为降雨强度($m \cdot s^{-1}$)。

径流系数 c 是一个小数,介于 0 至 1 之间,表示发生在集水流域面积上的损失与贮存;在透水性很好的集水流域上 c 值可能低至 0.01,而在不透水城市排水区 c 值也可能高达 0.9(Kirby 等,1987)。当然,这个方法是非常简单的,因为降雨强度假定是恒定而均匀地分布在集水流域上,并没有任何参考的实际过程。

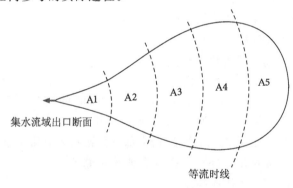

图 5.35 划分为五个时间区域的流域俯瞰图

在给定的第一时间区域内应用上述合理方法

$$Q_{q,t+\Delta t} = c_1 A I_{t \to t+\Delta t} \tag{5.68}$$

式中,$Q_{q,t+\Delta t}$ 为 $t+\Delta t$ 时刻的快速径流($m^3 \cdot s^{-1}$);c_1 为时间区域 1 的径流系数(小数);A 为时间区域 1 的面积(m^2);$I_{t \to t+\Delta t}$ 为 t 至 $t+\Delta t$ 的降雨强度($m \cdot s^{-1}$)。

方程(5.68)表明 $t+\Delta t$ 时刻时间区域 1 产生的快速径流(出口断面总快速径流 Q_q 的一部分)与预见期时间步长 Δt 里的降雨强度 I 有一定程度的相关性。因此在此例中,t 至 $t+\Delta t$ 的时间间隔,即为预见期小时数。

假设已经到了这样一个时间节点,即在这个时间节点上整个集水流域的快速径流都已经到达流域出口断面。从时间区域 2 产生的快速径流需要两个小时才能到达流域出口断面,并且产生此快速径流的降雨应该是 $t-\Delta t$ 至 t 时间段里的降雨。从时间区域 3 产生的快速径流需要三个小时才能到达流域出口断面,导致时间区域 3 里快速径流的应该是 $t-2\Delta t$ 至 $t-\Delta t$

时间段里的降雨。因此,一般来说,从时间区域 n 产生的快速径流需要 n 个小时才能到达流域出口断面,导致时间区域 n 里快速径流的应该是 $t-(n-1)\Delta t$ 至 $t-(n-2)\Delta t$ 时间段里的降雨,通过这种方式推理,我们在模型中引入水流时程概念。另外,从时间区域 $1,2,3,\cdots,n$ 产生的快速径流可以相加得到流域出口断面总的快速径流(迭加原理)。所有这些,我们可以写出有 n 个时间区域(图 5.35 中, $n=5$)的流域出口断面总的快速径流表达式:

$$Q_{q,t+\Delta t}=c_1AI_{t\to t+\Delta t}+c_2A_2I_{t-\Delta t\to t}+\cdots+c_nA_nI_{t-(n-1)\Delta t\to t-(n-2)\Delta t} \tag{5.69}$$

不同的降雨输入序列和不同形态的流域有不同的径流系数 c 值,用方程(5.69)可以检查 c 值的变化对流域出口断面流量过程线的影响,例如,增加 c 值以模拟森林砍伐城市化的影响。

图 5.36 显示了流域形态对于流域出口断面快速径流过程线的影响:图 5.36 是对于不同形态流域利用方程 5.69 得出的简单电子数据表计算结果。这些不同形态的流域面积都是 150 平方的长度单位,且在连续两个小时里降水 8~10 个长度单位。这些不同形态的流域都被划分为五个时间区域,径流系数 $c=0.5$,五个时间区域 A_1 至 A_5 的面积见表 5.2。

由图 5.36 可以看出,流域 A 有着最大的流量峰值,因为流域 A 大部分的流域面积就在流域出口断面附近,这使大部分的水流可以很快到达流域出口位置。对于流域 B,大部分的流域面积远离出口断面,这使大部分水流较迟到达流域出口位置。流域 C 有两个较大的分开的独立面积,因此出现两个相对较小的流量峰值。而对于长条形的流域 D,则有一个相对矮平而持续的流量峰值。最后,对于有着类似圆形边界的流域 E,也出现了较高的快速径流峰值,这是因为类似圆形流域形状会使大部分的水流以几乎相同的时间到达流域出口断面。

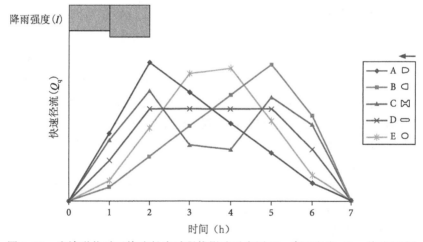

图 5.36　流域形状对于快速径流过程线影响示意图($I=$ 降雨强度; $Q_q=$ 快速径流)

表 5.2　图 5.36 中流域 A－E 的时间区域 1～5 的面积(平方长度单位),

时间区域 1 离出口断面最近(如图 5.35 所示)

	1	2	3	4	5	合计
A	50	40	30	20	10	150
B	10	20	30	40	50	150
C	45	25	10	25	45	150
D	30	30	30	30	30	150
E	15	35	50	35	15	150

　　同时注意所有流量过程线的时间基准,都是指从快速径流开始至结束的时间段,逻辑上等于七个小时,即降雨总历时(两个小时)与汇流时间(五个小时,因为时间区域值 $n=5$)的总和。

　　如果想将时间—区域模型应用于实际流域中,必须至少知道每个时间区域里的沿河河道长度。对此,Kirpich(1940)提出的方程 B5.8.1 是很有用的,见框 5.8 中的阐述。

　　时间—区域模型是一个非常简单的模型,假设恒定的水流时程。在实际情况下,当流量增大,水位上升,流速增加,缩短了水流行程时间。所以,时间—区域模型最好应用在流量改变但水流时程变化不大的区域,因此小城镇地区或坚硬的表面,如停车场和机场能较好地适用时间—区域模型。

框 5.8　时间—区域模型中各时间区域河道长度估计

　　Kirpich(1940)提出以下经验方程,用以确定流域汇流时间(Chow 等,1998;Mata-Lima,2006)。

$$t_c = 0.0195\left(\frac{L}{\sqrt{S}}\right)^{0.77} \tag{B5.8.1}$$

式中,t_c 为流域汇流时间(min);L 为流域主河道长度(m);S 为流域平均坡降(m·m^{-1})。

　　定义汇流时间 t_c(min)为地表径流(或流域中其他形成快速径流的水流)从距出口断面最远点至出口断面所需的时间。流域平均坡度 $S=\Delta H_{max}/L$,ΔH_{max} 指流域最高点与最低点的高程差,L 如前所定义。例如,如果 $\Delta H_{max}=9.5$ m,$L=3070$ m,那么此流域的汇流时间 t_c 应该是 87 min,即 1 h 27 min(Dastane,1978)。

　　方程 B5.8.1 可以改写如下:

$$L = 166.24 t_c^{1.299} \sqrt{S} \tag{B5.8.2}$$

式中,L 为子流域主河道长度;t_c 为子流域汇流时间(min);S 为子流域平均坡降(m·m^{-1})。

　　注意,方程 B5.8.2 中变量的含义与方程 B5.8.1 中的不同。这是为了用方程 B5.8.1 去确定不同子流域(大的集水流域里的各子流域)的主河道长度 L。例如,如果想要知道一个以小时计的时间区域主河道长度,只要在方程 B5.8.2 中简单代入 60 min、120 min,等等的 t_c 值,再代入相应的流域平均坡度 S(m·m^{-1}),即可得水流时程为 1 h、2 h 的子流域主河道长度 L 值,以此类推。

　　方程 B5.8.1 已经发展为可以适用于田纳西州(美国南部)农村的有较好渠道与陡峭斜坡的小流域(Chow 等,1988),建议流域面积小于 45 hm^2(0.45 km^2)(Mata-lima,2006)。当应用于沥青或混凝土表面的地表径流,Chow 等(1988)建议方程 B5.8.1 的汇流时间 tc 结果需再乘以 0.4,对于混凝土河道,则乘以 0.2;他们进一步指出,对于裸露的土壤地表径流或公路两侧的沟渠流无需进行较正。用另一个方法去理解他们的建议,就是对于方程 B5.8.2 的主河道长度 L 的结果,如果是混凝土或沥青表面就再乘以 2.5,如果是混凝土河道则乘以 5。

　　方程 B5.8.1 与方程 B5.8.2 中的常量 0.0195 与 166.24 并不是无量纲的,而是隐含了单位:因此,确保以上代入的变量值要有正确的单位。

　　依据计算结果可以在图上绘制流域等流时线。

5.4.2 线性水库模型

图 5.37 显示了一个由地下水补给的河道横断面。假设对地下水贮存的蒸发可以忽略不计,那么,假设没有降雨,高于河床的地下水将在无雨干旱期来临($t=t$)至无穷大($t=\infty$)时段内完全流入河道。用数学符号表示如下:

$$S_t = \int_t^\infty Q_t \, \mathrm{d}t \tag{5.70}$$

式中,S_t 为高于河床的地下水储存量($\mathrm{m^3}$)。

图 5.37　由地下水补给的河道横断面,地下水贮存高于河床

当地下水贮存耗尽,地下水位降低,河道流量将逐渐减小。方程(5.62)给出了开始消退后 t 时刻的河道流量。结合方程(5.62)与(5.70),可得:

$$S_t = \int_t^\infty Q_0 \mathrm{e}^{-at} \, \mathrm{d}t = Q_0 \int_t^\infty \mathrm{e}^{-at} \, \mathrm{d}t = Q_0 \left[\frac{\mathrm{e}^{-at}}{-\alpha} \right]_t^\infty = Q_0 \left(0 - \frac{\mathrm{e}^{-at}}{-\alpha} \right) = \frac{Q_0 \mathrm{e}^{-at}}{\alpha} = \frac{Q_t}{\alpha} \tag{5.71}$$

简化如下:

$$S = \frac{Q}{\alpha} \tag{5.72}$$

方程(5.72)说明,对于流入河道的地下水(渗出;3.12 节),可用高于河床的地下水贮存量 S($\mathrm{m^3}$ 或 mm)与河道流量 Q($\mathrm{m^3 \cdot s^{-1}}$ 或 $\mathrm{mm \cdot s^{-1}}$)的线性关系来描述,相关因子为退水常量 α($\mathrm{s^{-1}}$)。

方程(5.72)可以写成之前在方程(5.12)和(5.40)(见 5.1 节中有关某一人工湖的两个早期例子)出现过的普遍形式:

$$S = \frac{Q^n}{\alpha} \tag{5.73}$$

式中,Q_n 代表地下水损耗或基流水库;$n=1$。

练习 5.4.1　在无雨干旱期的开始,由地下水补给的河流基流为 100 $\mathrm{m^3 \cdot s^{-1}}$;$\mathrm{e}^{-\alpha \times 1 \text{个月}} = 0.9$;无雨干旱期持续了一个半月,即 45 d。

a. 确定干旱初期高于河床水位的地下水贮存量($\mathrm{m^3}$)。

b. 确定 1 个月和 1 个半月后的河道基流($\mathrm{m^3 \cdot s^{-1}}$)。

c. 确定 1 个半月后高于河床水位的地下水贮存量($\mathrm{m^3}$)。

线性水库是指水库贮存量与水库出流量之间是线性相关的,故而在方程(5.73)中 n 为 1。值得注意的是,地下水流是基流的重要组成部分,在许多情况下,这两个术语可以相互替代。

从地下水库或基流水库流出的流量可以通过线性水库模型建模。

我们可以结合方程(5.72)(流动方程)与水库连续性方程或水库水量平衡方程来深化线性水库模型:每单位时间(dS/dt)水库蓄水的变化等于每单位时间降雨输入 I 减去水库出流 Q(I 为单位时间降雨减去单位时间内蒸发和贮存损失;此外,当地下水存储增加时,其变化为正,当地下水存储减少时,其变化为负)。

$$\frac{\mathrm{d}S}{\mathrm{d}t} = I - Q \tag{5.74}$$

式中,$\frac{\mathrm{d}S}{\mathrm{d}t}$ 地下水贮存变化(m^3/单位时间或 mm/单位时间);I 为输入(m^3/单位时间或 mm/单位时间);I 为单位时间降雨减去蒸发。

针对线性水库的方程(5.72)(水流方程)也可以写成:

$$\mathrm{d}s = \frac{\mathrm{d}Q}{\alpha} \tag{5.75}$$

结合方程(5.74)(连续性方程)和方程(5.75)得到:

$$\frac{\mathrm{d}Q}{\alpha} = (I - Q)\mathrm{d}t \tag{5.76}$$

我们可以将微分方程(5.76)改成模拟方程,即应用离散的时间步长 Δt 去模仿各种随时间而发生的变化,通过将 $\mathrm{d}t$ 替换为 Δt,$\mathrm{d}Q$ 替换为 $\Delta Q = Q_{t+\Delta} - Q_t$,$Q$ 替换为 $\frac{Q_t + Q_{t+\Delta}}{2}$,将 I 替换为 $I_{\Delta t}$(时间步长 Δt 里的降雨输入)。

这样就得到:

$$Q_{t+\Delta} - Q_t = \left(I_{\Delta} - \frac{Q_t + Q_{t+\Delta}}{2}\right)\alpha\Delta t \tag{5.77}$$

上式还可以被写为:

$$Q_{t+\Delta} = \frac{2 - \alpha\Delta t}{2 + \alpha\Delta t}Q_t + \frac{2\alpha\Delta t}{2 + \alpha\Delta t}I_{\Delta} \tag{5.78}$$

注意:

$$\frac{2 - \alpha\Delta t}{2 + \alpha\Delta t} + \frac{2\alpha\Delta t}{2 + \alpha\Delta t} = 1$$

因此,如果取:

$$\beta = \frac{2 - \alpha\Delta t}{2 + \alpha\Delta t}$$

那么:

$$Q_{t+\Delta} = \beta Q_t + (1 - \beta)I_{\Delta} \tag{5.79}$$

方程(5.79)构成了一个用离散时间步长来描述径流对于降雨响应的降雨径流模拟模型。实际上,方程(5.79)告诉我们,使用线性水库概念时,流量 $Q_{t+\Delta}$ 的影响由乘以权重因子 β 的前一个时段的流量 Q_t 以及乘以权重因子 $(1-\beta)$ 的时间步长 Δt 内降水量减去蒸发量组成。

在应用模型时,应该特别小心确保消退系数 α 值(/单位时间)与选择的时间步长(/单位时间的倒数,即单位时间本身为其单位)之间是合理关联的;如果不是,模型可能导致非常糟糕的结果(因此,合并方程(5.63)和(5.78),对于一个无降雨输入的时段 Δt,$I_{\Delta} = 0$,衍生出一个新的方程:

$$e^{-\alpha\Delta t} = \frac{2-\alpha\Delta t}{2+\alpha\Delta t}$$

这个方程只有 α 和 Δt 集合的近似解；见练习 5.4.2）。

　　除基流具有线性特征以外，集水流域的各项条件都远不具备线性特征，因此，我们刚刚讨论的基于线性水库的降雨径流模拟模型能最好地适用于基流的模拟。另外，因为目前形式的降雨径流模型并没有考虑流域水流时程概念，因此这个模型应该用在小流域。图 5.38 显示了不同的消退系数 α 值对降雨径流模型模拟的基流过程的影响，正如所预期的那样，小的消退系数 α 值会导致河道基流响应缓慢，这无论在涨水段还是在退水段都很明显。

练习 5.4.2　在无雨干旱退水期，当 $I_{\Delta t}=0$ 时，方程（5.78）变为：

$$Q_{t+\Delta t} = \frac{2-\alpha\Delta t}{2+\alpha\Delta t}Q_t$$

同样在无雨干旱退水期（方程（5.63）），$Q_{t+\Delta t} = Q_t e^{-\alpha\Delta t}$。

　　合并上面两个方程可得：

$$Q_{t+\Delta t} = e^{-\alpha\Delta t}Q_t = \frac{2-\alpha\Delta t}{2+\alpha\Delta t}Q_t \Rightarrow e^{-\alpha\Delta t} = \frac{2-\alpha\Delta t}{2+\alpha\Delta t}$$

关系式 $e^{\alpha\Delta t} = \dfrac{2-\alpha\Delta t}{2+\alpha\Delta t}$ 有较合理的 α 和 Δt 值，当然并不能囊括所有的 α 和 Δt 组合（尽管试试），这是因为从方程（5.76）到方程（5.77）的隐性假设允许将 Δt 时段开始与结束时刻的流量值平均作为时段平均流量，但当随机选用 α 和 Δt 组合时，这种假设往往是不成立的。于是，我们不联立方程（5.63）和（5.78），而是试着将方程（5.62）（没有离散的时段 Δt）与微分方程（5.76）联立起来。

　　微分方程（5.76）零输入时，$I=0$，可得出退水曲线，即 $Q_t = Q_0 e^{-\alpha t}$（方程 5.62）。

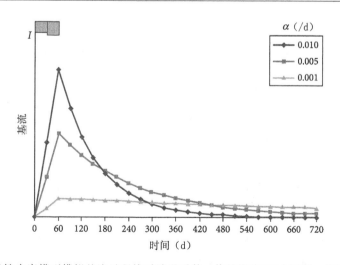

图 5.38　线性水库模型模拟基流过程线时消退系数 α 值的影响（三个不同 α 值）

　　在潜在的易发生滑坡的地表以下，高地下水位或高孔隙水压力都可能导致斜坡不稳而滑下山坡。因为地下水位的位置在山体滑坡发生或再次发生时至关重要，所以模拟地下水位，例如用线性水库模型去模拟，是山体滑坡研究中的一个重要组成部分。举例说明，Van Asch 等

(1996)成功使用已经率定好的两个线性水库模型,结合为期 30 年的降水数据,揭示出法国阿尔卑斯山科普斯镇附近的纹泥区的深层山体滑坡运动主要由黏土中垂直裂缝里最大上升的水体引发,而黏土完全饱和并非发生山体滑坡的必要条件。作为一个非常实用的附属研究成果,他们的计算也表明将浅浅的可渗透塌积层(堆积覆盖层)覆盖于纹泥层上对于稳定这些深层山体滑坡是一种非常有效的措施。

在他们的研究中,Van Asch 等(1996)用依序排列的两个水库来表示堆积覆盖层及其下面的纹泥层;上游水库表示堆积覆盖层,由降水补给,同时,上游水库的出流可作为代表纹泥层的下游水库的入流。

带装黏土由交替的薄层淤泥(或细砂)和黏土组成:它们形成于前冰川湖中随季节变化而变化的沉积物。"堆积覆盖层"是一个常用术语,用以描述因重力作用于斜坡底部而发生的沉淀物累积。

5.4.3　指数水库模型

图 5.39 显示了另一类水库模型的核心概念。降水率减去蒸发率作为集水流域土壤水的输入。土壤水的水流损失为壤中流,即土壤水通过土壤矩阵沿河川的方向(与倾斜的坡面平行)流动;土壤的壤中流由土壤分层引起,在 4.8 节和 4.9 节中有解释。在土壤层中,可能会有一个阻碍垂直渗流的阻水地下水面,其高度由储存水的水位 h(mm)表示,如图 5.39 所示。如果一定数量或体积的降水导致储存水位增高,直至超过土壤的蓄水能力 h_c(mm)时,超出的水将被迫流至土壤表面:这是因为阻水地下水面切断了倾斜的坡面,使得水流出土壤表面,形成地表径流。

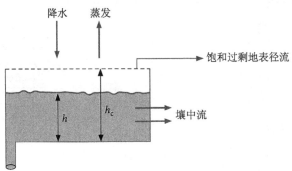

图 5.39　概念性土壤水库;h 是储存水位(mm);h_c 是土壤水库的蓄水能力(mm);
渗漏形成的地下水在 STORFLO(由 Kirkby 等命名,1987)模型中未模拟

因为地表径流源于上层土壤被饱和,所以,地表径流也被称为饱和过剩地表径流,或简称为饱和坡面流。因此,对于饱和过剩地表径流的形成,需要下渗水的数量或体积超过土壤的存储容量,而对于超渗地表径流或霍顿地表径流,4.8 节中有介绍,降雨强度(mm・h^{-1})需要超过土壤的下渗率(mm・h^{-1})。

Kirkby 等(1987)在他们的 STORFLO 模型中用如下水流方程去模拟壤中流－土壤存贮水的出流:

$$Q_t = Q_0 e^{\frac{S_t}{m}} \tag{5.80}$$

式中，S_t 为土壤水亏空，指现存土壤水量（mm）与土壤能够持有的水量的差值，即现存土壤水量（mm）与存储能力（mm）之间的差值：土壤水亏空为一负值，当然，当土壤饱和时，$S_t = 0$（且在方程（5.80）中，$Q_t = Q_0$）；m（mm）是一个模型参数代表土壤特性。

结合方程（5.80）（水流方程）与连续方程（或水量平衡方程），得出：

$$\frac{\mathrm{d}S_t}{\mathrm{d}t} = 1 - Q_t \tag{5.81}$$

在经过整合与重写模拟方程（Kirkby，1975）后，得出如下模拟方程：

$$Q_{t+\Delta t} = \frac{I_{\Delta t}}{I - e^{\frac{-I_{\Delta t}}{m}} + \frac{I_{\Delta t}}{Q_t} e^{\frac{-I_{\Delta t}}{m}}} \tag{5.82}$$

式中，$I_{\Delta t}$ 为时间步长 Δt 内的输入。

方程（5.82）是指数水库模型 STORFLO（Krkby 等，1987）的模拟方程，是著名的 TOP-MODEL 模型（Beven 和 Kirkby，1979；Beven 和 Moore，1994；Beven，1997；Beven，2001）的精简版，Topmodel 模型的特点主要是地形湿度指数 $\ln(\alpha/\tan\beta)$；α 是单宽集水面积，$\tan\beta$ 指坡度（Quinn 等，1994；1995；Sorensen，2005）。

STORFLO 本质上用指数水库代表集水流域的土壤从而模拟其中的（缓慢）壤中流和饱和坡面流，前文所述的 STORFLO 模型形式不能处理霍顿坡面流和管道流。这个模型更适用于汇流时间短的小集水流域。对于大一点的集水流域，应该加入一个模拟管道流的演算程序。

图 5.40 来源于作者早期逐日模拟的打印输出稿，提供了一个 STORFLO 模型输出的例子。人们从中可以看出流量如何随 m 值的变化而变化；m 值对于 α 值属分母部分而不是分子部分，因此，它对流量的影响与 α 值对流量的影响恰好相反。当 m 值偏小时，模拟过程线的上涨部分较陡峭，下落部分也很陡峭，表明土壤水库正在迅速枯竭；逻辑上，如果 m 值偏大，模拟流量过程线则显示较小的上涨和下落，土壤储存水的耗减是缓慢的。

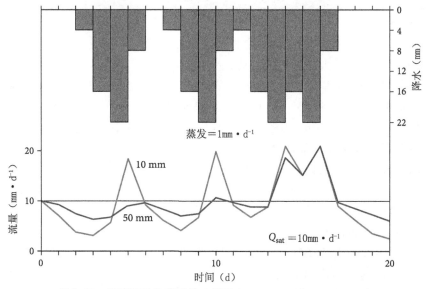

图 5.40　STORFLO 模型输出例子（$m=10$ mm 和 $m=50$ mm）

流域的前期水分条件对流量过程线峰值和快速径流量有重要影响。图 5.40 显示出当流域前期越湿润,对降雨的响应就会越突出、越快速,这一点在图 5.40 中因 m 稍大为 50 mm 而反应慢的流量过程线的右边部分可明显看出:在最开始的降水事件发生期内,未形成饱和过剩地表径流;第二个降水事件(与第一个降水事件有着同样的降水量与时程分配)时期,便形成了一些饱和过剩地表径流(Q_{sat} 线以上部分);而在第三个降水事件期内,产生了大量的饱和过剩地表径流。在第三个降水事件的第二部分,在前期土壤非常湿润的条件下,无论 $m = 10$ mm 还是 $m = 50$ mm 流量峰值几乎相当,但 $m = 50$ mm 的过程线壤中流消退更慢些。

图 5.40 清晰地表明了一个显而易见的结果,此结果可能早已经被某个非常简单的概念性降雨径流模型确定了。

框 5.9 简短地阐述了物理模型的原理,框 5.10 则介绍了水文统计方法(无物理概念),由历史数据估计河流径流大小。

框 5.9　物理模型

基于物理的模型就是使用已知的物理概念或原则来模拟水文系统过程,概念性模型就是一个基于物理的模型,其中的某个物理概念或原则被突出和运用。集总模型模拟系统时用的是均化的空间分布,分布式模型则考虑了水文各组成部分和过程的空间变化。

物理模型和概念模型具有确定性,即模型输出结果独立于偶然和时间。换句话说,对于相同的初始条件、边界条件以及输入,确定性模型总是得到相同的结果。

为了预测,模型结果需要与实际情况进行对比,需要调整相关的模型参数使模拟结果能更好地与实际情况相符,这一过程称为模型率定。模型在率定之后,需要在一系列的新条件、新情况下再次运行,模拟结果也需要与实际情况进行对比,这一过程称为模型检验/验证。只有在模型验证满意通过后模型才可能作为预测工具。

除此之外,模型建立与运行可以用于研究人员调查某些变量或参数的敏感性,或者,使他们能更好地理解水文学原理和过程。

框 5.10　统计模型

在物理水文的介绍文档中,也会讨论非物理方法,尽管简短。这里所讨论的统计方法为从历史数据估计河川径流大小提供了工具。

径流历时曲线是一个描述性工具,其中,选定河流的水文站的日径流或周径流通常按它们发生的频次进行排列。图 B5.10.1 显示了如何制作径流历时曲线的原理。例如,图 B5.10.1a 显示了日径流的分布,小径流(mm)比大径流发生次数多,这是一个正偏态统计分布的例子,河流径流大小通常呈现出这种分布。

图 B5.10.1b 显示了将时间百分比累积后的连续各级径流,累积时间各级径流分布呈现出与日径流同样的分布,与前面一致,纵坐标为累积时间百分比,横坐标为分级径流。

图 B5.10.1c 的横坐标与纵坐标交换了。重要的是,横坐标的累积时间百分比可以表述为小于等于某一级径流的时间百分比。

最后,图 B5.10.1d 是图 B5.10.1c 的镜像,横坐标为大于等于某一级径流的百分比时间,图 B5.10.1d 即为径流历时曲线。

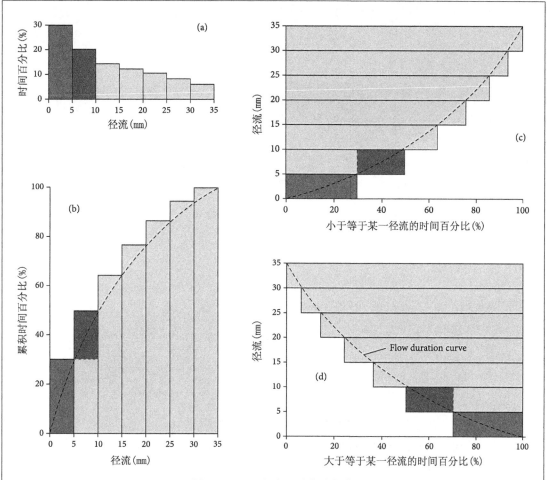

图 B5.10.1　径流历时曲线制作

　　径流历时曲线的纵轴也可以采取对数。通常,我们将径流历时曲线转换到一个无量纲的径流历时曲线:在我们的例子中,可以通过将纵坐标上的日径流量值除以研究期内的平均日径流值。

　　图 B5.10.2 显示了英国三条河流的无量纲径流历时曲线。提斯河与塔玛河的曲线斜率较大,它们的径流起伏变化大,因快速径流为其主要成分,而 Ver 河曲线斜率较小,表明其大部分由基流组成(Ward 和 Robinson,2000)。

　　另一种水文统计方法涉及洪水频率曲线制作,这对于水文设计很重要,比如确定堤坝设计高度,例如平均每 1250 年遭遇一次洪水淹没的堤坝高度,$1/1250=8\times10^{-4}/a$,为发生概率 P,相应地,1250 年,被称为重现期 T:

$$T=\frac{1}{P} \tag{B5.10.1}$$

1941 年,德国数学家 Emil J Gumbel(1891—1966)发展了一种已成功应用于水文学领域的分布,称为耿贝尔分布。由这个分布,得出不发生某一洪峰的概率为:

$$P' e^{-e^{-y}} \tag{B5.10.2}$$

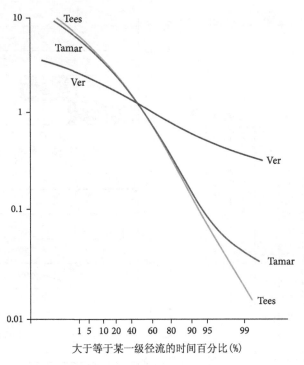

大于等于某一级径流的时间百分比(%)

图 B5.10.2　英国三条河流无量纲径流历时曲线(Ward 和 Robinson，2000)

由方程 B5.10.2 可以推算出：

$$\ln P' = -e^{-y} \Rightarrow -\ln P' = e^{-y} \Rightarrow \ln(-\ln P') = -y \Rightarrow y = -\ln(-\ln P') \tag{B5.10.3}$$

y 称为缩减变量，因为 $P' = 1 - P$，由方程 B5.10.1，y 可以写作：

$$y = -\ln(-\ln P') = -\ln(-\ln(1-P)) = -\ln\left(-\ln\left(1-\frac{1}{T}\right)\right) \tag{B5.10.4}$$

重现期 T 及概率 P 的确定可以用威布尔公式(根据瑞典工程师及数学家 Ernst H W Weibull(1887—1979)命名)：

$$T = \frac{n+1}{m} \quad 或 \quad P = \frac{m}{n+1} \tag{B5.10.5}$$

例如，表 B5.10 列出了一条假设河流 24 年的年极值数据系列。在此系列中列出了每年的最大流量值 Q_P，表中，数据系列个数等于系列的年份长度 n。另外，列出的年最大流量值按从大到小排列，以 m 标序。应用方程 B5.10.5 可以计算出各年最大流量的发生概率 P 和重现期 T，也可以根据方程 B5.10.4 计算出缩减变量 y。各年最大流量值对应的缩减变量 y 的值显示在表 B5.10 的最后一列。

表 B5.10　一条假设河流 24 年的年极值数据系列,包括:年最大流量值 Q_p、序号 m、发生概率 P、不发生概率 P'、重现期 T 以及缩减变量 y。

Q_p ($m^3 \cdot s^{-1}$)	m	P (比值)	P' (比值)	T 年(a)	y
300	1	0.04	0.96	25.00	3.20
270	2	0.08	0.92	12.50	2.48
252	3	0.12	0.88	8.33	2.06
234	4	0.16	0.84	6.25	1.75
228	5	0.20	0.80	5.00	1.50
216	6	0.24	0.76	4.17	1.29
210	7	0.28	0.72	3.57	1.11
204	8	0.32	0.68	3.13	0.95
201	9	0.36	0.64	2.78	0.81
192	10	0.40	0.60	2.50	0.67
186	11	0.44	0.56	2.27	0.55
183	12	0.48	0.52	2.08	0.42
174	13	0.52	0.48	1.92	0.31
168	14	0.56	0.44	1.79	0.20
162	15	0.60	0.40	1.67	0.09
159	16	0.64	0.36	1.56	−0.02
156	17	0.68	0.32	1.47	−0.13
150	18	0.72	0.28	1.39	−0.24
144	19	0.76	0.24	1.32	−0.36
141	20	0.80	0.20	1.25	−0.48
132	21	0.84	0.16	1.19	−0.61
126	22	0.88	0.12	1.14	−0.75
114	23	0.92	0.08	1.09	−0.93
102	24	0.96	0.04	1.04	−1.17

对于统计分析,最重要的是年极值系列里所选年最大流量值需彼此独立,例如,1月的年最大流量也许与上年度12月份的年最大流量有关联。因此,最好应用水文年(1.4节),年份的开始与结束都在枯水季节,流量最低时候。

然而有另外的可能性,不用年极值系列,取而代之用部分时间系列(超定量系列)。这个方法选用超过一个预先设定的阈值的洪峰流量系列,确保可以有更多的资料用以统计分析,但是,可能会增加洪峰数据在统计上相关的机会,使各洪峰数据真正独立的假设有效性降低。

图 B5.10.3 显示了表 5.10 中年最大流量 Q_P 与缩减变量 y 的关系,可以看出,它们呈线性关系,这使我们能够从历史数据系列中推断出某些结果。例如,可以推断出 100 年重现期的洪峰流量值,先用方程 B5.10.4 计算出缩减变量 y 值为 4.60,然后从图 B5.10.3 中可以得出 Q_P 值为 366 $\mathrm{m}^3 \cdot \mathrm{s}^{-1}$。

也可以不计算缩减变量 y,用方程 B5.10.5 计算的不发生概率 $P'(=1-P)$ 或重现期 T 也可以直接绘制在耿贝尔概率纸上(图 B5.10.4),耿贝尔概率纸的横坐标不是均匀分段,而是考虑了方程 B5.10.2 所给出的耿贝尔分布。

为了确定洪水的频率曲线,也可以尝试耿贝尔分布、威布尔公式之外其他的极值分布和拟合公式。表示洪峰流量 Q_P 的纵轴可以是线性的,如图 B5.10.3 例子中所示,也可以是按比例缩放的对数形式,只要这样可以更好地线性拟合数据。实际上,无论选择何种统计方法,主要思想都是可以将数据以直线形式绘制于某种概率纸上,因为这使我们能够推断发生更大洪水或更长重现期洪水对应的频率。

回到我们的例子中,我们可以推断出发生 469 $\mathrm{m}^3 \cdot \mathrm{s}^{-1}$ 洪水的重现期是 1000 年这样的结果,当然,仅仅从 24 年的资料系列中推断出的这种估计肯定有很大的不确定性。

洪水频率曲线为我们提供了更大洪水事件或更长重现期洪水事件发生概率的估计。某一洪水事件的重现期为 100 年是指在平均意义上,估计这个洪水事件每 100 年会发生一次,但这决不意味着在剩下的 99 年中这个洪水事件完全不会发生。另外,当一个非常大的洪水事件发生后,会显著地改变统计关系。因此,我们只能将洪水频率分析作为一种为水文设计提供最好估计的方法,当然要有已知的历史河道流量数据。

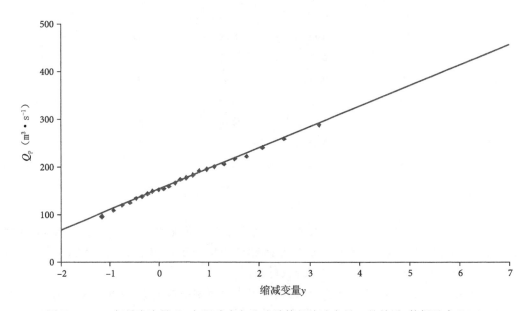

图 B5.10.3 年最大流量 Q_P 与用威布尔公式计算的缩减变量 y 的关系,数据见表 B5.10

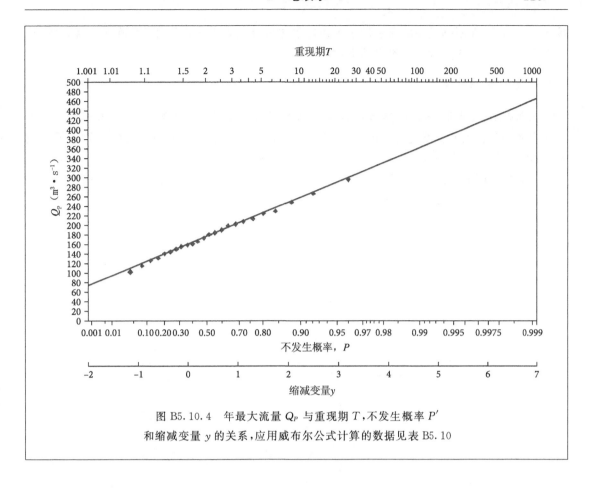

图 B5.10.4　年最大流量 Q_P 与重现期 T,不发生概率 P'
和缩减变量 y 的关系,应用威布尔公式计算的数据见表 B5.10

5.5　变源区水文

5.5.1　流域水文系统

图 5.41 显示了流域水文系统,这是我们已经主要去了解的。地表径流与快速壤中流(管道流)快速到达河网,地下水流和慢速壤中流(矩阵流)则慢速到达河网。然而,一些阐述应该被添加到这个常规系统中,简短陈述,尤其是地下水的作用(在救灾领域)以及快速径流产生的空间或地形设置。

5.5.2　地下水的作用

对于潮湿地区倾斜地形中的地下水,已经观测到有些降雨抬高了河流附近的浅层地下水位,并超过河流水位,导致地下水流有一部分贡献给了河流的快速径流(Hewlett,1961;Hewlett 和 Hibbert,1967)。另外,在新西兰有着浅层地下水位的部分地区,在降雨期间,如果有足够深的沟渠和下水道可以切断正在上涨的地下水位,则地下水会通过沟渠和下水道快速流出(De Zeeuw,1966)。大家知道,在荷兰部分高于海平面本不容易发生洪涝问题的沙质土壤地区,因人工排水管的地下水快速供给而导致洪水现象;这是因为在洪水期地下水位高于人工排水管。当然,在刚刚提到的荷兰例子中快速水源可能会被对等地冠以"管道流"之称;然而,从本源上来说,被快速输送的水是地下水。

5.5.3　超渗地表径流

长期以来,超渗地表径流(霍顿地表径流)被认为是集水流域快速降雨径流的响应,是降水期间生成快速径流的主要过程。虽然,对于降雨期间有土壤坚壳和密封表面的干旱半干旱地区,城市地区,对于高密度土壤或大强度降雨情况这种认为无疑是正确的;但是超渗地表径流机制不能解释湿润地区的快速降雨径流响应,这些湿润地区的植被维持的土壤结构导致土壤最大渗透能力通常超过实际降雨强度,使降落在土壤表面的降水渗入土壤。

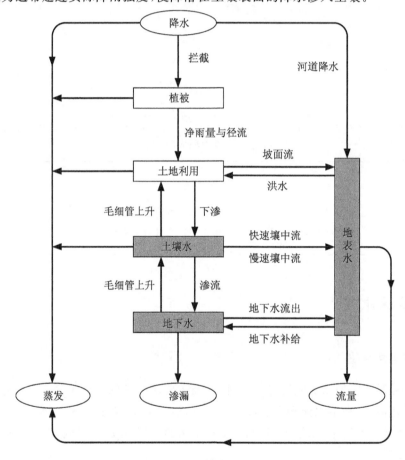

图 5.41　流域水文系统

椭圆表示输入输出过程;小写字符代表水文过程;矩形和大写字符表示
各种水体;灰色背景表示流域中的主要水体形式(平均条件)

5.5.4　壤中流与饱和地表径流

非饱和区的非承压地下水被称为土壤上层滞水,地下水位被称为上层滞水水位(3.4 节与4.8 节)。这个上层滞水水位会因土壤分层而发生改变。当水在土壤中向下游流动时,由于水力坡度减小,滞水层和壤中流也会发生变化(4.8 节),甚至合而为一,这可能会导致形成一定深度的土壤饱和层(Ward 和 Robinson，2000)。重要的是，在潮湿的气候条件下，当上层滞水水位到达地表，之后任何降水都将立即变成饱和过剩地表径流，沿着地表流动，迅速到达河道，形成河道的快速径流部分。当壤中流土壤层变得越来越薄时，上层滞水水位也会发生变化并抬高至地表。总而言之，地下水位抬高至地表对于湿润气候下产生饱和过剩地表径流是一个非常重要的条件。如上所述，从下往上发生的饱和导致的可以生成快速径流的饱和区域被称为源区，前面通常加上形容词"变化的"(作为简单解释)，或被称为部分源区。

练习 5.5　在法国南部昂特雷绍附近的拉福莱流域，恒定强度的降雨降落于光滑、有植被但土壤非常干燥的缓坡。图 E5.5 显示了下渗率 f(mm·h^{-1}，纵轴)与时间(min，横轴)的关系。地下水位位于相当的深度。

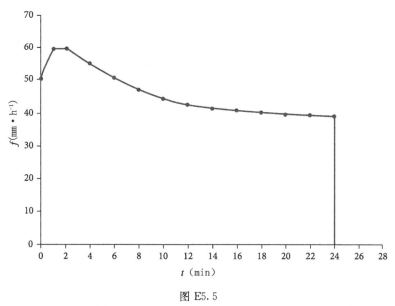

图 E5.5

a. 确定降雨历时。

b. 确定降雨强度(mm·h^{-1})。

c. 拦截的水量到达最大需要多长时间？

d. 植被覆盖率为多少？

e. 确定填洼所需时间。

f. 多长时间后会产生地表径流？

g. 这是哪种类型的地表径流？

h. 确定饱和土壤水力传导度(mm·h^{-1})。

i. 地表径流到达最大需要多长时间？

j. 确定最大地表径流率(mm·h^{-1})。

饱和过剩地表径流有时被称为邓恩坡面流(根据地理与水文学教授 Thomas Dunne 命名)，例如，在(Dunne 和 Black，1970 及 Dunne 等，1975)中。

5.5.5 管道流(快速壤中流)

管道流是绕过土壤矩阵的壤中流,比如,当水流通过田鼠或鼹鼠洞穴,或者当水在人工渠道中流动时就形成了管道流。管道流对于生成快速径流也是一个重要的过程,这在第4.9节"通过天然管道中的水流"中有详细论述,并以卢森堡的考依波泥灰岩地区作为例子(Hendriks,1990;1993)。然而,在荷兰的部分平坦地区,人们观测到田鼠或鼹鼠洞穴对于产生快速径流也是重要的:Rozemeijer和Van der Velde(2008)在报告中称,位于沟渠旁相对干燥、排水良好、鲜少被开发的土壤中的田鼠或鼹鼠洞,对于快速运输地表水坑中的水、磷酸盐和重金属等污染物到沟渠中发挥了重要作用;有趣的是,耕地和草地上形成水坑也是地下水位上升的结果,有时甚至就是超渗地表径流。

5.5.6 地形辐合和变水源区

由于地形辐合,刚刚描述的地下水位上升的过程可能会放大(Troch,2008)。斜坡地形辐合带可以是山坡凹陷或地形塌陷(Anderson和Burt,1978);即平面图或截面图上的凹陷,如图5.42所示。对于山坡凹陷或地形塌陷这两种类型的凹陷,壤中流进入这样一个凹陷比它直接下坡更快,迫使水位升至地表面。另外,当水沿较薄的土壤表层向下流动时,垂直方向流路的延长、水力梯度的减少也会引起这种辐合机制,前面都有提及,如图5.42所示。

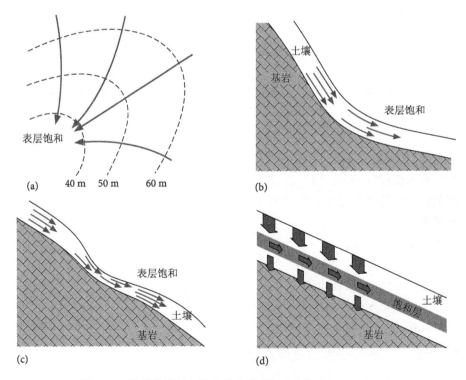

图 5.42　流域地形辐合的主要位置(Ward 和 Robinson,2000)

如果降雨仍在继续,从下而上发生的土壤饱和会扩大上游面积,如图5.43所示。这种现象由实验室与就地实验得出的技术数据观测而得(Dunne等,1975),通过遥感技术也可观察到。如前所述,从下而上的饱和区域对于产生快速径流是有贡献的,在多场或单场暴雨中,这些饱和区域的面积会发生扩张或缩小,故被称为变水源区,之所以增加形容词"变"是因为饱和区域面积的扩张与缩小特征。一般地,变水源区位于河网附近并补给河网。河网与沉积和冲积等过程有关,通过重力作用沉积在山坡坡底的泥沙会导致沿水流方向的山坡倾斜角的减小,而冲积作用则指水流带动的沉积物会导致河流附近的区域变得平坦,从剖面上看,这些"平坦"区域被称为冲积阶地,其坡度逻辑上平行于水流梯度。因此,沉积和冲积过程的作用是坦化或正在坦化山坡底部的坡度,从而形成地形辐合,放大了地下水位上涨的影响,导致壤中流流出。

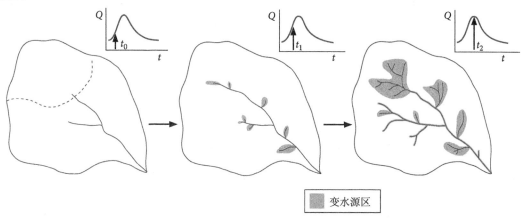

图 5.43 在降水时,区域从下而上的饱和的面积扩张,我们称之为变水源区(Troch,2008)

5.5.7 污染物运移敏感区域

变水源区在水文方面主要是监测和绘制变水源区地图,这对于施肥、化肥、农药和其他人类应用会污染河流的物质,尤其当应用于饱和的变水源区域时(康奈儿大学 2005)非常重要。即使在几乎没有地形辐合的荷兰平坦地区,因为地下水位上升或超渗地表径流,这些区域也会饱和,如前所述,这对于从耕地和草地运输磷酸盐和重金属到沟渠和河道有重要意义(Roze-meijer 和 Van der Velde,2008)。监测和绘制这些对于污染物运移较敏感区域的地图十分重要,因为污染物向河道快速运移对地表水质会产生重大影响。

小结

・恒定流指地表水流速度不随时间而变化,或者,对于紊流,其统计参数(水流速度的平均值和标准差)不随时间而改变。

・均匀流指地表水流速度在各个水流方向上是一致的,对于有着恒定断面的明渠,当水流通过所有断面时水深 H 一直保持不变。

・为了描述势能或者地表水的总水头 h_{total},需要引入速度水头 $h_v = \dfrac{v^2}{2g}$,则:

$$h_{total} = z + \frac{p}{\rho g} + \frac{v^2}{2g} \text{(伯努利定律)}$$

• 水面波的传播速度或者水面波速 v_w(m·s^{-1})等于$\sqrt{gH}$；V为水流速度。扔一块石子到一个自然河流中，当部分水面波纹从石头与水的接触点向上游移动时，水流速度是低于临界状态的（$V<V_w$），当波纹完全向下游荡漾过去时，水流速度是高于临界状态的（$V>V_w$），当上游部分纹波在起始点保持静止时，水流速度处于临界状态（$V=V_w$）。

• 弗劳德数（Fr）是水流速度V与水面波速的比值V_w。

• 比能h_e是相对于河底水流的每单位重量的能量（J·N^{-1}＝m）。单位流量q_w(m^2·s^{-1})为河流中每单位宽度w(m)河道的流量Q(m^3·s^{-1})。水深H在纵坐标轴上，比能曲线（对于已定的单位流量）的上半部分适用于亚临界流（$v<v_w$或者$Fr<1$），下半部分适用超临界流（$v>v_w$或者$Fr>1$），最小比能适用于临界流（$v=v_w$或者$Fr=1$）。

• 河道中（陡降处）最初的流速是临界流，因为水流要在此处快速地从亚临界流变为超临界流。

• 由于下游的水流速度较慢，这样就会导致上游来水席卷而下，波浪也会被击碎而且有些重新回到上游，但是上游的水还会一直流下来，这样就会发生水跃。在水跃发生的地方，动能爆发性的转化为湍流和势能。

• 对于坡度比较平缓并且有坝或引水渠等固定建筑的河道，可以通过临界流建立水位和流量的关系。大坝或引水渠的$Q-H$通用关系式是$Q=CH^n$，其中n取值为$\frac{3}{2}$或$\frac{5}{2}$。

• 大坝或引水渠的$Q-H$关系式中，H的推导过程总是带有一个指数$\frac{1}{2}$或$\frac{1}{2}$的倍数（$\frac{3}{2}$或$\frac{5}{2}$）。地表径流中流速水头$h_v=\frac{v^2}{2g}$是非常重要的。这个观察结果明确区分了地表径流方程和壤中流方程，其中达西定律、达西-伯金汉姆、拉普拉斯和理查德方程中的指数Δh都是整数1或者2，从来没有$\frac{1}{2}$或$\frac{1}{2}$的倍数。

• 河床负载的粒子流（沙子、石头）沿着河床滚动、冲刷、和/或跳跃（跳跃式前进）：粒子流（黏土、淤泥）的悬移质（漂浮在水上）悬浮在河床上面。和堰堤相比水槽的一个优点就是可以在很大程度上清洗自己。

• $S-Q$的关系式$S=\frac{Q^n}{\alpha}$（S为水库蓄量）中，对于坝体内出水口较低的人工$n=2$，地下水枯竭或水库汛限水位以下的情况$n=1$，溢流人工湖$n=\frac{2}{3}$(L·s^{-1})，河流中盐溶液的浓度单位为（mg·L^{-1}）。恒速注入法是依据质量平衡或化学混合模型，注入点上游的输盐率（mg·s^{-1}）和注入点的输盐率（mg·s^{-1}）加起来一定会等于在下游某个点的输盐率（mg·s^{-1}）（如果在测点位置以上没有向下或向上的渗漏的话）。

• $Q-H$也是水位流量关系（关系式需要反过来）。H是水位或水面高度可以用设备中的编码器、数据记录器；后者的优势是可以减轻由湍流引起的振荡，确定流量Q的技术有很多，比如：通过流速与面积关系的电磁流速仪和声学多普勒流速剖面仪（ADCPs）。

• 盐液稀释测流法比较适合测山区河流的湍流，流量由含氯化钠（NaCl）水流的稀释程度决定。盐液稀释测流的两种方法是恒速注入和段塞注入。

• 恒速注入就是将溶液以恒定的速度或流量加到河流中。河流的输盐率（mg·s^{-1}）等于流过断面(大坝或河槽)的流量与盐浓度的乘积。大坝或河槽的 $Q-H$ 通用关系式是 $Q=CH^n$,其中 n 取值为 $\frac{3}{2}$ 或 $\frac{5}{2}$。

• 段塞注入(杯注入),就是一个段塞或大口杯里的盐溶液瞬间全部倒进河流里:由段塞引起的盐水波通过河道传递到下游,通过测量盐水波的电导率或 $EC(\mu S \cdot cm^{-1})$ 就可以确定水流的速度。

• 在一条或多条河流纵剖面选择很多测点来测量 EC,并把用这种方式得到的 EC 数据画在河流纵剖面的示图或地图上,画出的图就是 $EC-$ 流线。这个流线可以为一些关于含有高浓度不同化学成分的地下水向上渗流提供有用的信息。

• 混合化学模型也可以用来测量支流的水流速度。因此,我们必须知道某个断面的流速,而且这个支流的流速可以用电导率或溶液中非活性离子来测量。为了成功应用这个模型,不同支流中电导率或溶液浓度应该明显不同。

• 水位流量关系或 $Q-H$ 关系曲线一般用能量方程表示:$Q=a(H-H_0)^b$,其中 H_0 流量为零时最高水位。a 和 b 的值可以对改写后的能量方程求对数得到。

• $Q-H$ 的水位流量关系曲线的敏感性是滞后的,因此平衡状态是和物理系数的发展史相关的。如果有足够多的数据资料可用,就会建议大家把水位上升阶段和下降阶段分开分析——换句话说,就是一个水位曲线上升和下降部分。

• 河流的流量(或部分流量;$m^3 \cdot s^{-1}$)是由于水流快速流入产生的,这部分水流称为快速流:这些快速流过程的水量(m^3),决定它们是不是快速流。

• 河流的流量(或部分流量;$m^3 \cdot s^{-1}$)是由水流缓慢流入河道引起的,对这个过程最好的定义是缓流,但是通常被称为基流;与之相关的流量(m^3)我们成为基流流量。

• 长期有水流通过的河流称为常年性河流,一条河流只有在降雨、融雪期间或降雨、融雪后才有水流流过就称之为季节性河流;因此季节性河流没有基流,只有快速流。处于这两个极端河流之间的称为间歇性河流,这些河流在一年中的湿润期会有水流。

• 常年性或间歇性河流的退水曲线,既可以解释成一个水库快速出流也可以解释成水库基流。分离点处已经没有快速流,从水库里流出来的只有基流。当水库出流以快速流为主时,洪峰过后退水曲线的第一部分可以简单地理解为容器出流的快速流。

• 有多种方法可以把流量过程线分割成快速速和基流:恒定斜率拐点法是假定基流中存在一个对降雨的立即响应并连接退水曲线带有拐点(作为分割点)的涨水段的起始点,拐点的位置和一个时间点有关,在这个时间点 $\ln Q_t$ 对应时间 t 的半对数斜率是变化的。

概念性降雨径流模型是一个用简单的物理概念或原理来模拟降雨径流关系的模型。

汇流时间指整个流域的快速径流所需要的时间。

时间—区域模型引入水流流程概念和迭加原理来模拟流域快速径流 Q_q,时间—区域模型最好应用在小城区,如停车场和机场。

由地下水补给的河道,$S-Q$ 关系是线性的($n=1$):$S=Q/\alpha$ 或者 $S_t=Q_t/\alpha$;α 为河道退水曲线段的退水系数,这样的退水曲线数学上描述为 $Q_t=Q_0 e^{-\alpha t}$,$t=0$ 是退水开始时间。

线性水库是指水库贮存量与水库出流量之间是线性相关的,故而在式 $S=Q^n/\alpha$ 中 n 为 1。基于线性水库的降雨径流模型一般用于模拟小流域的基流。

指数水库模型引入土壤水亏空来模拟小流域的壤中流,土壤水亏空($\leqslant 0$)指现存土壤水量

(mm)与土壤能够持有的水量之间的差值,即现存土壤水量(mm)与存储能力(mm)之间的差值。

径流历时曲线是一个描述性工具,其中,选定河流的水文站的日径流或周径流通常按它们发生的频次进行排列。一般地,通过用径流量值除以研究期内的平均径流值,我们将径流历时曲线转换到一个无量纲的径流历时曲线。

洪水频率曲线表示某个特定地点的洪水大小和重现期或复发间隔时间之间的关系,此曲线对水文设计是重要的,例如,确定平均每1250年遭遇一次洪水淹没的堤坝设计高度,1250年被称为重现期或复发间隔时间。

地面径流可能是饱和过剩地表径流(Dunne坡面流)或超渗地表径流(霍顿地表径流)。发生饱和过剩地表径流的条件是下渗水量(mm)超过土壤蓄水能力(mm),发生超渗地表径流的条件是降雨强度($mm \cdot h^{-1}$)大于土壤下渗率($mm \cdot h^{-1}$)。

地下水位抬高至地表对于湿润气候下产生饱和过剩地表径流是一个非常重要的条件。地形辐合放大了地下水位上涨过程。地形辐合带可以是山坡凹陷或地形塌陷,即,平面或片断上的凹陷。应该注意,当水沿较薄的土壤表层向下流动时,垂直方向流路的延长、水力梯度的减少也会引起这种辐合机制。变水源区是对于快速径流有贡献的土壤水分饱和区,在多场或单场暴雨中,这些饱和区域的面积会发生扩张或缩小,变水源区一般位于河网附近并补给河网。

后　记

水文学的重点领域在于水文循环的陆地部分。水文学旨在研究地球表面与地下的水的发生、运动和组成（荷兰皇家艺术与科学院，2005）：它在地球系统研究中起着核心作用，涉及许多其他领域，如气候学、气象学、流体力学、沉积学、水质化学、生态学，等等。

在所有领域，无论学习这本书的学生或读者是什么背景，都不会后悔学习水文学，因为无论现在还是将来，水及与水相关的问题是非常重要的。

天气，大尺度上称之为气候变化，会影响水系统，反之亦然，所以我们必须不断适应。洪水和干旱，温室气体的排放，植物和土壤呼吸，碳循环，可用于农业的淡水资源，咸水入侵，与水有关的疾病，持续获得安全饮用水，充分的卫生服务，生态系统恶化，地下水质恶化，水土流失，污染，生物修复治理，优先流，放射性废物处理，土壤和地下水系统中的天然气运输，水管理，等等，所有这些，不分先后，都与水文学有关。

本书介绍了一些被作者所欣赏的水文物理概念。书中涉及很多方面，但还不够，因为水文学的内容实在太多！作者希望为读者提供一种有意义的、愉快的方式来阅读这本书，而对那些想要以某种特定方式更深入地学习水文的人来说则是个开头。

C　概念工具包(Conceptual toolkit)

C1　常用的基础数学公式

$a^0 = 1$　if $a \neq 0$

$\sqrt{a} = a^{\frac{1}{2}}$　if $a \geqslant 0$

$a^{-x} = \dfrac{1}{a^x}$　if $a \neq 0$

$\dfrac{1}{\sqrt{a}} = a^{-\frac{1}{2}}$　if $a > 0$

$a^x a^y = a^{x+y}$

$\dfrac{a^x}{a^y} = a^{x-y}$　if $a \neq 0$

$(a^x)^y = a^{xy}$

$(a+b)^2 = a^2 + 2ab + b^2$

$(a-b)^2 = a^2 - 2ab + b^2$

$a^2 - b^2 = (a+b)(a-b)$

$(ab)^x = a^x b^x$

$a(b+c) = ab + ac$

$ax^2 + bx + c = 0 (a \neq 0)$　$\Rightarrow x = \dfrac{-b \pm \sqrt{b^2 - 4ac}}{2a}$

$\lg 10^a = a$　$\lg 10 = \lg 10^1 = 1$　$\lg 1 = \lg 10^0 = 0$

$b = 10^a$　$\Rightarrow$　$\lg b = \lg 10^a = a$

$a = \lg b$　$\Rightarrow$　$b = 10^a$

$\lg ab = \lg a + \lg b$

$\lg \dfrac{a}{b} = \lg a - \lg b$

$\lg a^b = b \lg a$

$\lg \dfrac{1}{a} = \lg a^{-1} = -\lg a$

$e = 2.71828\cdots$

$\ln e^a = a$　$\ln e = \ln e^1 = 1$　$\ln 1 = \ln e^0 = 0$

$b = e^a$　$\Rightarrow$　$\ln b = \ln e^a = a$

$a = \ln b$　$\Rightarrow$　$b = e^a$

$\ln ab = \ln a + \ln b$

$$\ln \frac{a}{b} = \ln a - \ln b$$

$$\ln a^b = b\ln a$$

$$\ln \frac{1}{a} = \ln a^{-1} = -\ln a$$

$$\ln a = (\ln 10) \times (\lg a)$$

$$\pi = 3.14159\cdots$$

圆面积 $=\pi r^2$，r 为圆半径

圆周长 $=2\pi r$，r 为圆半径

C2 数学微积分

C2.1 自由落体

当 $t=0$ s，水滴开始降落。我们假设水滴降落不受摩擦干扰，在途中也没有蒸发。以下叙述中所有变量都用的绝对值(大于或等于 0)，不管过程的方向。$t=0$ s 时，$v_0=0$ m・s^{-1}。$t=1$ s 时，重力加速度约等于 9.8 m・s^{-2}，这使 $v_1=9.8$ m・s^{-1}。$t=2$ s 时，$v_2=9.8+9.8=19.6$ m・s^{-1}。$t=3$ s 时，$v_3=3\times9.8=29.4$ m・s^{-1}，以此类推。

用线性方程表示：

$$v = gt \qquad\qquad (C2.1)$$

式中，v 为速度(m・s^{-1})；g 为重力加速度≈ 9.8 m・s^{-2}；t 为时间(s)。

3 s 后水滴会降落多少？

这 3 s 的平均速度为：

$$\bar{v} = \frac{v_0 + v_3}{2} = \frac{v_3}{2} = \frac{29.4}{2} = 14.7 \text{ m/s}$$

式中，$\bar{v}$ 为平均速度(m・s^{-1})；v_0 为 0 秒时的速度(m・s^{-1})；v_3 为 3 秒时的速度(m・s^{-1})。

垂直降落距离 z(m)等于降落时间(s)乘以平均速度(m・s^{-1})：

$$z = t\bar{v} = t\frac{v_3}{2} = 3\times\frac{29.4}{2} = 44.1\text{m}$$

一般地

$$z = t\frac{v}{2} \qquad\qquad (C2.2)$$

式中，z 为垂直方向上降落距离(m)；t 为降落时间(s)；v 为 t 秒时的速度(m・s^{-1})。

将方程 C2.1 代入方程 C2.2 得到二次方程：

$$z = \frac{1}{2}gt^2 \qquad\qquad (C2.3)$$

当在时间上有一个小增量 Δt 后，距离 z 也会有一个小增量 Δz 的变化；当时间为 $t+\Delta t$ 时，距离则为 $z+\Delta z$。

将 $z=z+\Delta z$ 和 $t=t+\Delta t$ 代入方程 C2.3(一些代数规则见 C1)，得到：

$$z + \Delta z = \frac{1}{2}g(t+\Delta t)^2 = \frac{1}{2}g(t^2 + 2t\Delta t + (\Delta t)^2)$$

结合方程 C2.3 给出：

$$\Delta z = (z + \Delta z) - z = \frac{1}{2}g(t^2 + 2t\Delta t + (\Delta t)^2) - \frac{1}{2}g(t^2) = \frac{1}{2}g(2t\Delta t + (\Delta t)^2) = \frac{1}{2}g\Delta t(2t + \Delta t)$$

$\Delta z/\Delta t$ 是 $z(t)$ 在 Δt 时间内变化率的均值。上面的方程也可以改写成下面的形式：

$$\frac{\Delta z}{\Delta t} = \frac{1}{2}g(2t + \Delta t) = gt + \frac{1}{2}g\Delta t$$

当 Δt 的取值很小时，可以把 $\dfrac{\mathrm{d}z}{\mathrm{d}t}$ 定义为当 Δt 趋近于零时 $\Delta z/\Delta t$ 的极限。用数学符号记为：

$$\frac{\mathrm{d}z}{\mathrm{d}t} = \lim_{\Delta t \to 0} \frac{\Delta z}{\Delta t} \tag{C2.4}$$

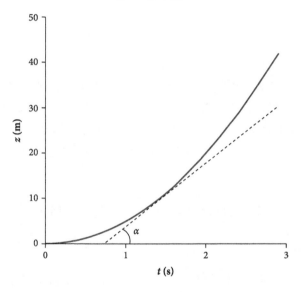

对于降落的水滴，给出下面的方程：

$$\frac{\mathrm{d}z}{\mathrm{d}t} = \lim_{\Delta t \to 0} \frac{\Delta z}{\Delta t} = \lim_{\Delta t \to 0}\left(gt + \frac{1}{2}g\Delta t\right) = gt \Rightarrow \frac{\mathrm{d}z}{\mathrm{d}t} = gt$$

这是（数学上）微分，已经采用方程 C2.1 中 t 秒后降落速度为 $v(\mathrm{m \cdot s^{-1}})$ 的雨滴的垂直下落距离 $z(\mathrm{m})$ 改写了方程 C2.3。

数学式子：

$$v = \frac{\mathrm{d}z}{\mathrm{d}t} = gt \tag{C2.5}$$

$\mathrm{d}z/\mathrm{d}t$ 是 $z(t)$ 在一个特定时间 t 的变化率，等于切线的斜率，是直接接触曲线的直线，而不是割线（见上图）。

根据早期的理论：如果时间有小幅度的增加 Δt，速度 v 也有一个小的增量 Δv；过了 $t + \Delta t$ 秒后，速度等于 $v + \Delta v$。

将 $v = v + \Delta v$ 和 $t = t + \Delta t$ 代入方程 C2.1 得出：

$$v + \Delta v = g(t + \Delta t) = gt + g\Delta t$$

这个再结合方程 C2.1 得出：

$$\Delta v = (v + \Delta v) - v = gt + g\Delta t - gt = g\Delta t \Rightarrow \frac{\Delta v}{\Delta t} = g$$

和

$$\frac{dv}{dt} = \lim_{\Delta t \to 0} \frac{\Delta v}{\Delta t} \lim_{\Delta t \to 0} g = g \quad \Rightarrow \frac{dv}{dt} = g$$

结合方程 C2.5 得到方程:

$$\frac{dv}{dt} = \frac{d}{dt}\left(\frac{dz}{dt}\right)\frac{d^2z}{dt^2} = g \approx 9.8 \text{ m} \cdot \text{s}^{-2} \quad （常数） \quad (C2.6)$$

概括一下:

$$z = \frac{1}{2}gt^2$$

$$v = \frac{dz}{dt} = gt$$

$$g = \frac{dv}{dt} = \frac{d}{dt}\left(\frac{dz}{dt}\right) = \frac{d^2z}{dt^2}$$

因此,对距离 z(m)求导就可以得到速度 v(m·s^{-1}),对速度 v(m·s^{-1})求导就可以得到重力加速度 g(m·s^{-2})。

$\dfrac{dz}{dt}$ 是 $z(t)$ 的一阶导数。

$\dfrac{dv}{dt}$ 是 $v(t)$ 的一阶导数。

$\dfrac{d}{dt}\left(\dfrac{dz}{dt}\right) = \dfrac{d^2z}{dt^2}$ 是 $z(t)$ 的二阶导数。

C2.2 常微分

一个变量的导数是通过乘以这个变量的指数得出的,然后再用指数减去 1:常数(C)的导数是零。

数学表达式(n 和 C 是常数):

$$\frac{d(x^n)}{dx} = nx^{n-1} \quad (C2.7)$$

$$\frac{dC}{dx} = 0 \quad (C2.8)$$

和 C2.1 很相似,但是现在也可以通过直接应用方程 C2.7 和 C2.8,得到下列函数(一个变量)的导数(C 和 a 是常数):

$$v = t^1 \quad \Rightarrow \frac{dv}{dt} = 1 \times t^0 = 1$$

$$v = C \quad \Rightarrow \frac{dv}{dt} = 0$$

$$v = t^1 + 3 \quad \Rightarrow \frac{dv}{dt} = 1 \times t^0 + 0 = 1$$

$$z = t^2 - 5 \quad \Rightarrow \frac{dz}{dt} = 2t^1 = 2t$$

$$z = at^2 + 7 \quad \Rightarrow \frac{\mathrm{d}z}{\mathrm{d}t} = 2at$$

$$z = \frac{1}{4}at^2 + 10 \quad \Rightarrow \frac{\mathrm{d}z}{\mathrm{d}t} = \frac{1}{2}at$$

$$y = x^3 - 3 \quad \Rightarrow \frac{\mathrm{d}y}{\mathrm{d}x} = 3x^2$$

$$y = x^4 + 2 \quad \Rightarrow \frac{\mathrm{d}y}{\mathrm{d}x} = 4x^3$$

$$h = \sqrt{x} + 3 = x^{\frac{1}{2}} + 3 \quad \Rightarrow \frac{\mathrm{d}h}{\mathrm{d}x} = \frac{1}{2}x^{-\frac{1}{2}} = \frac{1}{2\sqrt{x}}$$

$$h = x^3 + 4x^2 + 2x - 5 \quad \Rightarrow \frac{\mathrm{d}h}{\mathrm{d}x} = 3x^2 + 8x + 2 \quad \Rightarrow \frac{\mathrm{d}^2 h}{\mathrm{d}x^2} = 6x + 8$$

常数项放在微分的外面：

$$\frac{\mathrm{d}(Cf(x))}{\mathrm{d}x} = C\frac{\mathrm{d}(f(x))}{\mathrm{d}x} \tag{C2.9}$$

另外一个通用的微分公式：

$$h = \ln r \quad \Rightarrow \frac{\mathrm{d}h}{\mathrm{d}r} = \frac{\mathrm{d}(\ln r)}{\mathrm{d}x} = \quad \frac{1}{r} \tag{C2.10}$$

$R =$ 常数（参考 C1 节的数学规则）方程 C2.10 的一个例子：

$$\frac{\mathrm{d}\left(\ln\frac{r}{R}\right)}{\mathrm{d}r} = \frac{\mathrm{d}(\ln r - \ln R)}{\mathrm{d}r} = \frac{\mathrm{d}(\ln r)}{\mathrm{d}r} = \frac{1}{r}$$

另外一个通用的公式：

$$h = \mathrm{e}^x \quad \Rightarrow \frac{\mathrm{d}h}{\mathrm{d}x} = \frac{\mathrm{d}(e^x)}{\mathrm{d}x} = \mathrm{e}^x \tag{C2.11}$$

C2.3　链式法则

　　（数学）微分一个很重要的工具是链式法则。链式法则是指 $h(x)$ 的导数等于 $h(z)$ 的导数乘以 $z(x)$ 的导数。

　　数学表达式：

$$\frac{\mathrm{d}h}{\mathrm{d}x} = \frac{\mathrm{d}h}{\mathrm{d}z}\frac{\mathrm{d}z}{\mathrm{d}x} \tag{C2.12}$$

链式法则应用实例：

$$h = \mathrm{e}^{\frac{x}{\lambda}} \quad \Rightarrow z = \frac{x}{\lambda} \quad \frac{\mathrm{d}h}{\mathrm{d}z} = \mathrm{e}^z \quad \frac{\mathrm{d}z}{\mathrm{d}x} = \frac{1}{\lambda} \quad \Rightarrow \frac{\mathrm{d}h}{\mathrm{d}x} = \mathrm{e}^z\frac{1}{\lambda} = \frac{1}{\lambda}\mathrm{e}^{\frac{x}{\lambda}}$$

$$h = \mathrm{e}^{\frac{-x}{\lambda}} \quad \Rightarrow z = -\frac{x}{\lambda} \quad \frac{\mathrm{d}h}{\mathrm{d}z} = \mathrm{e}^z \quad \frac{\mathrm{d}z}{\mathrm{d}x} = -\frac{1}{\lambda} \quad \Rightarrow \frac{\mathrm{d}h}{\mathrm{d}x} = \mathrm{e}^z\frac{-1}{\lambda} = -\frac{1}{\lambda}\mathrm{e}^{\frac{-x}{\lambda}}$$

C_1 和 C_2 是常数：

$$h^2 = C_1 x + C_2 \quad \Rightarrow h = (C_1 x + C_2)^{\frac{1}{2}} = z^{\frac{1}{2}} \quad z = C_1 x + C_2 \quad \frac{\mathrm{d}h}{\mathrm{d}z} = \frac{1}{2}z^{\frac{1}{2}} \quad \frac{\mathrm{d}z}{\mathrm{d}x} = C_1$$

$$\Rightarrow \frac{\mathrm{d}h}{\mathrm{d}x} = \frac{1}{2}z^{-\frac{1}{2}}C_1 = \frac{1}{2}C_1(C_1 x + C_2)^{-\frac{1}{2}}$$

或者：

$$y = h^2 = C_1 x + C_2 \quad \Rightarrow 链式法则: \frac{\mathrm{d}h^2}{\mathrm{d}x} = \frac{\mathrm{d}h^2}{\mathrm{d}h} \frac{\mathrm{d}h}{\mathrm{d}x} \qquad \frac{\mathrm{d}y}{\mathrm{d}x} = \frac{\mathrm{d}h^2}{\mathrm{d}x} = C_1$$

$$\frac{\mathrm{d}h^2}{\mathrm{d}h} = 2h \quad \Rightarrow \frac{\mathrm{d}h^2}{\mathrm{d}x} = 2h \frac{\mathrm{d}h}{\mathrm{d}x} \quad \Rightarrow h \frac{\mathrm{d}h}{\mathrm{d}x} = \frac{1}{2} \frac{\mathrm{d}h^2}{\mathrm{d}x} = \frac{1}{2} C_1$$

$$h = (C_1 x + C_2)^{\frac{1}{2}} \quad \Rightarrow \frac{\mathrm{d}h}{\mathrm{d}x} = \frac{h \dfrac{\mathrm{d}h}{\mathrm{d}x}}{h} = \frac{1}{2} C_1 (C_1 x + C_2)^{-\frac{1}{2}}$$

C2.4 积商法则

两个函数的积求导用的就是乘积法则:

$$\frac{\mathrm{d}(f(x)g(x))}{\mathrm{d}x} = \frac{\mathrm{d}(f(x))}{\mathrm{d}x} g(x) + f(x) \frac{\mathrm{d}(g(x))}{\mathrm{d}x} \tag{C2.13}$$

两个函数的商求导用的就是商法则:

$$\frac{\mathrm{d}\left(\dfrac{f(x)}{g(x)}\right)}{\mathrm{d}x} = \frac{\dfrac{\mathrm{d}(f(x))}{\mathrm{d}x} g(x) - f(x) \dfrac{\mathrm{d}(g(x))}{\mathrm{d}x}}{(g(x))^2} \tag{C2.14}$$

C2.5 微分计算实例

用链式法则和方程 2.3 的微分方程 C2.11 和 C2.14 计算第 2 章的方程 B2.2.3
方程 B2.2.3 如下:

$$e_s = 0.6108 \mathrm{e}^{\frac{17.27T}{237.3+T}}$$

$\Delta = \mathrm{d}e_s / \mathrm{d}T$ 是饱和压力曲线(k·Pa·℃$^{-1}$)的斜率。

链式法则:$\dfrac{\mathrm{d}e_s}{\mathrm{d}T} = \dfrac{\mathrm{d}e_s}{\mathrm{d}z} \dfrac{\mathrm{d}z}{\mathrm{d}T}$

$$e_s = 0.6108 \mathrm{e}^z \quad z = \frac{17.27T}{237.3+T} = \frac{f(T)}{g(T)} \quad \frac{\mathrm{d}e_s}{\mathrm{d}z} = 0.6108 \mathrm{e}^z = e_s$$

$$f(T) = 17.27T \quad g(T) = 237.3 + T \quad \frac{\mathrm{d}(f(T))}{\mathrm{d}T} = 17.27 \quad \frac{\mathrm{d}(g(T))}{\mathrm{d}T} = 1$$

插入商法则

$$\frac{\mathrm{d}z}{\mathrm{d}T} = \frac{\mathrm{d}\left(\dfrac{f(T)}{g(T)}\right)}{\mathrm{d}T} = \frac{\dfrac{\mathrm{d}(f(T))}{\mathrm{d}T} g(T) - (g(T))^2 f(T) \dfrac{\mathrm{d}(g(T))}{\mathrm{d}T}}{(g(T))^2} = \frac{17.27(237.3+T) - (17.27T \times 1)}{(237.3+T)^2}$$

$$\frac{\mathrm{d}e_s}{\mathrm{d}T} = \frac{\mathrm{d}e_s}{\mathrm{d}z} \frac{\mathrm{d}z}{\mathrm{d}T} = e_s \frac{4098 + 17.27T - 17.27T}{(237.3+T)^2} = \frac{4098 e_s}{(237.3+T)^2}$$

可以对第 2 章方程 2.3 进行求解:

$$\Delta = \frac{4098 e_s}{(237.3+T)^2}$$

式中,Δ 为饱和压力曲线(k·Pa·℃$^{-1}$)的斜率。

C2.6 微分的数学表达式

$\dfrac{\mathrm{d}h}{\mathrm{d}x}$ 是 $h(x)$ 的一阶导数。

$\dfrac{\mathrm{d}h^2}{\mathrm{d}x}$ 是 $h^2(x)$ 的一阶导数。

$\dfrac{\mathrm{d}^2 h}{\mathrm{d}x^2} = \dfrac{\mathrm{d}}{\mathrm{d}x}\left(\dfrac{\mathrm{d}h}{\mathrm{d}x}\right)$ 是 $h(x)$ 的二阶导数。

$\dfrac{\mathrm{d}^2 h^2}{\mathrm{d}x^2} = \dfrac{\mathrm{d}}{\mathrm{d}x}\left(\dfrac{\mathrm{d}h^2}{\mathrm{d}x}\right)$ 是 $h^2(x)$ 的二阶导数。

C2.7　函数的最大、最小值

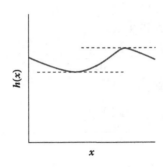

$\mathrm{d}h/\mathrm{d}x$ 是 $h(x)$ 在特定距离 x 处的变化率，等于切线的斜率 $h(x)$。

如果在指定的距离 x，$\mathrm{d}h/\mathrm{d}x=0$，指定距离处的切线的斜率就比较小；如上图所示这说明在这个指定的距离，$h(x)$ 有一个（局部）最小值或最大值。

C2.8　积分

如果把（数学）微分比喻是"下台阶"，那么（数学）积分就是"上台阶"。

由于常数（C）的微分为零（参考方程 C2.8），那么 0 的积分就是一个未知的常数。一个变量的积分可以通过指数加 1 除以新的指数值，然后再加一个常数（C）。

数学表达式为（a、n 和 C 都是常数）：

$$\int ax^n \mathrm{d}x = \int ax^n + 0\,\mathrm{d}x = x^{n+1} \times \frac{a}{n+1} + C = \frac{a}{n+1} \times x^{n+1} + C \qquad (C2.15)$$

$$\int 0\,\mathrm{d}x = \int 0 \times x^0 \mathrm{d}x = x^1 \times \frac{0}{1} + C = 0 + C = C \qquad (2.16)$$

方程 C2.15 是方程 2.7 的反过程，方程 C2.16 是方程 2.8 的反过程。

C2.9　积分例子

下面是一些积分的例子（这些例子可以和 C2.2 中的通用微分比较一下；C、C_1、C_2、g 和 a 都是常数）：

$$\int 1\,\mathrm{d}t = \int 1 \times t^0 \mathrm{d}t = t^1 \times \frac{1}{1} + C = t + C$$

$$\int 2\,\mathrm{d}t = \int 2 \times t^0 \mathrm{d}t = t^1 \times \frac{2}{1} + C = 2t + C$$

$$\int C_1\,\mathrm{d}t = \int C_1 \times t^0 \mathrm{d}t = t^1 \times \frac{C_1}{1} + C_2 = C_1 t + C_2$$

$$\int g\,dt = gt + C$$

$$\int 2t\,dt = \int 2 \times t^1\,dt = t^2 \times \frac{2}{2} + C = t^2 + C$$

$$\int 2at\,dt = \int 2a \times t^1\,dt = t^2 \times \frac{2a}{2} + C = at^2 + C$$

$$\int gt\,dt = \frac{1}{2}gt^2 + C$$

$$\int \frac{1}{2}at\,dt = \int \frac{1}{2}a \times t^1\,dt = t^2 \times \frac{\frac{1}{2}a}{2} + C = \frac{1}{4}at^2 + C$$

$$\int x^2\,dx = x^3 \times \frac{1}{3} + C = \frac{1}{3}x^3 + C$$

$$\int 3x^2\,dx = x^3 \times \frac{3}{3} + C = x^3 + C$$

$$\int x^3\,dx = x^4 \times \frac{1}{4} + C = \frac{1}{4}x^4 + C$$

$$\int \sqrt{x}\,dx = \int x^{\frac{1}{2}}\,dx = x^{\frac{3}{2}} \times \frac{1}{\frac{3}{2}} + C = \frac{2}{3}x^{\frac{3}{2}} + C = \frac{2}{3}x\sqrt{x} + C$$

$$\int \frac{1}{2\sqrt{x}}\,dx = \int \frac{1}{2}x^{-\frac{1}{2}}\,dx = x^{\frac{1}{2}} \times \frac{\frac{1}{2}}{\frac{1}{2}} + C = \sqrt{x} + C$$

$$\int \frac{1}{\sqrt{x}}\,dx = \int x^{-\frac{1}{2}}\,dx = x^{\frac{1}{2}} \times \frac{1}{\frac{1}{2}} + C = 2\sqrt{x} + C$$

$$\int 6x + 8\,dx = 3x^2 + 8x + C_1$$

$$\int 3x^2 + 8x + C_1\,dx = x^3 + 4x^2 + C_1 x + C_2$$

C2.10 定积分

回顾一下前面提到的雨滴下落。

用下面的公式对 z(m)求导,可以得出出速度 v(m·s^{-1})

$$v = \frac{dz}{dt} = \frac{d\left(\frac{1}{2}gt^2\right)}{dt} = gt \tag{C2.17}$$

用下面的公式对速度 v(m·s^{-1})进行积分,就可以得出距离 z(m)

$$z = \int v\,dt = \int gt\,dt = \frac{1}{2}gt^2 + C \tag{C2.18}$$

从上面的这些公式,可以计算($g \approx 9.8$ m·s^{-2}):

$t = 0$ s,$v_0 = 0$ m·s^{-1} 和 $z_0 = 0 + C_m$。

$t = 1$ s,$v_1 = 9.8$ m·s^{-1} 和 $z_1 = 4.9 + C_m$。

$t = 2$ s，$v_2 = 19.6$ m • s^{-1} 和 $z_{21} = 19.6 + C_m$。

$t = 3$ s，$v_3 = 29.4$ m • s^{-1} 和 $z_3 = 44.1 + C_m$。

在 $t = 0$ s 和 $t = 1$ s 之间，水滴下落得高度为：$4.9 + C - (0 + C) = 4.9$ m。

在 $t = 1$ s 和 $t = 2$ s 之间，水滴下落得高度为：$19.6 + C - (4.9 + C) = 14.7$ m。

在 $t = 2$ s 和 $t = 3$ s 之间，水滴下落得高度为：$44.1 + C - (19.6 + C) = 24.5$ m。

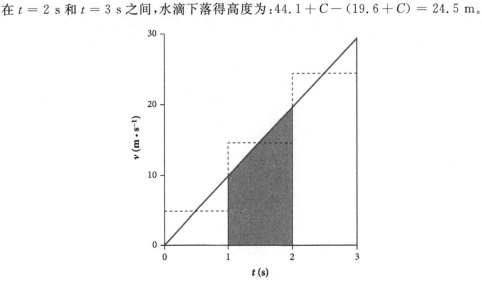

当只考虑时间步长 $\Delta t = (t_2 = t_1)$ 时，忽略了常数 C，而且在 $t = t_1$ 秒和 $t = t_2$ 秒之间水滴下落的高度是 $z(t_2) - z(t_1) = \Delta z$。$\Delta z$ 的这些值都是通过定积分求出来的：

$$\Delta z = \int_{t_1}^{t_2} v \mathrm{d}t = \int_{t_1}^{t_2} gt \, \mathrm{d}t = \frac{1}{2}gt_2^2 - \frac{1}{2}gt_1^2 \qquad (\text{C2.19})$$

例如，在 $t_1 = 1$ s 和 $t_2 = 2$ s 之间，也可以写出下面的方程：

$$\Delta z = \int_1^2 v \mathrm{d}t = \int_1^2 gt \, \mathrm{d}t = (\frac{1}{2}g \times 2^2) - (\frac{1}{2}g \times 1^2) = 19.6 - 4.9 = 14.7 \text{m}$$

定积分的计算结果和（直线）曲线 $v = gt$ 下面在 $t = 1$ s 和 2 s 之间的面积是相同的，这一点从上图可以很明显看出来。

一般对于所有的平滑曲线函数 $f(t)$：

$$\text{在时间 } t_1 \text{ 和 } t_2 \text{ 之间曲线 } f(t) \text{ 下面的面积} = \int_{t_1}^{t_2} f(t) \mathrm{d}t \qquad (\text{C2.20})$$

对于较小的时间步长 Δt 平滑曲线下面的面积可以转换成矩形面积。在上图中，矩形算法已经应用于时间步长 Δt 为 1 s 的 $v(t)$ 中。

C2.11 积分的更多例子

由于积分和微分的计算过程是相反的（见方程 C2.10 和 C2.11）：

$$\int \frac{1}{r} \mathrm{d}r = \ln r + C \qquad (\text{C2.21})$$

$$\int e^x \, dx = e^x + C \tag{C2.22}$$

链式法则(C2.3)的应用过程也是相反的：

$$\int e^{\frac{x}{\lambda}} \, dx = \lambda e^{\frac{x}{\lambda}} + C$$

$$\int e^{\frac{-x}{\lambda}} \, dx = -\lambda e^{\frac{-x}{\lambda}} + C$$

由于微分和积分是相反的计算过程，无论是微分还是积分的计算结果，都可以用对方来检验，因为这是可以提供原函数的。

C3 微分法则的重点参考

$$f = f(x) \qquad f' = \frac{df}{dx}$$

$$C \qquad 0$$

$$x \qquad 1$$

$$x^2 \qquad 2x$$

$$x^3 \qquad 3x^2$$

$$-\frac{1}{x} = -x^{-1} \qquad x^{-2} = \frac{1}{x^2}$$

$$x^n \qquad nx^{n-1}$$

$$\frac{x^{n+1}}{n+1} \qquad x^n$$

常数法则	Cf	Cf'
求和法则	$f \pm g$	$f' \pm g'$
求积法则	fg	$f'g + fg'$
商法则	$\dfrac{f}{g}$	$\dfrac{f'g - fg'}{g^2}$
链式法则	$y(z(x))$	$\dfrac{dy}{dx} = \dfrac{dy}{dz}\dfrac{dz}{dx}$
	e^x	e^x
	$\log_e x = \ln x$	$\dfrac{1}{x}$

M　数学工具箱(Mathematics toolboxes)

M1　两条平行线之间的承压含水层中有稳定的地下水流,可以完全渗透到水位不同的两条河流中

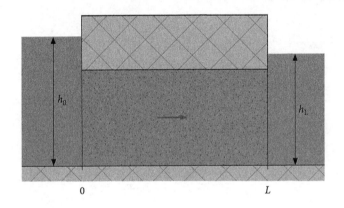

达西定律: $Q' = -KD(\mathrm{d}h/\mathrm{d}x)$

连续性: $Q' = $ 常数　$\Rightarrow -KD(\mathrm{d}h/\mathrm{d}x) = $ 常数

由于 K 和 D 是常数: $\mathrm{d}h/\mathrm{d}x = $ 常数 $= C_1$　$\Rightarrow h = C_1 x + C_2$

边界条件:

$$x = 0, 那么 h = h_0$$
$$x = L, 那么 h = h_L$$

可以得到:

$$h = \frac{h_L - h_0}{L} x + h_0$$

总之,对于承压含水层中两条平行线之间的稳定地下流,可以充分渗透到不同水位的河流中:

$$h = C_1 x + C_2$$

M2 非承压含水层中两条平行线之间的稳定地下流,可以充分渗透到不同水位的河流中

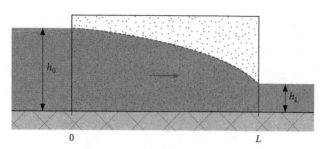

达西定律:$Q' = -Kh(\mathrm{d}h/\mathrm{d}x)$

连续性:$Q' = $ 常数 $\Rightarrow -Kh(\mathrm{d}h/\mathrm{d}x) = $ 常数

由于 K 是常数(但是 h 不是):

$$h\frac{\mathrm{d}h}{\mathrm{d}x} = 常数 \quad \Rightarrow \frac{\mathrm{d}}{\mathrm{d}x}\left(h\frac{\mathrm{d}h}{\mathrm{d}x}\right) = 0$$

因为

$$\frac{\mathrm{d}h^2}{\mathrm{d}x} = 2h\frac{\mathrm{d}h}{\mathrm{d}x}$$

链式法则方程 $\dfrac{\mathrm{d}y}{\mathrm{d}x} = \dfrac{\mathrm{d}y}{\mathrm{d}h}\dfrac{\mathrm{d}h}{\mathrm{d}x}$,给定 $y = h^2$,则 $\dfrac{\mathrm{d}h^2}{\mathrm{d}x} = \dfrac{\mathrm{d}h^2}{\mathrm{d}h}\dfrac{\mathrm{d}h}{\mathrm{d}x} = 2h\dfrac{\mathrm{d}h}{\mathrm{d}x}$

参考概念工具箱:

$$h\frac{\mathrm{d}h}{\mathrm{d}x} = \frac{1}{2}\frac{\mathrm{d}h^2}{\mathrm{d}x}$$

因此

$$\frac{\mathrm{d}}{\mathrm{d}x}\left(h\frac{\mathrm{d}h}{\mathrm{d}x}\right) = \frac{\mathrm{d}}{\mathrm{d}x}\left(\frac{1}{2}\frac{\mathrm{d}h^2}{\mathrm{d}x}\right) = 0 \ ; \ \frac{1}{2}\frac{\mathrm{d}^2 h^2}{\mathrm{d}x^2} = 0 \ ; \ \frac{\mathrm{d}^2 h^2}{\mathrm{d}x^2} = 0 \ ; \ \frac{\mathrm{d}h^2}{\mathrm{d}x} = 0 \ ; \ h^2 = C_1 x + C$$

边界条件:

$$x = 0 , 那么 \ h = h_0$$
$$x = L , 那么 \ h = h_L$$

可以得出:

$$h^2 = \frac{h_L^2 - h_0^2}{L}x + h_0^2$$

总之,对于承压含水层中两条平行线之间的稳定地下流,可以充分渗透到不同水位的河流中:

$$h^2 = C_1 x + C_2$$

M3　渗流含水层中的稳定地下水流

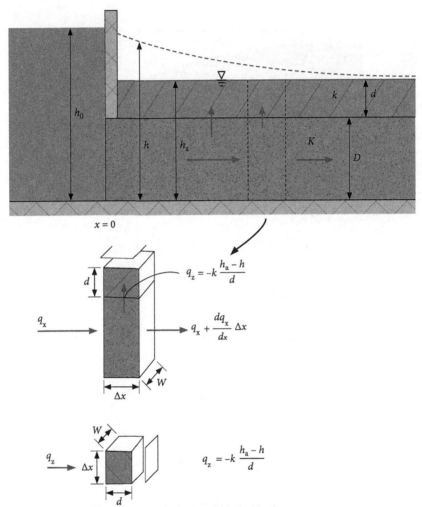

条纹垂直线之间地层体积的水平衡方程(连续方程)为:

$$Q'_{in,x} = Q'_{out,x} + Q'_{out,z}$$

x 方向上的输入体积通量为:$Q'_{in,x} = q_x D$。

$\mathrm{d}q_x / \mathrm{d}x$ 是 q_x 随 x 变化的速率(由于圩田中的渗流造成)。将此变化率乘以变化发生的距离 Δx,我们就得到了此段距离上总的变化$[(\mathrm{d}q_x/\mathrm{d}x)\Delta x]$。

x 方向上的输出体积通量为:

$$Q'_{out,x} = \left(q_x + \frac{\mathrm{d}q_x}{\mathrm{d}x}\Delta x \right)D$$

垂直 z 方向上的输出体积通量为:

$$Q'_{out,z} = q_z \Delta x = -k\frac{h_a - h}{d}\Delta x$$

因此水平衡方程(连续方程)为:

$$q_x D = \left(q_x + \frac{\mathrm{d}q_x}{\mathrm{d}x} \Delta x \right) D - k \frac{h_a - h}{d} \Delta x \quad \text{且 } q_x = -K \frac{\mathrm{d}h}{\mathrm{d}x}, c = \frac{d}{k}$$

得到：

$$\frac{\mathrm{d}\left(-K \dfrac{\mathrm{d}h}{\mathrm{d}x} \right)}{\mathrm{d}x} = \frac{h_a - h}{Dc}; \quad -K \frac{\mathrm{d}^2 h}{\mathrm{d}x^2} = \frac{h_a - h}{Dc}; \quad \frac{\mathrm{d}^2 h}{\mathrm{d}x^2} = \frac{h - h_a}{KDc}$$

如果我们定义 λ 为渗流系数即 $\sqrt{KDc}$（单位：长度），定义 f 为 $h - h_a$，那么：

$$\frac{\mathrm{d}^2 h}{\mathrm{d}x^2} = \frac{f}{\lambda^2}$$

由于 $h_a =$ 常数，

$$\frac{\mathrm{d}f}{\mathrm{d}x} = \frac{\mathrm{d}h}{\mathrm{d}x}$$

因此：

$$\frac{\mathrm{d}^2 h}{\mathrm{d}x^2} = \frac{\mathrm{d}^2 f}{\mathrm{d}x^2} = \frac{f}{\lambda^2}$$

为了确定与大坝距离 x 为函数的渗流含水层的水头 h，我们要求解 $\mathrm{d}^2 f/\mathrm{d}x^2 = f/\lambda^2$。由于圩田中存在渗流，我们预料含水层的水头 h 在 x 方向上是逐渐减小的。因此可能的解是 $f = \mathrm{e}^{x/\lambda}$ 或 $f = \mathrm{e}^{-x/\lambda}$。

如果解是 $f = \mathrm{e}^{x/\lambda}$，那么通过微分算法的反推可以得到：

$$\frac{\mathrm{d}f}{\mathrm{d}x} = \frac{\mathrm{e}^{\frac{x}{\lambda}}}{\lambda}$$

及

$$\frac{\mathrm{d}^2 f}{\mathrm{d}x^2} = \frac{\mathrm{e}^{\frac{x}{\lambda}}}{\lambda} = \frac{f}{\lambda^2}$$

这就是要解答的方程。

如果解是 $f = \mathrm{e}^{-x/\lambda}$，那么通过相同的反推可以得到：

$$\frac{\mathrm{d}f}{\mathrm{d}x} = \frac{\mathrm{e}^{\frac{-x}{\lambda}}}{-\lambda}$$

及

$$\frac{\mathrm{d}^2 f}{\mathrm{d}x^2} = \frac{\mathrm{e}^{\frac{-x}{\lambda}}}{\lambda^2} = \frac{f}{\lambda^2}$$

这就是要解答的方程。

由于两个解都是可能的，因此数学术语中的完整解为：

$$f = h - h_a = C_1 \mathrm{e}^{\frac{x}{\lambda}} + C_2 \mathrm{e}^{\frac{-x}{\lambda}}$$

也可以写为：

$$h = h_a + C_1 \mathrm{e}^{\frac{x}{\lambda}} + C_2 \mathrm{e}^{\frac{-x}{\lambda}}$$

如果边界条件如下：

$x = 0$ 时，$h = h_0 : h_0 = h_a + C_1 e^0 + C_2 e^0 = h_a + C_1 + C_2$；因此 $C_1 + C_2 = h_0 - h_a$

$x = \infty$ 时 $h = h_a : h_\infty = h_a + C_1 e^\infty + C_2 e^{-\infty}$；因此 $C_1 e^\infty + C_2 e^{-\infty} = h_\infty - h_a = h_a - h_a = 0$

那么 $C_1 e^\infty + C_2 e^{-\infty} = (C_1 \times \infty) + (C_2 \times 0) = 0 \Rightarrow C_1 = 0$，因此 $C_2 = h_0 - h_a$。

　　将 $C_1 = 0$ 和 $C_2 = h_0 - h_a$ 替换到上述公式

$$h = h_a + C_1 e^{\frac{x}{\lambda}} + C_2 e^{\frac{-x}{\lambda}}$$

得到：

$$h = h_a + (h_0 - h_a) e^{\frac{-x}{\lambda}}$$

　　总结一下，对于渗流含水层的稳定流：

$$h = h_a + C_1 e^{\frac{x}{\lambda}} + C_2 e^{\frac{-x}{\lambda}}$$

M4 两边为相同水位的平行全渗透渠道的补给、潜水含水层中的稳定地下水流

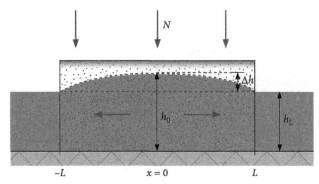

达西定律:$Q' = -Kh(\mathrm{d}h/\mathrm{d}x)$。

连续方程:$Q' = Nx$

将这两个公式联合起来得到:

$$Nx = -Kh\frac{\mathrm{d}h}{\mathrm{d}x}$$

将此公式改写为:

$$Nx\,\mathrm{d}x = -Kh\,\mathrm{d}h; \quad \int Nx\,\mathrm{d}x = \int -Kh\,\mathrm{d}h; \quad \frac{1}{2}Nx^2 = -\frac{1}{2}Kh^2 + C$$

$$h^2 = -\frac{N}{K}x^2 + C$$

边界条件:

$$x = 0 \text{ 时},h = h_0;h_0^2 = -\frac{N}{K}0^2 + C = C;C = h_0^2;\text{因此 } h^2 = -\frac{N}{K}x^2 + h_0^2$$

$$x = L \text{ 时},h = h_L;h_L^2 = -\frac{N}{K}L^2 + h_0^2;\text{因此 } L^2 = \frac{N}{K}(h_0^2 - h_L^2)$$

Δh 是凸面或不等压头,它是分水线上水位与渠道水位的差异:$\Delta h = h_0 - h_L$。

含水层的平均深度 $\overline{D}$ 可以利用下式估算:

$$\overline{D} = \frac{h_0 + h_L}{2};h_0 + h_L = 2\overline{D}$$

$$L^2 = \frac{K}{N}(h_0^2 - h_L^2) = \frac{K}{N}(h_0 + h_L)(h_0 - h_L) = \frac{K}{N}2\overline{D}\Delta h = \frac{2K\overline{D}\Delta h}{N};N = \frac{\Delta h}{\left(\frac{L^2}{2K\overline{D}}\right)}$$

总结一下,对于两边为相同水位的平行全渗透渠道的补给、非承压含水层中的稳定地下水流:

$$h^2 = -\frac{N}{K}x^2 + C$$

M5 两边为不同水位的平行全渗透渠道的补给、潜水含水层中的稳定地下水流

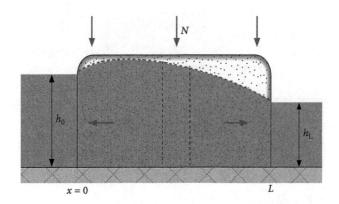

达西定律：

$$Q'_x = -K\left(h\frac{\mathrm{d}h}{\mathrm{d}x}\right)_x ; Q'_{x+\Delta x} = -K\left(h\frac{\mathrm{d}h}{\mathrm{d}x}\right)_{x+\Delta x}$$

h 随 x 变化的速率（$\mathrm{d}h/\mathrm{d}x$）可以表示为：

$$\frac{\mathrm{d}\left(h\frac{\mathrm{d}h}{\mathrm{d}x}\right)}{\mathrm{d}x}$$

将此变化率乘以变化发生的距离 Δx，我们就得到了此段距离上的总变化。

$$\frac{\mathrm{d}\left(h\frac{\mathrm{d}h}{\mathrm{d}x}\right)}{\mathrm{d}x}\Delta x$$

M3 中对于 $\mathrm{d}q_x/\mathrm{d}x$ 的推导过程中也用到了相同方法。因此：

$$Q'_{x+\Delta x} - Q'_x = -K\frac{\mathrm{d}\left(h\frac{\mathrm{d}h}{\mathrm{d}x}\right)}{\mathrm{d}x}\Delta x$$

连续方程：$Q'_{x+\Delta x} - Q'_x = N\Delta x$

将这两个公式联合起来得到：

$$-K\frac{\mathrm{d}\left(h\frac{\mathrm{d}h}{\mathrm{d}x}\right)}{\mathrm{d}x} = N$$

由于

$$\frac{\mathrm{d}h^2}{\mathrm{d}x} = 2h\frac{\mathrm{d}h}{\mathrm{d}x}$$

根据链式法则（见 C2.3）：

$$\frac{\mathrm{d}y}{\mathrm{d}x} = \frac{\mathrm{d}y}{\mathrm{d}h}\frac{\mathrm{d}h}{\mathrm{d}x}$$

且 $y = h^2$：

$$\frac{\mathrm{d}h^2}{\mathrm{d}x} = \frac{\mathrm{d}h^2}{\mathrm{d}h}\frac{\mathrm{d}h}{\mathrm{d}x} = 2h\frac{\mathrm{d}h}{\mathrm{d}x}$$

$$h \frac{\mathrm{d}h}{\mathrm{d}x} = \frac{1}{2} \frac{\mathrm{d}h^2}{\mathrm{d}x}$$

因此:

$$-K \frac{\mathrm{d}\left(h \dfrac{\mathrm{d}h}{\mathrm{d}x}\right)}{\mathrm{d}x} = -K \frac{\mathrm{d}\left(\dfrac{1}{2} \dfrac{\mathrm{d}h^2}{\mathrm{d}x}\right)}{\mathrm{d}x} = -\frac{1}{2} K \frac{\mathrm{d}^2 h^2}{\mathrm{d}x^2} = N; \frac{\mathrm{d}^2 h^2}{\mathrm{d}x^2} = \frac{-2N}{K}$$

通过数学积分,

$$\frac{\mathrm{d}h^2}{\mathrm{d}x} = -2\frac{N}{K}x + C_1 \text{ 以及 } h^2 = -\frac{N}{K}x^2 + C_1 x + C_2$$

边界条件:

$$x = 0 \text{ 时}, h = h_0; h_0^2 = C_2$$

$$x = L \text{ 时}, h = h_L; h_L^2 = -\frac{N}{K}L^2 + C_1 L + h_0^2; h_L^2 - h_0^2 + \frac{N}{K}L^2 = C_1 L$$

因此:

$$C_1 = \frac{h_L^2 - h_0^2}{L} + \frac{N}{K}L$$

$$h^2 = -\frac{N}{K}x^2 + C_1 x + C_2 \quad \text{且 } C_1 = \frac{h_L^2 - h_0^2}{L} + \frac{N}{K}L; C_2 = h_0^2$$

得到:

$$h^2 = -\frac{N}{K}x^2 + \frac{h_L^2 - h_0^2}{L}x + \frac{NL}{K}x + h_0^2$$

总结一下,对于两边为相同水位的平行全渗透渠道的补给、非承压含水层中的稳定地下水流:

$$h^2 = -\frac{N}{K}x^2 + C_1 x + C_2$$

当 $N = 0$ 时,这个公式就简化为:

$$h^2 = C_1 x + C_2$$

M6 流向圆形岛屿中心全渗透井的承压含水层中径向对称、稳定地下水

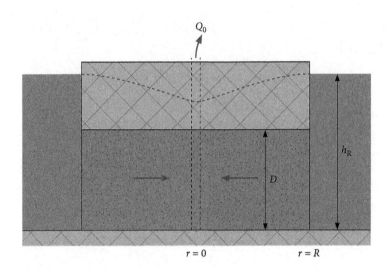

对于 M1 节到 M5 节中的稳定地下水流,压力水头 h 沿着流动的方向随 x 正值的增大而减小,从而将 $Q' > 0$ 与 $dh/dx <$ 联系起来。正因如此,达西定律有一个负号。不过,在径向对称稳定地下水流事件中,压力水头 h 是沿着流动的方向随 r 的增大而减小($dh/dr > 0$)。由于水是被向上抽送的,因此在抽井里,其是向上流动的(在 z 正方向上),抽井中心的这个体积通量或流量 Q_0 前面最好是加一个正值符号($Q_0 > 0$)。由于沿着水流的方向,Q_0 和 dh/dr 都是正值,因此在径向对称流的达西定律里没有负号。另外,在描述体积通量密度 q_r 的达西定律中,负号也必须舍弃。因此:

$$q_r = K \frac{dh}{dr}$$

圆形岛屿中心承压含水层中的全渗透井的体积通量或流量 Q_0 为:

$$Q_0 = q_r 2\pi r D$$

这两个公式联合起来得到:

$$Q_0 = K \frac{dh}{dr} 2\pi r D \;;\; \frac{dh}{dr} = \frac{Q_0}{2\pi KD} \frac{1}{r} \;;\; \int \frac{dh}{dr} dr = \int \frac{Q_0}{2\pi KD} \frac{1}{r} dr$$

$$h = \frac{Q_0}{2\pi KD} \ln r + C$$

边界条件:$r = R$ 时,$h = h_R$,以及

$$h_R = \frac{Q_0}{2\pi KD} \ln R + C$$

因此:

$$C = h_R - \frac{Q_0}{2\pi KD} \ln R$$

这就得到：

$$h = \frac{Q_0}{2\pi KD}\ln r + h_R - \frac{Q_0}{2\pi KD}\ln R; h = h_R + \frac{Q_0}{2\pi KD}\ln\frac{r}{R};$$

$$h - h_R = \frac{Q_0}{2\pi KD}\ln\frac{r}{R} \qquad r_w \leqslant r \leqslant R$$

r_w 是抽井的半径。

由于：$r \leqslant R$：$\frac{r}{R} \leqslant 1$；$\ln\frac{r}{R} \leqslant 0$；$2\pi KD > 0$

在一个抽井中：$h < h_R \Rightarrow h - h_R < 0$，因此 $Q_0 > 0$

在一个补给井中：$h > h_R \Rightarrow h - h_R > 0$，因此 $Q_0 < 0$

总结一下，对于流向圆形岛屿中心全渗透井的承压含水层中径向对称、稳定地下水：

$$h = h_R + \frac{Q_0}{2\pi KD}\ln\frac{r}{R} \qquad r_w \leqslant r \leqslant R$$

另外一种可能的解为：

$$\frac{\mathrm{d}h}{\mathrm{d}r} = \frac{Q_0}{2\pi KD}\frac{1}{r}$$

由于之前的推导是(h_1 为与抽井径向距离为 r_1 处的水头；h_2 为与抽井径向距离为 r_2 处的水头)：

$$\int_{h_1}^{h_2}\frac{\mathrm{d}h}{\mathrm{d}r}\mathrm{d}r = \int_{r_1}^{r_2}\frac{Q_0}{2\pi KD}\frac{1}{r}\mathrm{d}r \Rightarrow [h]_{h_1}^{h_2} = \frac{Q_0}{2\pi KD}[\ln r]_{r_1}^{r_2} \Rightarrow h_2 - h_1 = \frac{Q_0}{2\pi KD}(\ln r_2 - \ln r_1)$$

$$\Rightarrow h_2 - h_1 = \frac{Q_0}{2\pi KD}\ln\frac{r_2}{r_1} \text{ 或 } h_2 - h_1 = \frac{Q_0}{2\pi T}\ln\frac{r_2}{r_1}$$

M7 流向圆形岛屿中心全渗透井的潜水含水层中径向对称、稳定地下水

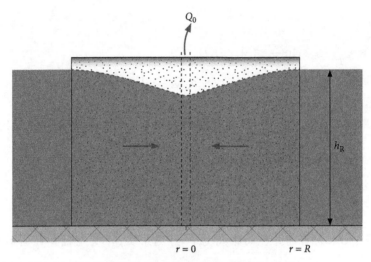

圆形岛屿中心潜水含水层中的全渗透井的体积通量或流量为：

$$Q_0 = q_r 2\pi r h$$

达西定律：

$$q_r = K(\mathrm{d}h/\mathrm{d}r)$$

将这两个公式联合起来得到：

$$Q_0 = K\frac{\mathrm{d}h}{\mathrm{d}r}2\pi r h \,; \frac{\mathrm{d}h}{\mathrm{d}r} = \frac{Q_0}{2\pi K h r}\,; \frac{Q_0}{r}\mathrm{d}r = 2\pi K h\,\mathrm{d}h$$

此处 h 不是常数：

$$\int \frac{Q_0}{r}\mathrm{d}r = \int 2\pi K h\,\mathrm{d}h \,; Q_0 \ln r = \pi K h^2 + C \,; h^2 = \frac{Q_0}{\pi K}\ln r + C$$

边界条件时 $r = R$ 时，$h = h_R$，以及

$$h_R^2 = \frac{Q_0}{\pi K}\ln R + C \,; C = h_R^2 - \frac{Q_0}{\pi K}\ln R$$

这就得到：

$$h^2 = \frac{Q_0}{\pi K}\ln r + h_R^2 - \frac{Q_0}{\pi K}\ln R \,; h^2 = h_R^2 + \frac{Q_0}{\pi K}\ln \frac{r}{R}$$

$$h^2 - h_R^2 = \frac{Q_0}{\pi K}\ln \frac{r}{R} \qquad r_w \leqslant r \leqslant R$$

由于 $r \leqslant R$：$\dfrac{r}{R} \leqslant 1$；$\ln \dfrac{r}{R} \leqslant 0$；$\pi K > 0$。

在一个抽井中：$h^2 < h_R^2$；$\Rightarrow h^2 - h_R^2 < 0$，因此 $Q_0 > 0$

在一个补给井中：$h^2 > h_R^2$；$\Rightarrow h^2 - h_R^2 > 0$，因此 $Q_0 < 0$

总结一下，对于流向圆形岛屿中心全渗透井的潜水含水层中径向对称、稳定地下水：

$$h^2 = h_R^2 + \frac{Q_0}{\pi K}\ln \frac{r}{R} \qquad r_w \leqslant r \leqslant R$$

M8 Richards(理查德)方程的推导

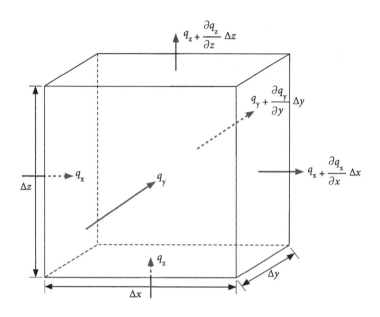

（$\mathrm{d}q_x/\mathrm{d}x$ 是 q_x 随 x 变化的速率；将此变化率乘以变化发生的距离 Δx，我们就得到了此段距离上总的变化$[(\mathrm{d}q_x/\mathrm{d}x)\Delta x]$；将此推导同样用于 y 方向的 $\mathrm{d}q_y/\mathrm{d}y$ 和 z 方向上的 $\mathrm{d}q_z/\mathrm{d}z$。）

流入量：

$$Q_{in} = q_x\Delta y\Delta z + q_y\Delta x\Delta z + q_z\Delta x\Delta y$$

流出量：

$$Q_{out} = \left(q_x + \frac{\partial q_x}{\partial x}\Delta x\right)\Delta y\Delta z + \left(q_y + \frac{\partial q_y}{\partial y}\Delta y\right)\Delta x\Delta z + \left(q_z + \frac{\partial q_z}{\partial z}\Delta z\right)\Delta x\Delta y$$

净流入量：

$$Q_{in} - Q_{out} = -\left(\frac{\partial q_x}{\partial x} + \frac{\partial q_y}{\partial y} + \frac{\partial q_z}{\partial z}\right)\Delta x\Delta y\Delta z$$

储水量的变化：

$$\frac{\partial \theta}{\partial t}\Delta x\Delta y\Delta z$$

连续性：净流入量 ＝ 储水量的变化：

$$-\left(\frac{\partial q_x}{\partial x} + \frac{\partial q_y}{\partial y} + \frac{\partial q_z}{\partial z}\right)\Delta x\Delta y\Delta z = \frac{\partial \theta}{\partial t}\Delta x\Delta y\Delta z$$

将其两边都除以 $\Delta x\Delta y\Delta z$，得到连续方程（公式 4.14）：

$$\frac{\partial q_x}{\partial x} + \frac{\partial q_y}{\partial y} + \frac{\partial q_z}{\partial z} = -\frac{\partial \theta}{\partial t}$$

x、y 和 z 方向上的达西 — 白金汉方程可以写为：

$$q_x = -K(\Psi)\frac{\partial h}{\partial x}, q_y = -K(\Psi)\frac{\partial h}{\partial y}, q_z = -K(\Psi)\frac{\partial h}{\partial z}$$

在连续方程中插入上面的公式可以得到 Richards 方程：

$$\frac{\partial}{\partial x}\left(K(\Psi)\frac{\partial h}{\partial x}\right)+\frac{\partial}{\partial y}\left(K(\Psi)\frac{\partial h}{\partial y}\right)+\frac{\partial}{\partial z}\left(K(\Psi)\frac{\partial h}{\partial z}\right)=\frac{\partial\theta}{\partial t} \qquad (4.15)$$

M9 Richards 方程的其他形式

适用于 z 方向的 Richards 方程,可以写作:

$$\frac{\partial \theta}{\partial t} = \frac{\partial}{\partial z}\left(K(\Psi)\frac{\partial h}{\partial z}\right) = \frac{\partial}{\partial z}\left(K(\Psi)\frac{\partial(\Psi+z)}{\partial z}\right) = \frac{\partial}{\partial z}\left(K(\Psi)\frac{\partial \Psi}{\partial z}+1\right)$$

$\Rightarrow$

$$\frac{\partial \theta}{\partial t} = \frac{\partial}{\partial z}\left(K(\Psi)\frac{\partial \Psi}{\partial z}\right)+\frac{\partial K(\Psi)}{\partial z}$$

这是 Richards 方程的混合形式。

比水容量 $C(\Psi)=\dfrac{\partial \theta}{\partial \Psi}$ 可以通过土壤水分特征(无滞后现象)来计算:应用链式法则,Richards 方程混合形式的左边部分可以写作:

$$\frac{\partial \theta}{\partial t} = \frac{\partial \theta}{\partial \Psi}\frac{\partial \Psi}{\partial t} = C(\Psi)\frac{\partial \Psi}{\partial t} \Rightarrow C(\Psi)\frac{\partial \Psi}{\partial t} = \frac{\partial}{\partial z}\left(K(\Psi)\frac{\partial \Psi}{\partial z}\right)+\frac{\partial K(\Psi)}{\partial z}$$

这是 Richards 方程基于压力水头的形式、基于 Ψ 的形式或电容形式。

水力扩散系数(或土壤水扩散系数)定义为

$$D(\theta) = K(\Psi)\frac{\partial \Psi}{\partial \theta}(\text{无滞后现象})$$

应用链式法则,Richards 方程混合形式右边的第一部分可以写作:

$$\frac{\partial}{\partial z}\left(K(\Psi)\frac{\partial \Psi}{\partial z}\right) = \frac{\partial}{\partial z}\left(K(\Psi)\frac{\partial \Psi}{\partial \theta}\frac{\partial \theta}{\partial z}\right) = \frac{\partial}{\partial z}\left(D(\theta)\frac{\partial \theta}{\partial z}\right)$$

把上式代入 Richards 方程的混合形式中 ($K(\Psi) = K(\theta)$) 可得:

$$\frac{\partial \theta}{\partial t} = \frac{\partial}{\partial z}\left(D(\theta)\frac{\partial \theta}{\partial z}\right)+\frac{\partial K(\theta)}{\partial z}$$

这是 Richards 方程基于含水率的形式、基于 θ 的形式或扩散系数形式。

一维 Richards 方程是高度非线性偏微分方程;对于一般边界和初始条件没有准确的解法。由于流域通常是不均匀的,且没有一个简单的几何结构,Richards 方程最好是用数值方法来解,即通过把流域划分为网格单元或元素(见 3.15 节)。

在数值模型中,上文列出的 Richards 方程的特殊形式均有明显的优缺点。数值方法解决基于 Ψ 的形式的 Richards 方程的优点在于可适用于近饱和或非饱和条件,但可能收敛解很慢、以及出现重要的质量平衡错误。另一方面,数值方法解决基于 θ 的形式的 Richards 方程通常收敛解很快且达到质量平衡,但是严格限制在非饱和条件且各向同性介质(由于 θ 在地层表面是不连续的,见图 4.34a)。Richards 方程混合形式遵守质量平衡的鲁棒性很强,但这种独立性不能经常保证方案的可接受性。

Celia 等(1990)提出了一个 Richards 方程混合形式的质量守恒解法,这个数值方法在地表或地表附近首选应用于水文应用程序(Troch,2008)。

目前,Richards 方程的时间空间自适应方法通过运用其替代形式,也得到应用,例如,当土壤水含量低的时候用基于 θ 的形式,高的时候基于 Ψ 的形式或混合形式(Jendele,2002)。同样的,当流域趋于饱和,Richards 方程的的"延伸"形式,即流域饱和或非饱和的部分,可能作为问题解法的一部分。

在非饱和区域,著名的模拟水流模型叫做 HYDRUS(Simunek 和 Van Genuchten,2008)。

M10 明渠水流

明渠水流即有自由水面的渠道水流,如江河或部分完整管道中的水流(Chow,1988)。稳定、统一明渠水流的主要水力学方程有:

达西—威斯巴赫方程: $v = \sqrt{\dfrac{8gR_hS}{f}}$

式中, v 为平均深度和宽度水流速度(m・s^{-1}); g 为重力加速度(地球 9.81 m・s^{-2};火星 3.74 m・s^{-2}); f 为达西—威斯巴赫摩擦因子; R_h 为水力半径(m)。

稳定、统一水流, S 可能等于水平面斜率以及河床表面斜率(m・m^{-1})。

达西—威斯巴赫方程由创立达西定律的法国工程师 Henri P. G. Darcy(1803—1858),以及德国数学家、工程师 Julius L. Weisbach(1806—1871)命名。

更早提出的类似的方程是:

谢才公式: $v = C\sqrt{R_hS}$

C 为谢才粗糙系数(m$^{0.5}$・s^{-1})

谢才公式有法国水利工程师 Antoine de Chézy(1718—1798)命名。

另一个稳定、统一、明渠水流的水力学方程是:

曼宁公式: $v = \dfrac{R_h^{\frac{2}{3}}S^{\frac{1}{2}}}{n}$

n 为曼宁粗糙系数

曼宁公式由爱尔兰工程师 Robert Manning(1816—1897)命名。曼宁公式可以适用于湍流($n^6\sqrt{R_hS} \geqslant 1.1 \times 10^{-13}$(Henderson,1966;Chow,1988),其达西—威斯巴赫摩擦因子 f 由雷诺数 Re 决定(Chow,1988)。

谢才(C)和曼宁(n)粗糙系数与达西—威斯巴赫摩擦因子 f 的关系如下:

$$C = \sqrt{\frac{8g}{f}} \qquad n = R_h^{\frac{1}{6}}\sqrt{\frac{f}{8g}}$$

达西—威斯巴赫摩擦因子 f 是水流、湍流、运输沉淀物的附加阻力以及最重要的——河床上的粗糙元素如颗粒之间相互作用的复杂结果(Kleinhans,2005)。

练习题答案

第1章

1.4.1a　年平均值$\Rightarrow \overline{\Delta S}=0 \Rightarrow \overline{P}=\overline{Q}+\overline{G}+\overline{E}$($\overline{G}$=地下水入海均值)

1.4.1b　500 mm/年；37.5 × 108 m³/年

1.4.2　$P=Q+\dfrac{\Delta S}{\Delta t}$；30 mm/小时，40 分钟$=\dfrac{2}{3}$小时$\Rightarrow P=\dfrac{2}{3}\times30=20$ mm，即 40 分钟内 P $=20$ mm

$Q=\dfrac{150 \text{ m}^3}{10^4 \text{ m}^2}=15\times10^{-3}\text{m}=15$ mm，即 40 分钟内 $Q=15$ mm

5 mm；

$15\times10^{-3}\text{m}\times10^4 \text{ m}^2=50 \text{ m}^3$

第3章

3.7.1a　水流垂直于两个筛网

3.7.1b　0.24 m³/天（水流距离＝50 cm）

3.7.1c　1 小时 12 分

3.7.2　2100

3.7.3　0.275 m/天；0.8815 m/天

B3.2　558 mm/年

3.7.4　6.25×10⁻²m/天；1.79×10⁻²m/天

3.7.5a

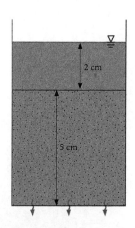

3.7.5b 当样本底部作为参考水准面时,答案是 0 cm

3.7.5c 当样本底部作为参考水准面时,答案是 7 cm

3.7.5d 1.4

3.7.5e 4.8 m/天

3.7.5f 卢森堡砂岩沙土

3.9a 9.75 m;9.5 m;9.25 m

3.9b 0.4 m²/天

3.9c 0.15 m/天

3.9d 667 天

3.10.2a 9.75 m;9.5 m;9.25 m

3.10.2b 0.7 m²/天

3.10.2c 在上层 0.1 m/天;在下层($q_u > q_l$)0.05 m/天

3.10.2d 在上层 0.25 m/天;在下层($v_{e,u} < v_{e,l}$)0.5 m/天

3.10.2e 200 天(以最快的路线)

3.10.3 水平的,16.5 m/天;垂直的,3.03 m/天

3.10.4a 10^{-3}m/天;8000 天

3.10.4b 2×10^{-3}m/天;2000 天

3.10.4c 有效速度增加 2 倍;停留时间减少 4 倍。

3.10.5a 1500 天

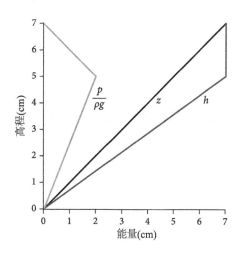

3.10.5b 连续性$\Rightarrow Q_1 = Q_2$;垂直于水流的面积是恒定的

$\Rightarrow q_1 = q_2$;$-k_1 i_1 = -k_2 i_2$

$-5 \times 10^{-3} \dfrac{h_{2.5} - 18.1}{2.5 - 0} = -10^{-2} \dfrac{17.5 - h_{2.5}}{12.5 - 2.5} \Rightarrow h_{2.5} = 17.9$ m(湖泊自由水面上方 0.4 m)

3.10.5c 第一层 $v_e = 4 \times 10^{-3}$m/天;第二层 $v_e = 2 \times 10^{-3}$m/天;滞留时间$= 5625$ 天(15.4 年)

3.10.6 $c' = c'_1 + c'_2 + c'_3 \Rightarrow \dfrac{L}{K} = \dfrac{L_1}{K_1} + \dfrac{L_2}{K_2} + \dfrac{L_3}{K_3} \Rightarrow \dfrac{500}{K} = \dfrac{200}{5} + \dfrac{200}{10} + \dfrac{100}{5}$

$\Rightarrow$水力传导系数 $K = 6.25$ m/天

$$i = \frac{-0.5}{500} = -1 \times 10^{-3}$$

$$Q' = Q_1' = Q_2' = Q_3' \Rightarrow -KDi = -K_1 D i_1 = -K_2 D i_2 = -K_3 D i_3$$

$$D = 常数 \Rightarrow -Ki = -K_1 i_1 = -K_2 i_2 = -K_3 i_3$$

3.10.6a $0.15\ \mathrm{m^2/}$天

3.10.6b   32 000 天（87.6 年）

3.10.6c -1.25×10^{-3}；-0.625×10^{-3}；-1.25×10^{-3}

3.10.6d i 和 K 成反比：$i_1 : i_2 : i_3 = \dfrac{1}{K_1} : \dfrac{1}{K_2} : \dfrac{1}{K_3} = 2 : 1 : 2$

3.11.1 $h_A = 3 - 0.66 = 2.34\ \mathrm{m}$ 平均海平面以上 2.34 m；

$h_B = 3 - 0.54 = 2.46\ \mathrm{m}$ 平均海平面以上 2.46 m；$h_C = 3 - 0.86 = 2.14\ \mathrm{m}$ 平均海平面以上 2.14 m

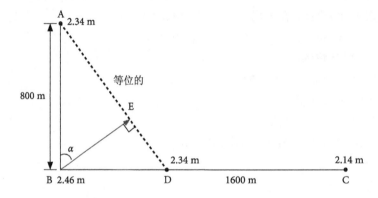

$$i_{BA} = \frac{2.34 - 2.46}{800} = -1.5 \times 10^{-4}$$

$$i_{BC} = \frac{2.14 - 2.46}{1600} = -2 \times 10^{-4}$$

平均海平面以上 $h_A = 2.34$ m 位于 BC 线上什么位置？或者

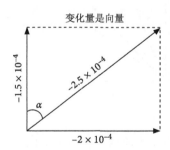

3.11.1a -2.5×10^{-4}

3.11.1b $a = 53°$

3.11.2a $\left(\dfrac{2}{5} \times 600\right)\mathrm{mm} + \left(\dfrac{3}{5} \times 420\right)\mathrm{mm} = 492\ \mathrm{mm}$

（加权平均），或者

$$\frac{(600 \times 10^{-3}\,\mathrm{m} \times 2 \times 10^6\,\mathrm{m^2}) + (420 \times 10^{-3}\,\mathrm{m} \times 3 \times 10^6\,\mathrm{m^2})}{5 \times 10^6\,\mathrm{m^2}} = 0.492\ \mathrm{m} = 492\ \mathrm{mm}$$

3.11.2b $P+渗流=泵+E_a+\Delta S;\Delta S=0\Rightarrow 渗流=142$ mm/年 $=0.4$ mm/天

3.11.2c $P+渗流=泵+E_a+\Delta S;(\Delta S)_{开阔水域}=\frac{2}{5}\times 200$ mm$=80$ mm;储存系数$=0.4\Rightarrow$ 4 mm的加水使地下水位上升了 10 mm,因此地下水位上升 200 mm 是因为 80 mm 的加水$\Rightarrow$ $\left(\frac{\Delta S}{\Delta t}\right)_{陆地}=\frac{3}{5}\times 80=48$ mm/年$\Rightarrow\left(\frac{\Delta S}{\Delta t}\right)_{总量}=128$ mm/年$\Rightarrow$渗流$=270$ mm/年$=0.7$ mm/天

3.12 地下水对河流的贡献(r 和 l):$|Q_r|=|Q_l|=KAi=KDLi\Rightarrow Q_B-Q_A=|Q_r|+|Q_l|=$ $2KAi=2KDLi\Rightarrow KD=4320$ m^2/天

3.15.1.1 $h^2=C_1x+C_2$

$x=0\Rightarrow h_0=6\Rightarrow 6^2=C_1\times 0+C_2\Rightarrow C_2=36$

$x=200\Rightarrow h_{200}=3\Rightarrow 3^2=C_1\times 200+C_2=C_1\times 200+36\Rightarrow C_1=-0.135$

$h^2=-0.135x+36$

3.15.1.1a 5.53 m;5.02 m;4.45 m;3.79 m

3.15.1.1c $Q'=-Kh\dfrac{dh}{dx};h^2=C_1x+C_2$

$\Rightarrow h=(C_1x+C_2)^{\frac{1}{2}}$

$\Rightarrow \dfrac{dh}{dx}=\dfrac{1}{2}(C_1x+C_2)^{-\frac{1}{2}}\times C_1$

$\Rightarrow h\dfrac{dh}{dx}=(C_1x+C_2)^{\frac{1}{2}}\times\dfrac{1}{2}(C_1x+C_2)^{-\frac{1}{2}}\times C_1=\dfrac{1}{2}C_1$

$Q'=-\dfrac{1}{2}C_1K=0.07$ m^2/天;或者 $h^2=C_1x+C_2$

$\Rightarrow\dfrac{dh^2}{dx}=C_1;\dfrac{dy}{dx}=\dfrac{dy}{dh}\dfrac{dh}{dx}$ 和 $y=h^2$ 得出 $\dfrac{dh^2}{dx}=\dfrac{dh^2}{dh}\dfrac{dh}{dx}=2h\dfrac{dh}{dx}=C_1$

$\Rightarrow h\dfrac{dh}{dx}=\dfrac{1}{2}C_1;$

$Q'=-\dfrac{1}{2}C_1K=0.07$ m^2/天

3.15.1.2 $h^2=C_1x+C_2$

$x=10\Rightarrow h_{10}=6.75\Rightarrow C_2=-10\times C_1+6.75^2$

$x=75\Rightarrow h_{75}=6.25\Rightarrow C_1=-0.1\Rightarrow C_2=46.5625$

$h^2=-0.1x+46.5625$

检查:$x=10\Rightarrow h^2=45.5625\Rightarrow h=6.75$

检查:$x=75\Rightarrow h^2=-7.5+46.5625=39.0625\Rightarrow h=6.25$

$x=0\Rightarrow h^2=46.5625\Rightarrow h=6.82$ m

$x=100\Rightarrow h^2=36.5625\Rightarrow h=6.05$ m

3.15.1.3a 对于左边区域来说:$h^2=C_1x+C_2;$

$x=0\Rightarrow h_0=6\Rightarrow C_2=36$

$x=40\Rightarrow h_{40}=h_{40}\Rightarrow C_1=\dfrac{h_{40}^2-36}{40}\Rightarrow h^2=\dfrac{h_{40}^2-36}{40}x+36$

对于右边区域来说：$h^2 = C_3 x + C_4$

$x = 40 \Rightarrow h_{40} = h_{40} \Rightarrow C_4 = h_{40}^2 - 40 C_3$

$x = 200 \Rightarrow h_{200} = 3 \Rightarrow C_3 = \dfrac{9 - h_{40}^2}{40}$

$\Rightarrow h^2 = \dfrac{9 - h_{40}^2}{160} x + h_{40}^2 - 40 \left(\dfrac{9 - h_{40}^2}{160} \right)$

连续性：$Q'_{左} = Q'_{右} \Rightarrow -K_1 \left(h \dfrac{dh}{dx} \right)_{左} = -K_2 \left(h \dfrac{dh}{dx} \right)_{右} \Rightarrow h_{40} = 4.09 \text{ m}$

3.15.1.3c　0.24 m²/天

3.15.1.3d　是；$h_{40} = \sqrt{\dfrac{144 K_1 + 9 K_2}{4 K_1 + K_2}}$；$h_{40}$ 是关于 K_1 和 K_2 的函数，较小的 K 值会导致较陡的水利坡度 i

3.15.1.4a　对于左边区域：$h = C_1 x + C_2$；

$x = 0 \Rightarrow h_0 = 10 \Rightarrow C_2 = 10$

$x = ? \Rightarrow h_? = 8 \Rightarrow C_1 = \dfrac{-2}{?} \Rightarrow h = \dfrac{-2}{?} x + 10$

对于右边区域：$h^2 = C_3 x + C_4$；

$x = ? \Rightarrow h_? = 8 \Rightarrow C_4 = 64 - ? C_3$

$x = 100 \Rightarrow h_{100} = 6 \Rightarrow C_3 = \dfrac{-28}{100 - ?}$

$\Rightarrow h^2 = \dfrac{-28}{100 - ?} X + \left(64 - ? \left(\dfrac{-28}{100 - ?} \right) \right)$

继续：$Q'_{左} = Q'_{右} \Rightarrow -KD \left(\dfrac{dh}{dx} \right)_{左} = -K \left(h \dfrac{dh}{dx} \right)_{右}$

$\Rightarrow ? = 53.33 \text{ m}$（不考虑导水率 K 的值）

3.15.1.4b　3.33 m/天

3.15.2.1　$h = h_a + C_1 e^{\frac{x}{\lambda}} + C_2 e^{\frac{x}{\lambda}}$；$c = \dfrac{d}{k} = 1000$ 天，$\lambda = \sqrt{KDc} = 800$ m

$x = 0 \Rightarrow h_0 = 44 \Rightarrow C_2 = 2 - C_1$

$x = \infty \Rightarrow h_\infty = h_a = 42 \Rightarrow C_1 = 0 \Rightarrow C_2 = 2$；$h = 42 + 2 e^{\frac{-x}{800}}$

3.15.2.1a　43.98 m；43.76 m；43.46 m；43.07 m；42.57 m；42.31 m

3.15.2.1c　$q_z = -k \dfrac{h_a - h}{d} = \dfrac{h - h_a}{c} = \dfrac{42 + 2 e^{\frac{-x}{800}} - 42}{1000} = 0.002 e^{\frac{-x}{800}}$

$\Rightarrow 1.98$ mm/天；1.76 mm/天；1.46 mm/天；1.07 mm/天；0.57 mm/天；0.31 mm/天

3.15.2.1d　$Q'_z = Q'_{x=0} = -KD \left(\dfrac{dh}{dx} \right)_{x=0}$

$= -KD \times \left(-\dfrac{1}{\lambda} \times 2 e^{\frac{-x}{\lambda}} \right)_{x=0} = 1.6 \text{ m}^2/$天

$Q'_z = \int_0^\infty q_z \, dx = \int_0^\infty 0.002 e^{\frac{-x}{\lambda}} \, dx = \left[-\lambda 0.002 e^{\frac{-x}{\lambda}} \right]_0^\infty = 0.002 \lambda = 1.6 \text{ m}^2/$天

$Q_z = 1.6 \text{ m}^2/$天 $\times 1000 \text{ m} = 1600 \text{ m}^3/$天 $= 4.4 \text{ m}^3/$年

3.15.2.1e

$$Q'_z = Q'_{x=0} - Q'_{x=100} = -KD\left(\frac{\mathrm{d}h}{\mathrm{d}x}\right)_{x=0} - \left(-KD\left(\frac{\mathrm{d}h}{\mathrm{d}x}\right)_{x=100}\right)$$

$$= 1.6 - 1.412 = 0.188 \text{ m}^2/\text{天}$$

$$Q'_z = \int_0^{100} q_z \mathrm{d}x = \int_0^{100} 0.002 \mathrm{e}^{\frac{-x}{\lambda}} \mathrm{d}x = [-\lambda 0.002 \mathrm{e}^{\frac{-x}{\lambda}}]_0^{100}$$

$$= -\lambda 0.002 \mathrm{e}^{\frac{-100}{\lambda}} + 0.002\lambda = -1.412 + 1.6 = 0.188 \text{ m}^2/\text{天}$$

$$Q_z = 0.188 \text{ m}^2/\text{天} \times 1000 \text{ m} = 188 \text{ m}^3/\text{天}$$

3.15.2.2a

$$h = h_a + C_1 \mathrm{e}^{\frac{x}{\lambda}} + C_2 \mathrm{e}^{\frac{-x}{\lambda}}$$

$$c = \frac{d}{k} = 1500 \text{ 天}, \lambda = \sqrt{KDc} = 600 \text{ m}$$

$$x = 0 \Rightarrow h_0 = 16 \Rightarrow C_2 = 3 - C_1$$

$$x = 1200 \Rightarrow h_{1200} = 15 \Rightarrow C_1 = \frac{2 - 3\mathrm{e}^{-2}}{\mathrm{e}^2 - \mathrm{e}^{-2}}$$

$$C_1 = 0.220 \Rightarrow C_2 = 2.780 \Rightarrow h = 13 + 0.220\mathrm{e}^{\frac{x}{600}} + 2.780\mathrm{e}^{\frac{-x}{600}}$$

3.15.2.2b

$$Q'_z = |Q'_{x=0}| + |Q'_{x=1200}| = \left|-KD\left(\frac{\mathrm{d}h}{\mathrm{d}x}\right)\right|_{x=0} + \left|-KD\left(\frac{\mathrm{d}h}{\mathrm{d}x}\right)\right|_{x=1200} \text{ 或者}$$

$$Q'_z = \int_0^{1200} q_z \mathrm{d}x = \int_0^{1200} -k\frac{h_a - h}{d} \mathrm{d}x = 1.52 \text{ m}^2/\text{天}$$

3.15.2.2c

$$Q'_x = 0 \text{ 或} \frac{\mathrm{d}h}{\mathrm{d}x} = 0$$

$$\Rightarrow \frac{0.220}{600} \mathrm{e}^{\frac{x}{600}} + \frac{2.78}{-600} \mathrm{e}^{\frac{-x}{600}} = 0$$

$$\Rightarrow \frac{0.220}{600} \mathrm{e}^{\frac{x}{600}} = \frac{2.78}{600} \mathrm{e}^{\frac{-x}{600}} \Rightarrow 0.220\mathrm{e}^{\frac{x}{600}} = 2.780\mathrm{e}^{\frac{-x}{600}}$$

$$\ln(0.220\mathrm{e}^{\frac{x}{600}}) = \ln(2.780\mathrm{e}^{\frac{-x}{600}})$$

$$\Rightarrow \ln 0.220 + \ln(\mathrm{e}^{\frac{x}{600}}) = \ln 2.780 + \ln(\mathrm{e}^{\frac{x}{600}})$$

$$\Rightarrow \ln 0.220 + \frac{x}{600} = \ln 2.780 + \frac{-x}{600}$$

$$\frac{2x}{600} = \ln 2.780 - \ln 0.220 \Rightarrow x = 761 \text{ m}$$

3.15.2.3a $\quad h = h_a + C_1 \mathrm{e}^{\frac{x}{\lambda}} + C_2 \mathrm{e}^{\frac{-x}{\lambda}}$

$$c = \frac{d}{k} = 500 \text{ 天}, \lambda = \sqrt{KDc} = 500 \text{ m}$$

$$x = 0 \Rightarrow h_0 = 26 \Rightarrow C_2 = -1 - C_1$$

$$x = 500 \Rightarrow h_{500} = 26 \Rightarrow C_1 = \frac{-1 - \mathrm{e}^{-1}}{\mathrm{e} - \mathrm{e}^{-1}}$$

$$C_1 = -0.269 \Rightarrow C_2 = -0.731 \Rightarrow h = 27 - 0.269\mathrm{e}^{\frac{x}{500}} - 0.731\mathrm{e}^{\frac{-x}{500}}$$

3.15.2.3b　26.04 m；26.07 m；26.10 m；26.11 m；26.11 m

3.15.2.3c　注意水流通过半透水层向下流；因此

$$q_z = -k \frac{h - h_a}{z - z_a} = -k \frac{h - h_a}{-d} = \frac{h - h_a}{c} =$$

$$\frac{27 - 0.269 e^{\frac{x}{500}} - 0.731 e^{\frac{-x}{500}} - 27}{500} =$$

$$\frac{0.269 e^{\frac{x}{500}} - 0.731 e^{\frac{-x}{500}}}{500} \Rightarrow q_z, \quad x = 250 \text{ m} = -1.8 \times 10^{-3} \text{ m/天}$$

3.15.2.3d　-0.92 m²/天

3.15.2.3e　泵＋额外的降水补给＝漏损量；

额外的降水补给＝10^{-3} m/天×500 m＝0.5 m²/天

水量平衡中的漏损量必须取正数；泵＝0.42 m²/天

3.15.2.3f　当 $n_e = 0.3$：-6×10^{-3} m/天

3.15.2.4　$h = 14 - 0.376 e^{\frac{x}{600}} - 1.625 e^{\frac{-x}{600}}$

3.15.2.4a　12.0 m；11.0 m

3.15.2.4b　-1.52 m²/天

3.15.2.4c　439 m

3.15.2.5a　$0 \leqslant x \leqslant 10$：$h = C_1 x + C_2$；$10 \leqslant x \leqslant \infty$：

$$h = h_a + C_1 e^{\frac{x}{\lambda}} + C_2 e^{\frac{-x}{\lambda}}$$

$$0 \leqslant x \leqslant 10: h = \frac{h_{10} - 30}{10} x + 30; \quad 10 \leqslant x \leqslant \infty:$$

$$h = 26 + \frac{h_{10} - 26}{e^{\frac{-10}{200}}} e^{\frac{-10}{200}}$$

连续性：$Q'_{0 \leqslant x \leqslant 10} = Q'_{10 \leqslant x \leqslant \infty}$

$$\Rightarrow \left(\frac{dh}{dx}\right)_{0 \leqslant x \leqslant 10} = \left(\frac{dh}{dx}\right)_{10 \leqslant x \leqslant \infty}, \quad x = 10$$

$$\Rightarrow h_{10} = 29.81 \text{ m} \Rightarrow 0 \leqslant x \leqslant 10: h = -0.019 x + 30$$

$$10 \leqslant x \leqslant \infty: h = 26 + 4.005 e^{\frac{-x}{200}}$$

3.15.2.5b　29.90 m；29.72 m；29.53 m

3.15.2.5c　9.52 m²/天

3.15.2.5d　0 mm/天；46.4 mm/天；44.2 mm/天

3.15.3.1　$h^2 = -\frac{N}{K} x^2 + C$；$x = 0 \Rightarrow h = h_0 \Rightarrow C = h_0^2 \Rightarrow$

$$h^2 = -\frac{N}{K} x^2 + h_0^2$$

$$x = L \Rightarrow h = h_L \Rightarrow L^2 = \frac{K}{N}(h_0^2 - h_L^2)$$

$$\Delta h = h_0 - h_L \text{ 以及 } \overline{D} = \frac{h_0 + h_L}{2} \Rightarrow 2L = 2\sqrt{\frac{2K\overline{D}\Delta h}{N}} \Rightarrow$$

两个渠道之间的距离＝$2L = 60$ m

3.15.3.2 $h^2 = -\dfrac{N}{K}x^2 + C_1 x + C_2$

$h^2 = -\dfrac{N}{K}x^2 + \left(\dfrac{h_L^2 - h_0^2}{L} + \dfrac{NL}{K}\right)x + h_0^2$；使用两种方法中的一种（答案 3.15.1.1b 或 M5）：

$h\dfrac{\mathrm{d}h}{\mathrm{d}x} = -\dfrac{N}{K}x + \dfrac{h_L^2 - h_0^2}{2L} + \dfrac{NL}{2K}$

$\Rightarrow Q' = \dfrac{-K(h_L^2 - h_0^2)}{2L} + N\left(x - \dfrac{L}{2}\right)$；在分水岭上：

$Q' = 0$ 或 $h\dfrac{\mathrm{d}h}{\mathrm{d}x} = 0$，$x =$ 到 d' 的距离

$\Rightarrow$ 到 d' 的距离 $= \dfrac{L}{2} + \dfrac{K(h_L^2 - h_0^2)}{2NL}$；

在分水岭上：

$h = h_{\max}$，$x = d'$：

$h_{\max} = \sqrt{h_0^2 + \dfrac{(h_L^2 - h_0^2)d'}{L} + \dfrac{N}{K}(L - d')d'}$

3.15.4.1a 给定液压压头之间的中间值；向外推导：在线 $x = 450$ m 时，水头 8 m，在线 $x = 1450$ m 时，水头 8 米

3.15.4.1b 1 cm/天

3.15.4.1c 2.5 cm/天

3.15.4.1d $y = 625$ m

3.15.4.1e $Q = qA = qWD$，W 是废料堆的宽度：$Q = 50$ m³/天

3.15.4.2a 1:1（稳定流的连续性）

3.15.4.2b $Q_0 = q_r 2\pi r D =$ 常数：如果 r 减半，q_r 翻倍 $\Rightarrow$ 1:2

3.15.4.3a 1000 m

3.15.4.3b $h - h_R = \dfrac{Q_0}{2\pi KD}\ln\dfrac{r}{R} = -0.1$ m $\Rightarrow$ 606 m

3.15.4.4a 875 m³/天

3.15.4.4b 930 m³/天

3.15.4.4c $2\overline{D} = 50$，$h + h_R = 47$；因此 b 的答案是因子 50/47 太高

3.15.4.5a 在图 3.51 的右手边：线 W 的水力坡度 i 等于 1/1000；

$|Q_0| = |Q_W|$；$Q_W = qA = qWD = -KiWD \Rightarrow W = 628$ m

3.15.4.5b $h_{\mathrm{tot}} = h_r + h_x = h_R + \dfrac{Q_0}{2\pi T}\ln\dfrac{r}{R} + ir + C$

$\Rightarrow \dfrac{\mathrm{d}h_{\mathrm{tot}}}{\mathrm{d}r} = \dfrac{Q_0}{2\pi T}\left(\dfrac{1}{r}\right) + i$

$\dfrac{\mathrm{d}h_{\mathrm{tot}}}{\mathrm{d}r} = 0 \Rightarrow (x, y) = (-100\ \mathrm{m},\ 0\ \mathrm{m})$

3.15.5.1a 9.58 m（Q_3 没有影响，在 $r > R$ 时）

3.15.5.1b 9.91 m（Q_3 没有影响，在 $r > R$ 时）

3.15.5.2a 1100 m²/天（3.10 节）

3.15.5.2b　降低水头 $h_R-h=0.25$ m$(r=500$ m$)$

3.15.5.2c　会因渠道水头恒定而减少

3.15.5.2d　0.03 m(图像补给井的 $r=\sqrt{(400+2\times50)^2+300^2}=583.10$ m)；是

3.15.5.2e　2∶9(与透射率 T 相同＝两层的 KD)

3.15.5.2f　1∶3(因为两层的有效孔隙率相同：和两层的体积通量密度 Q 相同$\Rightarrow$与两层的水力传导系数 K 相同)

3.15.5.3a　$R=1105$ m$\Rightarrow$水位下降 $h-h_R=-1.02$ m

3.15.5.3b　(图像补给井的 $r=400$ m$\Rightarrow h-h_R$

$=2\times(-1.02)=-2.03$ m

第 4 章

4.1.1a　0 atm

4.1.1b　1 atm

4.1.1c　1 atm$\approx$1000 hPa$=10^3\times10^2$ N・m$^{-2}=10^5$ N・m^{-2}；

在 ρg 等于 10^3 kg・m$^{-3}\times10$ m・s^{-2} 之间把压力 P 分为 10^5 N・m^{-2}；

T 使得 10^5 N・m$^{-2}\times10^{-3}$ kg^{-1}・m$^3\times10^{-1}$ m^{-1}・s$^2=10$ N・kg^{-1}・s$^2=10<$kg・m・s$^{-2}>$kg^{-1}・s$^2=10$ m；因此 1 atm$\approx$10 m

4.1.1d　2 atm

4.1.1e　3 atm

4.1.1f　1 atm$\approx$10 m$\Rightarrow$1000 hPa$\approx$10 m$\Rightarrow$1 hPa$\approx$1 cm

4.1.2　$pF=\log(-\psi)=2\Rightarrow-\psi=10^2$ cm$\Rightarrow\psi=-10^2$ cm$=-1$ m；

以黏土层底(b)为基准面$(z_b=0$ m$):h_b=z_b+\psi=0-1=-1$ m；

黏土层的顶部$(t)(z_t=2$ m$):h_t=z+\dfrac{p}{\rho g}=2+1=3$ m

$\Delta h=h_b-h_t=-1-3=-4$ m；$\Delta z=z_b-z_t=0-2=-2$ m；

$i=\dfrac{\Delta h}{\Delta z}=\dfrac{-4\text{m}}{-2\text{m}}=2$

$K=2\times10^{-3}$ m/天$\Rightarrow q=-Ki=-4\times10^{-3}$ m/天

4.2a　从张力计 ψ_M 的读书中求出 $\psi(=\psi_C)$的值:左边的张力计，$z=-60$ cm，$\psi=-10$ cm$\Rightarrow h=z+\psi=-70$ cm;右张力计，$z=-80$ cm，$\psi=+10$ cm$\Rightarrow h=z+\psi=-70$ cm

用直线连接左、右张力计的 z 和 s

用直线连接左、右张力计的 ψ 和 s

用直线连接左、右张力计的 h 和 s

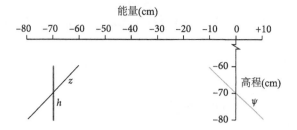

h 是恒定的深度⇒静水平衡（无水流）

4.2b　$\psi=0$ cm⇒地下水位深度＝-70 cm

4.4.1　3（上面 20 cm）+2（下面 20 cm）＝5 cm

4.4.2b　A,沙子；B,黏土

4.4.2c　土壤 A，4.0 cm；土壤 B，6.4 cm；沙质土壤(A)中对植物有效的土壤水分少于黏土(B)

4.8.1　$S_f=60$ mm⇒$\psi_f=-60$ mm

在湿润的前方：$z=L(L<0)$, $\psi=\psi_f(\psi_f<0)$

⇒$h_f=L+\psi_f$

在表面：水头 $h_0=20$ mm

例如 $L=-20$ mm：$h_f=L+\psi_f=-20+(-60)=-80$ mm

$\Delta h=h_f-h_0=-80-20=-100$ mm；

$\Delta z=L-0=L=-20$ mm；

$i=\dfrac{\Delta h}{\Delta z}=5, q=-Ki=-20\times 5=-100$ mm/h

⇒$f=100$ mm/h

$\theta_s=n_e=45\%$ and $\theta_i=20\%$⇒$\theta_s-\theta_i=25\%$⇒25%的土壤仍然可以充满水⇒累积入渗量（mm）＝$|L|$的25%(mm)；当 $L=-20$ mm 时，累积入渗量＝5 mm；渗透速率 f(mm/h)，当湿润锋为 20，40，80、160，320，640,1280 mm 以下时，土壤表面为 100，60，40、30，25，23 和 21 mm/h；

相应的累积渗透 F(mm)分别为 5，10，20、40，80，160 和 320 mm。

4.8.1b 参考 4.8.1a 答案；见正文

4.8.2　从 $f_t-f_c=(f_0-f_c)\mathrm{e}^{-at}$，得出 $\dfrac{f_{t+\Delta t}-f_c}{f_t-t_c}=\mathrm{e}^{-a\Delta t}$

$\Delta t=30$ 分钟⇒

$\mathrm{e}^{-a\Delta t}=\dfrac{f_{t+\Delta t}-f_c}{f_t-f_c}=\dfrac{25-5\,\mathrm{mm/h}}{45-5\,\mathrm{mm/h}}=\dfrac{20}{40}=0.5$

$\dfrac{f_{t+2\Delta t}-f_c}{f_t-f_c}=\mathrm{e}^{-a2\Delta t}=(\mathrm{e}^{-a\Delta t})^2=(0.5)^2=0.25$

$\dfrac{f_{t+\frac{1}{2}\Delta t}-f_c}{f_t-f_c}=\mathrm{e}^{-a\frac{1}{2}\Delta t}=(\mathrm{e}^{-a\Delta t})^{\frac{1}{2}}=(0.5)^{\frac{1}{2}}=\sqrt{0.5}=0.707$

$\dfrac{f_{t+\frac{1}{6}\Delta t}-f_c}{f_t-f_c}=\mathrm{e}^{-a\frac{1}{6}\Delta t}=(\mathrm{e}^{-a\Delta t})^{\frac{1}{6}}=(0.5)^{\frac{1}{6}}=\sqrt[6]{0.5}=0.891$

90 分钟后 $f_t-f_c=0.5\times(f_t-f_c)$ 60 分钟后＝0.5×20 mm/h＝10 mm/h；90 分钟后 $f_t=$

$10+5=15$ mm/h

120 分钟后 $f_t - f_c = 0.25(f_t - f_c)$ 60 分钟后 $=0.25 \times 20$ mm/h$=5$ mm/h；120 分钟后 $f_t = 5+5=10$ mm/h

75 分钟后 $f_t - f_c = (f_t - f_c)$ 60 分钟后 $=0.707 \times 20$ mm/h$=14.1$ mm/h；75 分钟后 $f_t = 14.1+5=19.1$ mm/h

65 分钟后 $f_t - f_c = (f_t - f_c)$ 60 分钟后

$=0.891 \times 20$ mm/h$=17.8$ mm/h；65 分钟后 $f_t = 17.8+5=22.8$ mm/h

4.8.3a $K=0.4$ mm/min；$t=1$ min；$f=2.5$ mm/min$\Rightarrow S=4.2$ mm/min$^{-0.5}$

4.8.3b $f(1)=\dfrac{1}{2}S+K=2.5 \Rightarrow K=2.5-\dfrac{1}{2}S$

$f(60)=0.4=\dfrac{1}{2}S(60)^{-0.5}+K=\dfrac{1}{2}S(60)^{-0.5}+2.5-\dfrac{1}{2}S$

$S=\dfrac{2.5-0.4}{\dfrac{1}{2}-\dfrac{1}{2}(60)^{-0.5}}=4.82$ mm/min$^{-0.5} \Rightarrow K=2.5-\dfrac{1}{2}(4.82)=0.09$ mm/min

4.8.4a 斜率在 $60 \sim 30$ min 之间

$\Rightarrow K=\dfrac{26-17}{60-30}=30$ mm/min

当 $t=1$ min；$F=2.0$ mm$\Rightarrow S=1.7$ mm/min$^{-0.5}$

4.8.4b $F(1)=2=S+K \Rightarrow K=2-S$

$F(60)=26=S\sqrt{60}+60K=$

$S\sqrt{60}+60 \times (2-S)=S\sqrt{60}+60 \times 2-60S$

$\Rightarrow S=\dfrac{120-26}{60-\sqrt{60}}=1.8$ mm/min$^{-0.5}$

$\Rightarrow K=2-1.8=0.2$ mm/min

4.8.5a   4.6 mm/min$^{-0.5}$

4.8.5b $L=\dfrac{F}{\theta_s-\theta_i}=\dfrac{S\sqrt{t}}{\theta_s-\theta_i}=\left(\dfrac{S}{\theta_s-\theta_i}\right) \times \sqrt{t}$；湿润锋的长度与时间的平方根成比例：

$\dfrac{L_2}{L_1}=\dfrac{\sqrt{t_2}}{\sqrt{t_1}}=\sqrt{\dfrac{t_2}{t_1}} \Rightarrow L(t_2)=\sqrt{\dfrac{t_2}{t_1}} \times L(t_1) \Rightarrow L(6)=\sqrt{\dfrac{6}{2}} \times 20=34.6$ cm；

$L(24)=\sqrt{\dfrac{24}{2}} \times 20=69.3$ cm

4.8.6a

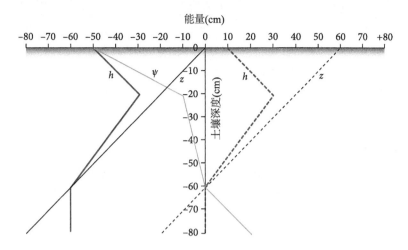

4.8.6b　 −60 cm

4.8.6c　 −20 cm

4.8.6d　 0 cm/天

4.8.6e　 −1

4.8.6f　 0.19 cm/天

4.8.6g　 0.19 cm/天

4.8.6h　 蒸发(K)比渗流小得多,而蒸发的水力梯度仅略大(系数为$\frac{4}{3}$)。

4.8.7a　 连续性:$q_u = q_l$ $\Rightarrow$ $-K_u i_u = -K_l i_l$;$\dfrac{K_U}{K_l} = \dfrac{3}{8} = \dfrac{i_l}{i_u}$

$h_{60} = z_{60} + \Psi_{60} = 60 + 10 = 70$; $h_0 = z_0 + \Psi_0 = 0 + 0 = 0$

$i_u = \dfrac{h_{40} - h_{60}}{z_{40} - z_{60}} = \dfrac{h_{40} - 70}{40 - 60} = \dfrac{h_{40} - 70}{-20}$

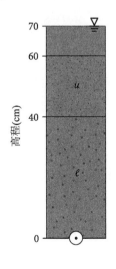

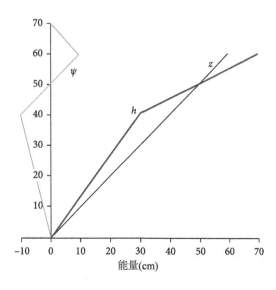

$$i_1 = \frac{h_0 - h_{40}}{z_0 - z_{40}} = \frac{0 - h_{40}}{0 - 40} = \frac{h_{40}}{40}$$

$$\frac{i_l}{i_u} = \frac{3}{8} = \frac{\left(\frac{h_{40}}{40}\right)}{\left(\frac{h_{40} - 70}{-20}\right)} \Rightarrow h_{40} = 30 \text{ cm} \Rightarrow i_u = \frac{30 - 70}{-20} = 2$$

$$i_l = \frac{30}{40} = \frac{3}{4}$$

4.8.7b ⅰ 排水管内的压头为零。

ⅱ 对于要保持的流动过程,必须有水流的连续性(如图 4.34 中没有停滞)。

ⅲ 两层中的基质吸力必须小于空气入口吸力;如果不是,水力传导率将不等于(恒定)饱和导水率,而是基质势的函数(在图 4.34 中,水力传导率是基质势的函数!)

4.8.7c -0.9 mm/min

4.9a m:$\frac{3}{0.5} = 6$ mm/h$\Rightarrow$6 mm;p:$\frac{3}{0.4} = 7.5$ mm/h$\Rightarrow$7.5 mm

4.9b m:$\frac{3}{0.5} = 6$ mm/h$\Rightarrow$6 mm;过量水进入优先流流域$\Rightarrow$p:$\frac{6 + 3 \times \left(\frac{0.8}{0.2}\right)}{0.4} = 45$ mm

4.9c $P = $降水深度(mm); 100 mm/h$= P + ((P - 3) \times 4)$ $\Rightarrow P = 22.4$ mm;渗透深度$=$250 mm

4.9d $n_e = (0.8 \times 0.5) + (0.2 \times 0.4) = 0.48$

$K = (0.8 \times 3) + (0.2 \times 100) = 22.4$ mm/h

4.9e $\frac{3}{0.48} = 6.25$ mm

4.9f $\frac{6}{0.48} = 12.5$ mm

4.9g $P = $降水深度$= 22.4$ mm;渗透深度$= \frac{22.4}{0.48} = 46.7$ mm

4.9h 以土壤为均质导致强高降雨强度下最大入渗深度的低估

第5章

5.1.1 18 m³/s

5.1.2 伯努利定律:$\frac{v_1^2}{2g} + \frac{p_1}{\rho g} + z_1 = \frac{v_2^2}{2g} + \frac{p_2}{\rho g} + z_2$

$z_1 = z_2 \Rightarrow$

$$\frac{v_1^2}{2g} + \frac{p_1}{\rho g} = \frac{v_2^2}{2g} + \frac{p_2}{\rho g} \Rightarrow p_1 - p_2 = \frac{\rho}{2}(v_2^2 - v_1^2)$$

连续性:$Q = v_1 A_1 = v_2 A_2 \Rightarrow v_1 = \frac{Q}{A_1}$ 和 $v_2 = \frac{Q}{A_2}$

结合伯努利定律和连续性:

$$p_1 - p_2 = \frac{\rho}{2}\left(\frac{Q^2}{A_2^2} - \frac{Q^2}{A_1^2}\right) \Rightarrow p_1 - p_2 = \frac{\rho}{2}\left(\frac{A_1^2 Q^2}{A_1^2 A_2^2} - \frac{A_2^2 Q^2}{A_2^2 A_1^2}\right) \Rightarrow$$

$$\frac{2A_1^2 A_2^2}{\rho}(p_1 - p_2) = Q^2(A_1^2 - A_2^2)$$

$$\Rightarrow Q^2 = \frac{2A_1^2 A_2^2(p_1 - p_2)}{(A_1^2 - A_2^2)\rho} \Rightarrow Q = A_1 A_2 \sqrt{\frac{2(p_1 - p_2)}{(A_1^2 - A_2^2)\rho}}$$

$$\Rightarrow Q = A_1 A_2 \sqrt{\frac{2g\left(\dfrac{p_1}{\rho g} - \dfrac{p_2}{\rho g}\right)}{(A_1^2 - A_2^2)}}$$

5.1.3 方程 5.29 成立:$H_2 = \dfrac{2}{3}H_1$;把该方程代入方程 5.42 中:

$A = H_2^2 \tan\left(\dfrac{\theta}{2}\right)$ 取代 $A = \dfrac{9}{4}H_1^2 \tan\left(\dfrac{\theta}{2}\right)$;结合方程 $Q = v_2 A$ 和 $v_2 = \sqrt{\dfrac{2}{3}gH_1}$(方程 5.31)取代

$$Q = \sqrt{\frac{2}{3}gH_1} \; \frac{9}{4}H_1^2 \tan\left(\frac{\theta}{2}\right) = \left(\frac{32}{243}g\right)^{\frac{1}{2}} \tan\left(\frac{\theta}{2}\right) H_1^{\frac{5}{2}}$$

以上方程可以简化为一个关于三角堰不同 θ 角的 $Q-H$ 广义关系式

$$Q = C \tan\left(\frac{\theta}{2}\right) H_1^{\frac{5}{2}}$$

5.2.1　15.5 L/s

5.2.2　18 L/s

5.2.3　47.8 L/s

5.2.4　45.7 L/s

5.2.5　$Q_1 = 10$ L/s;$Q_2 = 7.5$ L/s

5.2.6　4.3 $m^3 \cdot s^{-1}$

5.2.7a　2007:$H_0 = 20$ cm;2008:$H_0 = 30$ cm

5.2.7b　$Q-H$ 关系式见图 5.29

5.2.7c　取 $\log(H - H_0) = 0$　$\Rightarrow \log Q = \log a = -1.86 \Rightarrow a = 0.0138$;

$\log(H - H_0) = 1.5$　$\Rightarrow \log Q = 1.9$

$\Rightarrow \log Q = \log a + b\log(H - H_0)$ 推出:

$1.9 = -1.86 + 1.5b \Rightarrow b = 2.5$

$\Rightarrow Q = 0.0138(H - H_0)^{2.5}$

$Q = 0.0138(H - H_0)^{2.5}$,$H_0 Q$ 的单位是 L/s,H 的单位是 cm

5.2.7d　0.0138 和 $\dfrac{Q}{(H - H_0)^{2.5}}$ 的单位一样是 $L \cdot s^{-1} \cdot cm^{-2.5}$

$= d \cdot m^3 \cdot s^{-1} \cdot cm^{-2.5} = 10^{-3} \; m^3 \cdot s^{-1} \cdot cm^{-2.5}$($1 \; cm = 10^{-2} \; m \Rightarrow$

$1 \; cm^{0.5} = 10^{-1} \; m^{0.5} \Rightarrow 1 \; cm^{2.5} = 10^{-5} \; m^{2.5} \Rightarrow 1 \; cm^{-2.5} = 10^5 \; m^{-2.5}$);$0.0138 \; L \cdot s^{-1} \cdot cm^{-2.5} =$

$0.0138 \times 10^{-3} \; m^3 \cdot s^{-1} \cdot cm^{-2.5} = 0.0138 \times 10^{-3} \; m^3 \cdot s^{-1} \times 10^5 \; m^{-2.5} = 1.38 \; m^{0.5} \cdot s^{-1}$;因此

$0.0138 \; L \cdot s^{-1} \cdot cm^{-2.5} = 1.38 \; m^{0.5} \cdot s^{-1}$

当 $H - H_0$ 的单位是 m,$(H - H_0)^{2.5}$ 的单位是 $m^{2.5}$;同时 1.38 的单位是 $m^{0.5} \cdot s^{-1}$,Q 在方程 $Q = 1.38(H - H_0)^{2.5}$ 中的单位必须是 $m^3 \cdot s^{-1}$;因此 $Q = 1.38(H - H_0)^{2.5}$ 中 Q 的单位是 $m^3 \cdot s^{-1}$,H 的单位是 m。

5.3.1a 5 mm

5.3.1b 10^4 m^3

5.3.1c 5 L·s^{-1}

5.3.1d 90 m^3

5.3.1e 0.045 mm

5.3.1f 0.9%

5.3.1g 1%的流域面积被河道占用⇒降雨深度 5 mm 的 1%＝0.05 mm 河道降水；计算快速流流量(5.3.1e)＝0.045 mm⇒河道降水(mm)和快速流流量(mm)近似相等⇒河道降水是造成这次降雨快速流的唯一过程。

5.3.2a 4%

5.3.2b 0.5 mm

5.3.2c $5×10^3$ m^3

5.4.1a $2.46×10^9$ m^3

5.4.1b 90 m^3·s^{-1}；85.4 m^3·s^{-1}

5.4.1c $2.1×10^9$ m^3(＝$2.46×10^9$ m^3 的 85.4%)

5.4.2 衰退期，$I＝0$；方程 5.76 变为 $\dfrac{\mathrm{d}Q}{\alpha}＝-Q\mathrm{d}t$

$\dfrac{\mathrm{d}Q}{\alpha}＝-Q\mathrm{d}t⇒\dfrac{1}{Q}\mathrm{d}Q＝-\alpha\mathrm{d}t⇒\displaystyle\int_{Q_0}^{Q_t}\dfrac{1}{Q}\mathrm{d}Q＝\int_0^t-\alpha\mathrm{d}t$

$⇒[\ln Q]_{Q_0}^{Q_t}＝[-\alpha t]_0^t$

$⇒\ln Q_t-\ln Q_0＝-\alpha t⇒\ln\dfrac{Q_t}{Q_0}＝-\alpha t⇒\dfrac{Q_t}{Q_0}＝\mathrm{e}^{-\alpha t}$

$⇒Q_t＝Q_0\mathrm{e}^{-\alpha t}$

5.5a 24 min

5.5b 60 mm/h

5.5c 1 min

5.5d 开始，降水渗透为 50 mm/h⇒60-50＝10 mm/h 的雨水被植被截获⇒$\dfrac{10}{60}×100\%＝$17%的地表被植被覆盖

5.5e 2 min

5.5f 2 min

5.5g 地面径流＝超额入渗

5.5h 40 mm/h

5.5i 22 min

5.5j 60-40＝20 mm/h

参考文献

Allen R G , Pereira L S , Raes D , et al,1998. Crop evapotranspiration. Guidelines for computing crop water requirements. FAO Irrigation and drainage paper 56. Food and Agriculture Organization of the United Nations (FAO), Rome. http://www. fao. org/docrep/X0490E/x0490e00. htm♯Contents

Anderson M G, Burt T P,1978. The role of topography in controlling throughflow generation[J]. *Earth Surface Processes*, 3:331-44.

Anderson M P,Woessner W W,1992. *Applied Groundwater Modeling: Simulation of Flow and Advective Transport*. Academic Press.

Appelo C A J,2008. Geochemical experimentation and modeling are tools for understanding the origin of arsenic in groundwater in Bangladesh and elsewhere. In: *Arsenic in Groundwater-A World Problem*. Proceedings of a Seminar,Utrecht, 29 November 2006. Netherlands National Committee of the IAH (NNC-IAH), pp. 33-50.

Bear J,1969. *Dynamics of Fluids in Porous Media*. Elsevier,Amsterdam.

Beven K J,1997. *Distributed Hydrological Modelling: Applications of the TOPMODEL Concept*. Wiley, 348 pp.

Beven K J,2001. *Rainfall-Runoff Modelling-the Primer*. Wiley. http://www. es. lancs. ac. uk/hfdg/publications/hfdg_publications_book. htm

Beven K,2004. Robert E. Horton's perceptual model of infiltration processes. *Hydrological Processes*,18: 3447-60.

Beven K,Germann P,1982. Macropores and water flow in soils. *Water Resources Research*, 18:1311-25.

Beven K J,Kirkby M J,1979. A physically-based variable contributing area model of basin hydrology. *Hydrological Sciences Bulletin*, 24:43-69.

Beven K J, Moore I D, 1994. *Terrain Analysis and Distributed Modelling in Hydrology*. Advances in Hydrological Processes. Wiley, 249 pp.

Bierkens M F P,Van den Hurk B,2008. Feedback mechanisms: precipitation and soil moisture. Chapter 9 in Bierkens, M. F. P. , Dolman, A. J. , and Troch, P. (eds), *Climate and the Hydrological Cycle*. International Association of Hydrological Sciences (IAHS) Special Publication 8:175-93.

Bogaard T A,Hendriks M R,2001. Hydrological pilot study of the Ijen caldera and Asembagus irrigation area, East Java, Indonesia. ICG Internal Report 01/01, 13 pp.

Bonell M,Hendriks M R,Imeson A C,et al,1984. The generation of storm runoff in a forested clayey drainage basin in Luxembourg. *Journal of Hydrology*, 71:53-77.

Bos M G,1989. *Discharge Measurement Structures*. Working Group on Small Hydraulic Structures, International Institute for Land Reclamation and Improvement (ILRI), Publication 20 (3rd rev. edn), Wageningen,The Netherlands.

Bouma J,1977. Soil survey and the study of water in the unsaturated zone. Soil Survey Paper 13. Netherlands Soil Survey Institute, Wageningen, 106 pp.

Broecker W S,1997. Thermohaline circulation, the Achilles heel of our climate system: Will man-made CO_2

upset the current balance? Science, 278:1582-8.

Broecker W S,2006. Was the Younger Dryas triggered by a flood? *Science*, 312:1146-8.

Bruggeman G A,1999. *Analytical Solutions of Geohydrological Problems*. Developments in Water Science 46. Elsevier,Amsterdam.

Cammeraat L H,Kooijman A M,2009. Biological control of pedological and hydro-geomorphological processes in a deciduous forest ecosystem. Biologia, 64/3: 428-432.

Celia M A, Bouloutas E T, Zarba R L,1990. A general mass-conservative numerical solution for the unsaturated flow equation. *Water Resources Research*, 26:1483-96.

Chen D, Pyrak-Nolte L J, Griffin J,et al,2007. Measurement of interfacial area per volume for drainage and imbibition. *Water Resources Research*, 43, W12504,doi:10.1029/2007WR006021, 1-6.

CHO-TNO,1986. *Verklarende Hydrologische Woordenlijst* [*Explanatory Hydrological Glossary*]. Gespreksgroep Hydrologische Terminologie (red. J. C. Hooghart). Commissie voor Hydrologisch Onderzoek TNO (CHO-TNO), 's-Gravenhage,130 pp. SISO 568 UDC 556 (038).

Chow V T, Maidment D R, Mays L W,1988. *Applied Hydrology*. McGraw-Hill.

Cohen J E,Small C,1998. Hypsographic demography: the distribution of human population by altitude. *Proceedings of the National Academy of Sciences*, USA, 95:14 009-14.

Cornell University,2002. Preferential flow, extension and educational module. Department of Biological and Environmental Engineering, Soil and Water Laboratory. http://soilandwater.bee.cornell.edu/research/pfweb/index.htm

Cornell University,2005. Variable source area hydrology. Department of Biological and Environmental Engineering, Soil and Water Laboratory. http://soilandwater.bee.cornell.edu/research/VSA/index.html

Dastane N G,1978. Effective rainfall in irrigated agriculture. FAO Irrigation and drainage paper M-56. Food and Agriculture Organization of the United Nations (FAO), Rome. http://www.fao.org/DOCREP/X5560E/x5560e00.htm

De Jong, S M, Van der Kwast,et al,2008. Remote sensing for hydrological studies. Chapter 15 in Bierkens, M. F. P. , Dolman, A. J. , and Troch, P. (eds), *Climate and the Hydrological Cycle*. International Association of Hydrological Sciences(IAHS) Special Publication 8, pp. 297-320.

De Vries J J,1980. *Inleiding tot de Hydrologie van Nederland* [*Introduction to the Hydrology of The Netherlands*]. Rodopi,Amsterdam.

De Vries J J,1982. *Anderhalve Eeuw Hydrologisch Onderzoek in Nederland* [*One and a Half Centuries of Hydrological Research in The Netherlands*]. Rodopi, Amsterdam.

De Vries J J,1994. From speculation to science: the founding of groundwater hydrology in the Netherlands. In: Touret, J. L. R. and Visser, R. P. W. (eds), *Dutch pioneers of the Earth sciences*. History of Science and Scholarship in the Netherlands, vol. 5,pp. 139-64. Royal Netherlands Academy of Arts and Sciences. http://www.knaw.nl/publicaties/pdf/20021148.pdf

De Vries J J,Cortel E A,1990. Introduction to hydrogeology. Lecture notes, Institute of Earth Sciences, VU University Amsterdam, The Netherlands.

De Zeeuw J W,1966. *Hydrograph Analysis of Areas with Prevailing Groundwater Discharge*. Veenman en Zonen, Wageningen (with English summary).

De Zeeuw J W,1973. Hydrograph analysis for areas with mainly groundwater runoff. In: *Drainage Principle and Applications*,vol. II, Chapter 16, Theories of field drainage and watershed runoff, pp. 321-58. International Institute for Land Reclamation and Improvement (ILRI), Publication 16,Wageningen,The Netherlands.

Doerr S H, Shakesby R A,Walsh R P D,2000. Soil water repellency:its causes, characteristics and hydro-geomorphological significance. *Earth-Science Reviews*, 51:33-65.

Doorenbos J,Pruitt W O,1977. Crop water requirements. FAO Irrigation and drainage paper 24. Food and Agriculture Organization of the United Nations (FAO), Rome.

Drijfhout S,2007. Stopt de Golfstroom in de 21ᵉ eeuw? [Will the Gulf Stream come to a halt in the 21st century?] Presentation at the Koninklijk Nederlands Meteorologisch Instituut (KNMI),6 September 2007.

Dunne T,Black R D,1970. Partial area contributions to storm runoff in a small New England watershed. *Water Resources Research*,6:1296-311.

Dunne T,Moore T R,Taylor C H,1975. Recognition and prediction of runoff-producing zones in humid regions. *Hydrological Sciences Bulletin*, 20:305-27.

Dupuit J,1863. *Études théoriques et practiques sur le mouvement des eaux dans les canaux découvert et à travers les terrains perméables* [*Theoretical and practical studies on the movement of water through subsoil pathways in permeable terrain*], 2nd edn. Dunod, Paris.

Ellison C R W,Chapman M R,Hall I R,2006. Surface and deep ocean interactions during the cold climate event 8200 years ago. Science, 312:1929-32.

Emblanch C,Zuppi G M,Mudry J,et al,2003. Carbon 13 of TDIC to quantify the role of the unsaturated zone: the example of the Vaucluse karst systems (southeastern France). Journal of Hydrology, 279:262-74.

Engelen G B,Kloosterman F H,1996. *Hydrological Systems Analysis: Methods and Applications*. Water Science and Technology Library 20. Dordrecht, Kluwer.

Evans R G,1999. Frost protection in orchards and vineyards. Northern Plains Agricultural Research Laboratory,USDA-Agricultural Research Service, Sidney, MT. http://www. sidney. ars. usda. gov/Site_Publisher_Site/pdfs/personnel/Frost%20Protection%20in%20Orchards%20and%20Vineyards. pdf

Fetter C W,2001. *Applied Hydrogeology*, 4th edn. Prentice Hall.

Fitts C R,2002. *Groundwater Science*. Academic Press, Elsevier Science.

Forchheimer P,1886. Über die Ergebigkeit von Brunnen-Anlagen und Sickerslitzen [Springs and seepage]. *Zeitschrift des Architecten und Ingenieurs Vereins zu Hannover*, 32:539-64.

Ford D,Williams P,2007. *Karst Hydrogeology and Geomorphology*. Wiley.

Gray W G,Hassanizadeh S M,1991a. Paradoxes and realities in unsaturated flow theory. *Water Resources Research*,27:1847-54.

Gray W G, Hassanizadeh S M, 1991b. Unsaturated flow theory including interfacial phenomena. *Water Resources Research*,27:1855-63.

Green W H,Ampt G A,1911. Studies on soil physics: I. Flow of air and water through soils. *Journal of Agricultural Science*,4:1-24.

Gregory K J,Walling D E,1973. *Drainage Basin Form and Process: a geomorphological approach*. Edward Arnold, London,458 pp.

Haitjema H M,1995. *Analytical Element Modeling of Groundwater Flow*. San Diego, CA, Academic Press, 394 pp.

Haitjema H M,Mitchell-Bruker S,2005. Are water tables a subdued replica of the topography? *Ground Water*, 43(6):781-6.

Hassanizadeh S M,Gray W G,1990. Mechanics and thermodynamics of multiphase flow in porous media including interphase boundaries. *Advances in Water Resources*, 13(4):169-86.

Hassanizadeh S M,Celia M A,Dahle H K,2002. Dynamic effect in the capillary pressure saturation relationship and its impacts on unsaturated flow. Vadose Zone Journal, 1:38-57.

Held R J,Celia M A,2001. Modelling support of functional relationships between capillary pressure,saturation, interfacial area and common lines. *Advances in Water Resources*,24:325-43.

Henderson F M,1966. *Open Channel Flow*. Macmillan,New York.

Hendriks M R,1990. Regionalisation of hydrological data:effects of lithology and land use on storm runoff in east Luxembourg. PhD thesis, VU University Amsterdam, The Netherlands. Also available as Netherlands Geographical Studies 114,Royal Dutch Geographical Society (KNAG), Utrecht.

Hendriks M R,1993. Effects of lithology and land use on storm runoff in east Luxembourg. *Hydrological Processes*, 7:213-26.

Hewlett J D,1961. Soil moisture as a source of base flow from steep mountain watersheds. Southeastern Forest Experiment Station, Paper 132. US Forest Service, Ashville, 11 pp.

Hewlett J D,Hibbert A R,1967. Factors affecting the response of small watersheds to precipitation in humid areas. In: Sopper, W. E. and Lull, H. W. (eds), *Forest Hydrology*. Pergamon Press, Oxford, pp. 275-90.

Hils M,1988. Einfluss des langfristiger Klimaschwankungen auf die Abflüsse des Rheins unter besonderer Berücksichtigung der Lufttemperatur [The influence of long-term climatic fluctuations on discharges of the Rhine with special consideration of the air temperature]. Diplomarbeit, Bundesamt für Gewasserkunde, Koblenz, 137 pp.

Hornberger G M,Raffensperger J P,Wiberg P L,et al,1998. *Elements of Physical Hydrology*. Johns Hopkins University Press.

Horton R E,1939. Analysis of runoff-plot experiments with varying infiltration capacity. *Transactions, American Geophysical Union*, 20:693-711.

Hubbert M K,1940. The theory of groundwater motion. *Journal of Geology*, 48, 785-944.

IPCC,2001. *Climate Change* 2001: *the Scientific Basis*. Intergovernmental Panel on Climate Change (IPCC)/ Cambridge University Press, Cambridge. http://www. grida. no/climate/ipcc_tar/wg1

IPCC,2007. *Climate Change* 2007: *The Physical Science*. Summary for Policymakers. Contribution of Working Group I to the Fourth Assessment Report of the Intergovernmental Panel on Climate Change (IPCC). http://ipcc-wg1. ucar. edu/index. html

Jendele L,2002. An improved numerical solution of multiphase flow analysis in soil. *Advances in Engineering Software*,33:659-68.

Johnson D L,1999. Channel routing. Hydrometeorology Course 00-3, 9-24 May 2000. http://www. comet. ucar. edu/class/hydromet/07_Jan19_1999/html/routing/index. htm

Kirkby M J,1975. Hydrograph modelling strategies. In: Peel, R. F. ,Chisholm, M. D. , and Haggett, P. (eds), *Processes in Physical and Human Geography*. Academic Press, London, pp. 69-90.

Kirkby M J,Naden P S,Burt T P,et al,1987. *Computer Simulation in Physical Geography*. Wiley, 227 pp.

Kirpich Z P,1940. Time of concentration of small agricultural watersheds. *Civil Engineering*, 10(6):362.

Kleinhans M G,2005. Flow discharge and sediment transport models for estimating a minimum timescale of hydrological activity and channel and delta formation on Mars. *Journal of Geophysical Research*, 110, E12003, doi:1029/2005JE002521.

KNMI,2002. Klimaatatlas van Nederland: de Normaalperiode 1971—2000 [*Climate Atlas of The Netherlands:the Standard Period* 1971—2000]. Koninklijk Nederlands Meteorologisch Instituut (KNMI; the Royal Dutch Meteorological Institute),Elmar. http://www. knmi. nl/klimatologie/normalen1971-2000/ index. html

Kosman H,1988. Drinken uit de Plas 1888-1988. *Honderd jaar Amsterdamse Plassenwaterleiding* [*One*

Hundred Years of Lake Drinking-water for Amsterdam]. Gemeentewaterleidingen Amsterdam.

Kruseman G P,De Ridder N A,1994. (with assistance from Verweij, J. M.). *Analysis and Evaluation of Pumping Test Data*. International Institute for Land Reclamation and Improvement (ILRI), Publication 47 (2nd edn). Wageningen,The Netherlands.

Kwadijk J C J,1991. Sensitivity of the River Rhine discharge to environmental change, a first tentative assessment. *Earth Surface Processes and Landforms*, 16:627-37.

L hr A J,2005. Ecological effects and environmental impact of the extremely acid Banyupahit-Banyuputih river and the Kawah Ijen crater lake in Indonesia. PhD thesis, VU University Amsterdam,The Netherlands.

L hr A J,Bogaard T A,Heikens A, et al,2004. Natural pollution caused by the extremely acid crater lake Kawah Ijen, East Java,Indonesia. *Environmental Science and Pollution Research*, 7 pp. http://dx. doi. org/10. 1065/espr2004. 09. 118

Lonely Planet ,2006. San Francisco City Guide. Lonely Planet Publications.

Maidment D R,1993. Hydrology. In Maidment, D. R. (ed.),Handbook of Hydrology. McGraw-Hill,New York.

Mata-Lima H,2006. Hydrologic design that incorporates environmental,quality, and social aspects. *Environmental Quality Management*, 15(3), 51-60, doi:10. 1002/tqem. 20092.

McCarthy E L,1934. Mariotte's bottle. *Science*, 80:100.

McDonald M G,Harbaugh A W,1988. A modular three-dimensional finite difference ground-water flow model. US Geological Survey Techniques of Water Resources Investigations 6, Chapter, 586 pp.

Monteith J L,1973. *Principles of Environmental Physics*. New York: American Elsevier, 241 pp.

Nienhuis P h,Hemker K,2009. MicroFEM tutorial. http://www. microfem. com/

Penman H L,1948. Natural evaporation from open water, bare soil and grass. *Proceedings of the Royal Society*, A (London),193:120-45.

Philip J,1957. The theory of infiltration: 1. The infiltration equation and its solution. *Soil Science*, 83: 345-57.

Philip J,1964. The gain, transfer and loss of soil water. *Water Resources Use and Management*, Melbourne University Press,pp. 257-75.

Piper A M,1944. A graphic procedure in the geochemical interpretation of water analyses. *Transactions of the American Geophysical Union*, 25:914-23.

Quinn P F,Beven K J,Lamb R,1995. The ln(a/tan beta) index: how to calculate it and how to use it within the TOPMODEL framework. *Hydrological Processes*, 9:161-82.

Quinn P,Beven K,Chevallier P,et al,1994. The prediction of hillslope flow paths for distributed hydrological modelling using digital terrain models. In: Beven, K. J. and Moore, I. D. (eds), *Terrain Analysis and Distributed Modelling in Hydrology*. Wiley.

Rawls W J,Brakensiek D L,Miller N,1983. Green-Ampt infiltration parameters from soils data. *Journal of the Hydraulics Division*, *American Society of Civil Engineers*, 109(1) :62-70.

Robinson M,Beven K J,1983. The effect of mole drainage on the hydrological response of a swelling clay soil. *Journal of Hydrology*, 64:205-23.

Rolston D E,2007. Historical development of soil-water physics and solute transport in porous media. *Water Science and Technology:Water Supply*, 7(1), 59-66. http://www. iwaponline. com/ws/00701/0059/ 007010059. pdf

Royal Netherlands Academy of Arts and Sciences,2005. *Turning the Water Wheel Inside Out: Foresight Study on Hydrological Science in The Netherlands*. Verkenningen, deel 7, Amsterdam. http://www.

knaw. nl/cfdata/publicaties/detail. cfm? boeken__ordernr=20041090

Rozemeijer J, Van der Velde Y, 2008. Oppervlakkige afstroming ook van belang in het vlakke Nederland [Water flow at the surface is also important in the flat Netherlands]. H_2O, 19:92-4.

Rubin J, 1966. Theory of rainfall uptake by soils initially drier than their field capacity and its applications. *Water Resources Research*, 2:739-94.

Schmidt F H, 1976. *Inleiding tot de Meteorologie* [*Introduction to Meteorology*]. Aula-boeken 112. Het Spectrum.

Schoeller H, 1955. Géochimie des eaux souterraines [Geochemistry of subsoil waters]. *Revue de l' Institut Francais du Pétrole*, 10:230-44.

Schultz D M, Friedman R M, 2007. Tor Harold Percival Bergeron. In: Koertge, N. (ed.), *New Dictionary of Scientific Biography*. Charles Scribner' s Sons. http://www. cimms. ou. edu/~schultz/papers/ TorBergeron. pdf

Schuurmans J M, Bierkens M F P, Pebesma E J, et al, 2007. Automatic prediction of high-resolution daily rainfall fields for multiple extents: the potential of operational radar. *Journal of Hydrometeorology*, 8:1204-24.

Shuttleworth W J, 1993. Evaporation. In: Maidment, D. R. (ed.), *Handbook of Hydrology*. McGraw-Hill, New York.

Schwartz F W, Zhang H, 2003. *Fundamentals of Ground Water*. Wiley.

Šimůnek, J. and Van Genuchten, M. Th. (2008). Modeling nonequilibrium flow and transport processes using HYDRUS. *Vadose Zone Journal*, 7, 782-97. http://vzj. scijournals. org/cgi/reprint/7/2/782

S rensen R, Zinko U, Seibert J, 2005. On the calculation of the topographic wetness index: evaluation of different methods based on field observations. *Hydrology and Earth System Sciences*, *Discussions*, 2:1807-34.

Stiff H A, 1951. The interpretation of chemical water analysis by means of patterns. *Journal of Petroleum Technology*, 3:15-17.

Strack O D L, 1989. Groundwater Mechanics. Prentice Hall.

Strack O D L, 1999. Principles of the analytical element method. *Journal of Hydrology*, 226(3-4):128-38.

Torkzaban S, Hassanizadeh S M, Schijven J F, et al, 2006. Role of air-water interfaces on retention of viruses under unsaturated conditions. *Water Resources Research*, 42, W12S14, doi:10. 1029/2006WR004904

Tóth J, 1963. A theoretical analysis of groundwater flow in small drainage basins. *Journal of Geophysical Research*, 68(16):4795-812.

Travis D J, Carleton A Mm, Lauritsen R G, 2002. Contrails reduce daily temperature range. *Nature*, 418:601.

Troch P A, 2008. Land surface hydrology. Chapter 5 in: Bierkens, M. F. P., Dolman, A. J., and Troch, P. (eds), *Climate and the Hydrological Cycle*. IAHS (International Association of Hydrological Sciences) Special Publication 8, pp. 99-115.

Troch P A, Verhoest N, Gineste P, et al, 2000. Variable source areas, soil moisture and active microwave observations at Zwalmbeek and Coët-Dan. Chapter 8 in: Grayson, R. and Blöchl, G. (eds), *Catchment Hydrology: Observations and Modelling*. Cambridge University Press, pp. 187-208.

Vachaud G, Vauclin M, Khanji D, et al, 1973. Effects of air pressure on water flow in an unsaturated stratified vertical column of soil. *Water Resources Research*, 9:160-73.

Van Asch, Th W JmHendriks M R, et al, 1996. Hydrological triggering conditions of landslides in varved clays in the French Alps. *Engineering Geology*, 42:239-51.

Van den Akker C, 2007. On the spreading mechanism of shallow groundwater in the Hinterland of the Dutch Dune hill area. In: *Slope Transport Processes and Hydrology: a Tribute to Jan Nieuwenhuis*. *Engineering*

Geology, 91(1) :72-7.

Van der Kwast J,De Jong S M,2004. Modelling evapotranspiration using the Surface Energy Balance System (SEBS) and Landsat TM data (Rabat region, Morocco). In: *EARSeL Workshop on Remote Sensing for Developing Countries*, Cairo, pp. 1-11.

Van der Perk M,2006. *Soil and Water Contamination : from Molecular to Catchment Scale*. Taylor & Francis, London, 389 pp.

Van Rijn L C,1994. *Principles of Fluid Flow and Surface Waves in Rivers, Estuaries, Seas and Oceans*, 2nd edn. Aqua Publications,Oldemarkt, 335 pp. SISO 533.3 UDC 532 NUGI 831.

Van Schaik N L M,Hendriks R F A,Van Dam J C,2007. Determination of matrix and macropore flow characteristics(using tracer infiltration profiles and inverse modeling in SWAP). *Geophysical Research Abstracts*, 9, 10 385. SRef-ID:1607-7962/gra/EGU2007-A-10385, European Geosciences Union.

Van Til M,Mourik J,1999. *Hieroglyfen van het Zand : Vegetatie en Landschap van de Amsterdamse Waterleidingduinen* [*Vegetation and Landscape of the Amsterdam Drinking-water Dunes*]. Gemeentewaterleidingen Amsterdam.

Von Hoyer M, 1971. *Hydrogeologische und hydrochemische Untersuchungen im Luxemburger Sandstein* [*Hydrogeological and Hydrochemical Investigations in the Luxembourg Sandstone*]. Publications Service Géologique de Luxembourg, vol. XXI.

Wang Z,Feyen J,Van Genughten M Th,et al,1998. Air entrapment effects on infiltration rate and flow instability. *Water Resources Research*, 34:213-22.

Ward R C,Robinson M,2000. *Principles of Hydrology*, 4th edn. McGraw-Hill,450 pp.

Weaver A J,Hillaire-Marcel C,2004. Global warming and the next ice age. Science, 304:400-2.

Wellings S R,Bell J P,1982. Physical controls of water movement in the unsaturated zone. *Quarterly Journal of Engineering Geology*, 15(3) :235-41.

Wuebbles D J,2007. Evaluating the impacts of aviation on climate change. Department of Atmospheric Sciences, University of Illinois at Urbana-Champaign. World University Network (WUN) video conference Horizons in Earth Systems, third annual running: Climate Change Science: Towards an Earth System-Context. 28 March 2007. http://www. wun. ac. uk/horizons/earthsystems/index. html

索　引

单词表

8.2 千年事件/4
"9·11"恐怖袭击/17

A

阿姆斯特丹市的饮用水/83
艾伯特·奥特/193
埃根核/17
凹曲线拐点法/209
凹陷/228
奥特,艾伯特/193
奥特型流速计/193

B

巴歇尔水槽/190
百帕/14
半承压地下水/50
半承压含水层/50
半承压水层/84
包络势/142
包气带(非饱和区)/121,122,143
薄膜过滤法/44
饱和,体积含水率/133—134
饱和差/31
饱和带/1,121
饱和过剩地表径流/218,227
饱和绝热递减率/15
饱和区域/71
饱和水汽压/12,13
饱和水汽压曲线梯度/36
饱和土壤/147
保守离子/201

杯注入/198
北大西洋/4
背风坡/20
比流量/59
边界/5
编码器/191
变源区水文/225
标准大气压/14,46
表面波速/176
表面粗糙度/36
表面阻力/36
表征单元体积/58
冰雹/26
冰川/1—2
冰河时代,冰川时代/4
病毒/121
波速/176
播云/23
伯努利定律/147
补给非承压含水层中的稳定地下水流/103
补给井/103
补给控制/86—87,102
补给控制潜水面/86
不饱和导水率/157
不连通孔隙/52
布朗运动/91
布西内斯克方程/117
部分渗透渠道/81
部分时间系列(超定量系列)/223
部分源区/227

C

参考作物蒸发/29

草地,蒸发估算/36

测高曲线/16

测量/125

测量积水入渗率/155

测量蒸发/30

测压管水面/51

层流/64,170

常水头/65

常水头渗透仪/65

超定量系列/223

超临界流/176

超渗地表径流/218,226,228

超渗坡面流/168

称重雨量计/25

承压地下水/50

承压含水层/50

承压含水层中的稳定地下水流/70

承压含水层中的压力/73

承压水/116

持续/12

斥水性/164

斥水性土壤/164

斥水性物质/164

冲积/229

冲积阶地/229

充分供水入渗/145

抽水处理/103

抽水井/103

臭氧氧化/43

出口断面/5

初生水/43

穿透雨/7

传播时间/60

传播速度/176

串联电阻/78

垂直地下水流/54

垂直渗透系数/79

垂直优先路径/161

次生孔隙度/53

从临河的砂质含水层中抽取地下水/112

错误观点/43

长波辐射/3

重叠/109

重现期/232

储水系数/83

D

达西—白金汉公式/124

达西定律/43,55

达西定律和连续方程/70

达西定律和欧姆定律/55

大孔隙/161

大孔隙流/161

大气辐合/20

大气渐变水/87

大气水/1,12

大气需水量/31

大气压/14

大西洋经向翻转/4,5

单位产水量/117

单位流量/181

单位能量/181

单位能量图/183

单位体积土壤的空气、水界面面积/139

淡水的密度/90

淡水和盐水/90

淡水晶体/90

导电率(EC)/197

导电率(EC)测量仪器/197

导电率(EC)流线/199

导电率—浓度(EC—C)校准方程/197

导水系数/74

稻田/98

登革热/171

等流时线/212

等势的/69

等压线/20

等雨量线/27

等雨量线方法/27
低压区域/20
堤坝,设计高度/221
堤坝中有个较低出口的人工湖/175
堤坝中有个较低出口人工湖的水位－流量
(Q－H)关系/175
堤坝中有个较低出口人工湖的蓄量－流量关
系/176
地表/144
地表径流/7
地表水/170
地表水的流速/171
地表水非恒定流/171
地表水文学中的长度单位/209
地表蓄水/170
地壳均衡回弹/2
地貌/28
地面实况/29
地球表面粗糙度/36
地球表面净辐射/31
地球表面净入射短波辐射/31
地球表面净射出长波辐射/31
地球表面能量平衡/30
地球表面入射短波辐射/32
地球大气顶入射太阳短波辐射/36
地球系统/233
地下/144
地下水/43
地下水的作用/225
地下水径流/7
地下水枯竭或水库汛限水位以下/230
地下水库或基流水库/216
地下水流,潜流
地下水流的方向/48
地下水水力学/92－117
地下水位/1,46
地下水位的下降/112
地下水位上升/229,262
地下水位上升的过程/228

地下水位抬高/232
地形辐合(和变水源区)/228
地形性降水/19
地转偏向力/21
地转偏向力作用/20
碘化银/23
凋萎点/134
凋萎点的 pF/134
迭加原理/231
确定性模型/220
冻结/16
独立水井/103
短波辐射/3,31－32
短流/162
段塞注入/198
对基质势及总势的影响/144
对流性降水/19
对全球变暖的敏感性/16
对总势的影响/144
多孔隙结构/161
多普勒效应/194

F

法国阿尔卑斯山科普斯镇/218
翻斗式雨量计/25
反馈机制/4
反气旋/21
反照率/32
范围/161
方向/141
防冻保护/16
飞溅/156
飞溅冲蚀/156
非饱和带/1,121
非饱和流/141
非饱和区/144,160
非饱和区域/140
非饱和渗透系数/140－141
非承压含水层/84

非定常流/47

非辐射能流密度/34

非均匀流/171

非稳定地下水流/117

菲利普方程/152

分布式模型/220

分离点/208

分子扩散/91

风/20

风速/35

封闭湖泊/8

峰/206

锋面降水/22

浮筒虹吸式雨量计/25

辐合带/228

辐散/21

辐射/29

辐射强迫/17

负反馈/35

附加阻力/114

G

概念工具箱/234

概念性降雨径流模型/211/

概念性模型/220

感热/34

感热输送/34

干涸河道/206

干绝热递减率/12

干空气/12

干密度/133

干缩裂缝/162

干燥/92,127

干燥边界曲线/138,139

干燥土壤/142—143

高铁血红蛋白/89

高压区域/21

格陵兰岛/2

隔水层/50

各向同性/60

各向异性/60

耿贝尔分布/221

耿贝尔概率纸/224

沟壑之间的最佳距离/102

构造/153

估算蒸发/30

拐点/208

管道流/219,225

灌溉/142

轨迹/17

过程线/205

过程线峰值(参考径流峰值)/206

过程线的分割/208/

过程线分析/205

过冷却水滴/18

过滤/44

H

海平面/2

海啸/176

海啸的波浪长度/178

海啸的传播速度/176

海洋/3,29

海洋渐变水/88

海洋输送带循环/5

含水层/43,50,89—90

含水层膨胀/74

含水层热能储存/63

含盐地下水,密度/120

旱谷/84

航空/17

毫巴/14

毫当量每升/89

河床/185

河床负载物/190

河床内水跌//185

河道降水/272

荷兰滨海沙丘/81

荷兰西部/81

恒定流量法/208

恒定水头/147

恒定斜率拐点法/231

恒速注入/230

横断面标志/50

洪峰流量/223

洪涝/225

洪水频率曲线/224

洪水现象/225

滑坡/144

化学成分/87

化学混合模型/196

环境局/203

缓流/231

黄热病/171

汇流时间 206，/212

火星 i

霍顿·罗伯特/150

霍顿方程/150

J

机械能/45

积分法/199

积水/145

积水下渗/146

积水下渗的菲利普方程/152

积水下渗的格林－安普特方程/146

积水下渗的霍顿方程/150

积水下渗率/150

基本原理/116

基本原理/170

基流/205，217

基流，地下水/215

基流分割线/208

基流流量/205

基流水库/215，216

基流退水/206

基于物理的模型/220

基质流/161

基质势/123，140

极值分布/224

集总模型/220

计算地下水位下降/112

季节性河流/205

加速/4

检验/220

碱度/88

降水/7

降水测量/23

降水类型/19

降水强度/24

降水盈余/65

降雨径流模型/211

降雨模拟器/155

降雨强度/155

交会角/128

交会角效应/139

焦耳/31

角效应/139

结构孔隙度/161

截留量/7

截留蒸发/7，29，36，37

解析元法/117

金星/3

浸透/54

进气吸力/131，143

浸透和土壤分层/160

径流/211

径流峰值/213

径流历时曲线/220

径流系数/210，211

径向对称/103，116

净/7

静水井装置/192

旧金山夏雾/15

局部最大值/240

局部最小值/240

矩形堰/188

矩形驻波/190

决定/119－122,142－143

绝热过程/12

均匀流/171

均质层/60

均质性/60

校准/29

K

开阔水面蒸发/29

考依波阶区/210

考依波阶沙质泥灰岩/209

可供选择的水面高程/182

可用于种植的土壤水/135,136

空气动力阻力/36

空隙/52

孔隙度/52

快速降雨径流/226

快速降雨径流响应/226

快速流/205

快速流退水/206

快速水流蓄水/208

宽顶堰/188

矿物质水/87

L

拉普拉斯方程/73,142

拉普拉斯算子/116

莱茵河/10

莱茵河对全球变暖的敏感性/16

蓝婴综合征/89

雷达/29

雷诺数/259

类型/1

累积下渗/150

冷锋/22

冷云/18

离子波法/199

理查德方程/142

力/13

粒间压力/73

连通器法则/49

连续方程(水平衡方程)/43

连续性/43,86,94

链式法则/238,243

两个未知量的两个方程的求解/200

列奥纳多·达·芬奇/192

临界单位流量/182

临界流/176

临界流流速/184

临界水流速度/183

临界水面高程/183

磷酸盐/228

零流量对应的最高水位/202

零通量面/158

流沙/74

流速测量/194

流速－面积法/194

流速水头/173

流体静力学平衡/47

流体阻力/78

流网/83

流线/46

流域/5

流域边界/5

流域水文系统/225－226

卢森堡/89

卢森堡的考依波/209

露点/12

绿洲效应/34

M

马力欧特瓶/145

毛管边缘/143

毛管力/130,143

毛管上升/143

毛管压力滞后现象/139

毛管作用/129,143

毛毛雨/17

毛细管作用/152

毛细孔隙直径/128

毛细孔隙直径和吸力/128—130

每单位宽度上的体积通量/72

每单位体积的能量123

每单位质量的能量单位123

每单位重量的能量/123

幂函数/203

面雨量/26

描述流量过程线的一些术语/206

明渠水的线性边界/110

模块化三维有限差值地下水流模型/117

模拟/211—220

模拟方程/216

模型检验/验证/220

模型率定/220

摩擦力/20

墨西哥湾暖流/4

N

南极洲/2

内插/28

内聚力/128

能量平衡/30

能流密度/31

年极值系列/223

年径流/210

黏质土壤/163

凝结/12,16

凝结核/18

牛顿/13

暖/17

暖锋/22

暖云/17

O

姆欧/89

偶极/121

P

帕斯卡/14

排水/144

碰并过程/17

皮托管/171

平均停留时间/3,12

瓶颈效应/138

坡面流/7

坡面流的侵蚀/156

破裂/164

Q

气动势/142

气候/3

气候变化/9,233

气溶胶/17

气温/31

气旋/20

气旋性降水/20

气压梯度力/22

千克/13

千帕/14

前期含水量/163

前期水分条件/220

潜流/7

潜热/15,34

潜热输送/34

潜水/48

潜水含水层/50

潜在蒸发/29

切线/181

侵蚀/144

亲水性/164

倾斜处临界流/184

倾斜处临界流 Q—H 的关系/184

区(状态)/87

区域地下水流场的井/105

渠道/70

全球暗化/17

全球变暖/4,10

全球环流圈/22

确定流域汇流时间/214

R

壤中流/161

热膨胀/4

人工降雨/23

软化/43

弱透水层(越流阻水层)/50

S

洒水/16

三氯乙烯/109

三维空间梯度/142

扫描曲线/138

沙漠/22

山体滑坡研究/217

上层滞水/51,160,227

上层滞水水面/51

上层滞水水位/226

上升气流/17

上移/143

设计高度/221

砷/109

渗出/84,215

渗出流/84

渗流/43

渗流(向下渗流)/5,49

渗流强度/83

渗漏含水层/118

渗滤/7

渗入流/84

渗透/144,156

渗透轨迹曲线/156

渗透过程的停滞/160

渗透计/145

渗透井/103

渗透率/62

渗透面/115

渗透渠道/81

渗透势/142

渗透体积通量/97

渗透系数/57,145

渗透性/50

渗透因子/97

渗透作用/142

渗吸率/152

声波定位仪/193

声学多普勒流速剖面仪/193

湿空气/12

湿润饱和度/139

湿润边界曲线/138-139

湿润锋/144

湿润锋的土壤吸力水头/148

湿润锋深度/147

石灰华/65

时间基准/214

时间—区域模型/214

实际水汽压/14

实际蒸发/29

势图/158

适合种植的土壤水/136

收敛零通量面/158

守恒输送/61

输盐率/196

树干茎流/7

数据记录器/191

数学公式/234

数值方法/117

霜点/12

水槽/189

水当量/26

水的表面张力/128

水的硬度/44

水短缺/171

水管理/233

水净化/43

水力半径/170

水力坡度减小/226

水力梯度/56

水力梯度的减少/228

水量平衡/8－10,30

水流内的植被/205

水流时程/213

水流速度/54

水流速度的平均值/229

水能(水势)的术语和单位/123

水平地下水流/64

水平流动阻力/75

水汽压/14

水头/46,118

水头差异/51

水位/191

水位测量/202

水位计/191

水位记录仪/191

水位流量关系曲线/205

水位下降/104

水文隔离/108

水文过程/5

水文年/9,223

水文系统分析/87

水文学/1

水文循环/233

水文循环/3－4,233

水压/46

水压计/46

水源区/228,229

水跃/189

水中的涟漪/176

水资源管理/10

斯涅耳折射定律/68

算术平均降水/27

T

弹性/74

塌积/218

塌积层/218

泰森多边形/27

特征长度/170

体积测流/193

体积含水量/130

体积通量/72,78

体积通量密度/54,140

替代渗透系数/76

田间持水量/54

田间持水量的 pF 值是潜水面深的函数/134

田纳西州,农村,流域面积/214

田鼠洞穴/161－162

田鼠或鼹鼠洞穴/228

通过下渗实验验证/148

统计内插/28

图解法,确定流量/195

土地利用变化/9,12,37

土地退化过程/144

土壤层/160

土壤分层/160,226

土壤固体基质/52

土壤热输送/34

土壤上层滞水/226

土壤—湿海绵/54

土壤湿润/148

土壤湿润度/154

土壤水/1,121

土壤水分与降水之间的反馈/12

土壤水亏空/231

土壤水流/7

土壤水特征/130

土壤吸附水/121

土壤芯样重量和体积/132

土壤蒸发/7,29,144

湍流/171

推广形式/142
退水常数/206
退水段/206
退水曲线/206
退水曲线分析/206
托里拆利实验/174
托马斯.马尔文尼/212

W

瓦特秒/32
完全贯入井/103
威布尔公式/222
微分符号/71
微孔/161
圩田/44
圩田渗流/51
卫星配置/40
卫星图像/29
卫星遥感探测/39
位置水头/47
温室气体/3
温室效应/3
温盐/2
文丘里效应/184
纹泥/218
蚊/171
紊流/64
稳定地下水流/43,93－96,16
污染物/109
污染物运移敏感区域/229
污染下层土,水文隔离/109
无量纲的径流历时曲线/221
无水流线性/112
无水流线性边界/112
无限/98
无限大的圩田/97
无压流/93

X

西门子/89
吸附力/128
吸附作用/121
吸力/123,130
吸湿性/15
稀释系数/197
系统/86
细菌/121
下沉/74
下降/104
下渗/7
下渗和侵蚀/156
下渗率/52
下渗深度/53,165
咸海湖/10
线性边界/110－113
线性水库/217
线性水库模型/215－218
相对含水率/139
相对浓度/197
向下渗流(越流)/49
向下移动:渗透和渗流/144
硝酸盐含量/89
新仙女木事件/4
形成/17－19
絮凝/43
蓄满水的人工湖/186
悬移质/190
雪枕/26
血吸虫病/171

Y

压力/14
压力差/120
压力传感器/191
压力水头/47
压缩空气,指流/164

亚临界流/176

亚速尔反气旋/22

亚硝酸盐/89

岩溶/64

岩溶泉/65

岩溶水流/65

岩溶水文/65

沿水流方向/188

盐，累积/144

盐水或含盐水上涌/92

盐液稀释测流法/196

演算程序/219

验证/29

堰顶/188

堰流/188

野外方法/65

液化作用/74

一维稳定地下水流/116

异质性/60

易发生滑坡的地表/217

溢流/186

溢流人工湖的 S—Q 关系/187

饮用水/83

影像井/111

应力/73

永久冻土/4

优先流/165

由于土壤不均匀性/164

有限/98

有限差分法/117

有限圩田/98

有限元法/117

有效孔隙度/52

有效下渗速度/52

有效应力/73

淤泥，孔隙度/54

与水有关的疾病/233

雨量/23

雨量计/23

雨影区/20

越流含水层/50

越流阻水层/50

云/13

云的形成/12

云量系数/32

云凝结核/17

Z

灾后圩田/83

在区域地下水流场/107

增加的补给/101

增强/3

张力计/127

涨水段/206

折射/68

折射流线/69

真空中的落体运动/174

蒸发/3,7,144

蒸发估算/30

蒸发类型/29

蒸发皿蒸发/29

蒸渗仪/29

蒸腾/7,29

正反馈/4,12,18

正偏态统计分布/220

脂类/164

纸质图表记录器/191

指流/163

指数水库模型/218－219

质量/13

重金属/228,229

重力/152

重力加速度/13

重力势/123,147

重量/13

重质非水相液体/110

昼长/32

主要干燥边界曲线/138,139

主要排水曲线/133,138

主要湿润边界曲线/138,139

主要吸入曲线/138

注入井/104

驻点/107

子流域/214

自计雨量计/23

自流水/51

总/7

总导水系数/76

总结表/116

总流体阻力/78

总势/127,140

总压力/73

组合皮托管/173

钻孔/45

最低的单位能量/182

作物系数/38

作用/233